"十三五"国家重点图书出版规划项目
材料科学研究与工程技术系列

焊接检验

Welding Inspection

● 主　编　鲍爱莲
● 副主编　庄明辉　尹冬松　刘万辉

哈爾濱工業大學出版社

内 容 简 介

本书由9章组成，系统介绍了各类焊接缺欠的特征及其形成原因，阐述了目视检测、射线检测、超声检测、涡流检测、磁粉检测、渗透检测等检测方法的基本原理、特点、仪器与材料、适用范围等，并列举应用实例及最新的国家标准，供使用人员参考。本书立足于普通高等学校相关专业的应用型人才培养，重点突出实用性和实践性内容。

本书可作为高等院校材料科学与工程各专业本科教材，也可供从事焊接检验及相关工作的工程技术人员参考。

图书在版编目(CIP)数据

焊接检验/鲍爱莲主编. —哈尔滨：哈尔滨工业大学出版社，2012.8(2022.3 重印)

ISBN 978-7-5603-3753-1

Ⅰ.①焊… Ⅱ.①鲍… Ⅲ.①焊接-检验-高等学校-教材 Ⅳ.①TG441.7

中国版本图书馆 CIP 数据核字(2012)第180454号

材料科学与工程
图书工作室

策划编辑 许雅莹 杨桦 张秀华
责任编辑 范业婷
封面设计 卞秉利
出版发行 哈尔滨工业大学出版社
社　　址 哈尔滨市南岗区复华四道街10号 邮编150006
传　　真 0451-86414749
网　　址 http://hitpress.hit.edu.cn
印　　刷 黑龙江艺德印刷有限责任公司
开　　本 787 mm×1 092 mm 1/16 印张11.75 字数276千字
版　　次 2012年8月第1版 2022年3月第4次印刷
书　　号 ISBN 978-7-5603-3753-1
定　　价 28.00元

前　言

随着焊接技术在工业制造中的广泛应用,焊接产品质量需要进行控制,尤其是焊缝质量。把焊接缺陷限制在一定的范围内,以确保设备安全和生命财产安全。因此,焊接质量检验尤为重要,及早发现焊接缺陷,对焊接接头的质量做出客观的评价,能为实现现代化焊接工业质量控制、设备安全运行提供重要保证。另外,"焊接检验"是一门实践性很强的专业课,为满足应用型本科专业人才培养的需要,我们组织编写了本教材。

本书较系统地介绍目视检测、射线检测、超声检测、磁粉检测、涡流检测、渗透检测等内容。书中内容力求深入浅出,理论联系实际,重视知识体系及内容的实用性,直接引用了最新的国家标准。本书除可作为相关专业的本科教材外,也可作并从事检验及相关工作的工程技术人员的参考书。

本书由鲍爱莲统稿、担任主编,并编写绪论、第 1 ~ 3 章;庄明辉编写第5 ~7章;尹冬松编写第 8、9 章;刘万辉编写第 4 章,并参与了文字内容和图表的校核。同时,哈尔滨市锅炉压力容器检验研究院何山林工程师、哈尔滨理工大学郭立伟副教授等对本书提出了宝贵建议,此外,编写人员所在单位的领导及老师们也给予了大力支持,在此一并表示衷心的感谢。

由于编者水平有限,加之时间仓促,书中难免存在不足之处,敬请广大读者批评指正。

编　者

2012 年 4 月

目　　录

绪　论

焊接检验是以近代物理学、化学、力学、电子学和材料科学为基础的焊接学科之一，是与全面质量管理科学与无损评定技术紧密结合的一个崭新领域。先进的检测方法及仪器设备、严密的组织管理制度和较高素质的焊接检验人员，是实现现代化焊接工业产品质量控制、安全运行的重要保证。

1. 焊接检验的意义

众所周知，焊接结构（件）在现代科学技术和生产中得到了广泛应用。随着锅炉、压力容器、化工机械、海洋工程、航空航天器和原子能工程等向高参数及大型化方向发展，工作条例日益苛刻、复杂，因此这些焊接结构（件）必须是高质量的。诚然，迅速发展的现代焊接技术，已能在很大程度上保证其产品质量，但由于焊接接头为性能不均匀体，应力分布又复杂，制造过程中做不到绝对的不产生焊接缺陷，更不能排除产品在役运行中出现新缺陷。因而为获得可靠的焊接结构（件）还必须走第二条途径，即采用和发展合理而先进的焊接检验技术，其主要作用为：确保焊接结构（件）制造质量，保证其安全运行，这是实施焊接检验的根本目的；改进焊接技术，提高产品质量；降低产品成本，正确进行安全评定；由于有焊接检验的可靠保证，可促使焊接技术更广泛应用。

2. 焊接检验的分类

焊接质量的检验方法可分为破坏性检验、非破坏性检验和工艺性检验三类，每类中又有若干具体检验方法，见表0.1。

表0.1　焊接检验方法及分类

类别	特点	内　容	
破坏性检验	检验过程中需破坏被检验对象的结构	力学性能试验	拉伸试验、弯曲试验、冲击试验、压扁试验、硬度试验、疲劳试验等
		化学分析试验	化学成分分析、晶间腐蚀试验、铁素体含量测定
		金相与断口的分析	宏观组织分析、微观组织分析、断口检验与分析
非破坏性检验	检验过程中不破坏被检验对象的结构和材料	强度检验	水压试验、气压试验
		致密性试验	气密性试验、吹气试验、氨渗漏试验、煤油试验、载水试验、沉水试验、水冲试验、渗透检测、氦检漏试验
		无损检验	目视检验、射线检测、超声波检测、磁粉检测、渗透检测、涡流检测、声发射检测等
工艺性检验	在产品制造过程中，为了保证工艺的正确性而进行的检验	材料焊接性试验、焊接工艺评定、焊接电源检验、工艺装备检验、辅机及工具检验、结构的装配质量检验、焊接参数检验及预热、后热和焊后热处理检验	

3.焊接检验的过程

只有把焊接检验工作扩展到整个焊接生产和产品使用过程中,才能更充分、更有效地发挥各种检验方法的积极作用,才能预防和及时防止由缺陷造成的废品和事故。

焊接检验过程,基本上由焊前检验(表0.2)、焊接过程中的检验(表0.3)、焊后检验(表0.4)、安装调试质量检验(表0.5)和产品服役质量检验(表0.6)等五个环节组成。

表0.2 焊前检验

序号	名称	主要内容
1	母材质量检验	检查材料质量证明书和复验单,确认其化学成分、力学性能和表面质量是否符合标准要求,检查领料单,确认领料是否正确,检查材料上的原始标记,检查标记移植是否正确清楚;同时做好检查记录
2	焊接材料质量检验	检查材料质量证明书和复验单,确认其化学成分、力学性能和表面质量是否符合标准要求,核对是否符合图样、文件规定,检查领料单,确认领料是否正确,检查焊材上的原始标记是否清晰;焊接材料代用时,是否有审批手续
3	焊接结构设计工艺审查	结构设计是否满足加工成形、焊接及其检验工艺要求
4	坡口检查	检查坡口形状、尺寸是否符合要求,检查坡口表面粗糙度、清理情况等表面质量
5	焊接装配质量检验	检查坡口间隙、错边量、坡口角度等是否符合要求,是否强力对接;定位焊及其焊缝质量是否符合要求
6	焊接试板检验	检查焊接试板的材质、规格、批号、坡口尺寸等是否符合要求
7	工艺装备检验	检查工艺装备的灵活性、定位精度和夹紧力等是否符合要求,装卡方法和位置是否正确,是否牢固
8	焊接环境检验	检查环境温度、空气湿度、风速、雨雪等环境是否超过允许范围,超过时必须采取措施
9	焊前预热检验	检查预热方法、预热温度、预热范围等是否符合要求
10	焊工资格检验	检查焊工是否有合格证并在有效期内,合格项目是否与所焊产品一致

表0.3 焊接过程中的检验

序号	名称	主要内容
1	焊接环境检验	检查环境温度、空气湿度、风速、雨雪等环境是否超过允许范围,超过时必须采取措施
2	焊接材料检验	检查焊接材料的牌号或型号、尺寸是否符合要求
3	焊接工艺规范检验	检查焊接电流、电弧电压、焊接速度等焊接参数是否符合要求,检查焊接顺序、焊接方向是否符合要求
4	焊缝表面质量检验	检查焊缝表面有无裂纹、未熔合、夹渣、气孔等不允许或超标缺陷
5	后热检验	检查后热温度、保温时间等
6	焊后热处理检验	检查焊后热处理是否按照热处理曲线的工艺参数进行

表0.4　焊后检验

序号	名称	主要内容
1	无损检测	检查焊缝表面和内部有无裂纹、未熔合、夹渣、气孔等各类焊接缺陷以及焊缝外观成型情况。常用无损检测方法比较见表0.7
2	力学性能检验	检查焊接接头强度、韧性、硬度等是否符合要求
3	金相检验	了解焊缝柱状晶形态、焊缝截面状况、焊缝及热影响区组织形态以及有无焊接缺陷等
4	化学试验分析	了解焊缝金属主要化学成分、奥氏体不锈钢焊接接头的晶间腐蚀倾向以及奥氏体不锈钢焊缝金属中铁素体含量等
5	致密性检验	检查焊缝的致密性
6	强度检验	检查焊接接头的致密性和强度，综合考核焊接产品质量

表0.5　安装调试质量检验

项目		主要内容
现场组装焊接质量检验		施工环境检查；焊工资格检查；组装质量检查；焊接质量检查
综合验收	检验程序和检验项目	检验资料的齐全性；核对质量证明文件；检查实物和质量证明的一致性；安装规程和技术文件检查；对产品重要部位、易产生质量问题的部位、运输中易破损和变形的部位应重点检验；致密性检验；试运行检验；其他检验方法和验收标准应与产品制造过程中所采用的检验方法、验收标准相同
	现场焊接质量问题处理	发现漏检，应作补充检查并补齐质量证明文件；因检测方法、检测项目或验收标准不同而引起的质量问题，应尽量采用同样的检验方法和评定标准，以确定焊接产品是否合格；可修可不修的焊接缺欠一般不返修，焊接缺欠明显超标应返修，其中大型结构应尽量在现场修复

表0.6　产品服役质量检验

项目	主要内容
运行质量监控	采用声发射等技术进行监控
定期检查	对苛刻条件（腐蚀介质、交变载荷、热应力）下工作的焊接产品或有特殊规定的产品，应有计划地定期检查
质量问题现场处理	重要产品的修复要制定修复工艺方案并经焊接工艺评定验证，严格按工艺方案修复并做好记录
焊接结构破坏事故现场调查	现场调查：保护现场，收集所在运行记录，查明操作是否正确，查明断裂位置，检查断口部位的焊接接头表面质量和断口质量，测量破坏结构厚度，核对该厚度是否符合图样要求，并为设计校核提供依据 取样分析：金相检验、复查化学成分、复查力学性能 设计校核 复查制造工艺

焊接结构（件）常用无损检测方法比较见表0.7。

表 0.7　焊接结构(件)常用无损检测方法比较

名称	适用对象	不适用对象	优缺点
目视检测(VT)	表面缺陷以及外观特征	难以检出细小缺陷	(1)原理简单,易于理解和掌握 (2)不受或很少受被检产品的材质、结构、形状、位置、尺寸等因素的影响 (3)一般情况下,无须复杂的检测设备 (4)检测结果具有直观、真实、可靠、重复性好等优点
射线探伤(RT)	(1)焊缝内部体积型缺陷(气孔、夹渣、未焊透) (2)对于焊缝内部面积型缺陷(裂纹、未熔合)必须与透照方向一致才有较高检出率	由于射线透照方向不易与裂纹、未熔合方向一致,故较难发现	(1)透照厚度 δ<400 mm (2)防辐射安全措施严格 (3)影像直观,底片可存档 (4)设备一次性投资大 (5)要有素质高的操作和评片人员
超声波探伤(UT)	(1)特别适合焊缝内部面积型缺陷(裂纹、未熔合) (2)对体积型缺陷也有较高检出率	难以探出小、细裂纹	(1)厚度基本不受限制 (2)安全、方便、成本低 (3)缺陷定性困难 (4)奥氏体粗晶焊缝探伤困难 (5)要有素质高的检验人员
磁粉探伤(MT)	(1)坡口表面(夹层缺陷) (2)焊缝及附近表面裂纹 (3)厚焊缝中间检查(裂纹) (4)焊接附件拆除后检查表面裂纹	非铁磁性材料,如奥氏体钢、铜、铝等	(1)相对经济、简便 (2)能确定缺陷位置、大小和形状,但难以确定深度 (3)探伤结果直观,易于解释
涡流探伤(ET)	表面及近表面缺陷(裂纹、气孔、未熔合)	非导电材料	(1)经济、简便、易于实现自动化 (2)缺陷难以定性
渗透探伤(PT)	表面开口缺陷(裂纹、针孔)	疏松多孔性材料	同磁粉探伤

4. 焊接检验的依据

焊接生产中必须按图样、技术标准和检验文件规定进行检验。

(1)施工图样。

图样是生产中使用的最基本资料,加工制作应按图样的规定进行。图样规定了原材料、焊缝位置、坡口形式和尺寸及焊缝的检验要求等。

(2)技术标准。

技术标准包括有关的技术条例。它规定焊接产品的质量要求和质量评定方法,是从事检验工作的指导性文件。

(3)检验文件。

检验文件包括工艺规程、检验规程、检验工艺等,它们具体规定了检验方法和检验程序,指导现场检验人员进行工作。此外还包括检查过程中收集的检验单据:检验报告、不良品处理单、更改通知单,如图样更改、工艺更改、材料代用、追加或改变检验要求等所使用的书面通知。

（4）订货合同。

用户对产品焊接质量的要求在合同中有明确标定的，也可作为图样和技术文件的补充规定。

5. 焊接检验人员与无损检测资格认证

为了有效地开展焊接检验工作，焊接检验人员必须具有较宽的知识面和检验技巧，熟悉与制作过程相关的各方面的知识。焊接检验人员是一个负责按照适用的规范或规程对焊缝质量进行评判的人，可包括破坏性试验人员、无损检验人员（NDE）、法律法规检验人员、军队或政府检验人员、业主代表、车间及其他检验人员等。

为了最大效率地开展工作，要求焊接检验人员应具备一定的品质。

①最重要的品质是一个专业化的态度；

②焊接检验人员应该具备良好的身体状况；

③焊接检验人员还应具备理解并应用各种资料来描述焊接要求的能力；

④焊接检验人员应具备一定的有关焊接方法和工艺的知识。

我国于20世纪80年代初，参照工业先进国家无损检测人员培训和资格鉴定的经验，建立了无损检测人员培训和资格鉴定委员会，制定了关于无损检测技术等级划分和资格鉴定的试行规定。人员等级划分为三级：Ⅰ级为初级，Ⅱ级为中级，Ⅲ级为高级。高级人员由全国资格鉴定机构认证；中级人员由工业部门和省、市、地区资格鉴定机构认证；初级人员由企、事业单位认证。各级人员的职能如下：

Ⅰ级：在Ⅱ级或Ⅲ级人员监督、指导下，根据技术说明书应具有进行无损检测的能力；应能调整和使用仪器设备进行检测操作，记录检测结果；应能根据标准对检测结果进行初步等级评定。

Ⅱ级：根据确定的工艺，编制技术说明书；能安排和校准仪器、设备；能具体实施无损检测工作；能根据法规、标准和规范，解释和评定检测结果；能撰写、签发检测结果报告；熟悉无损检测方法的适用范围和局限性；培训和指导Ⅰ级人员和未取证学员。

Ⅲ级：对确定的无损检测技术和工艺、贯彻法规、标准、规范等负全部责任；全面监督和管理无损检测工作的进行；根据法规、标准和规范，解释和评定检测结果；能设计特殊的无损检测方法、技术和工艺；在没有验收标准可供引用时，协助有关部门制定验收标准；具备材料、结构和生产工艺方面的实际知识；熟悉其他无损检测方法；培训Ⅰ、Ⅱ级人员。

6. 本课程的目的和任务

焊接检验与其他焊接专业课相比，具有更大的多学科性和实践性。

多学科性是因为它既是以近代物理学、化学、力学、电子学和材料科学为基础的焊接学科之一，又是全面质量管理科学与无损评定技术紧密结合的一个崭新领域。它的检验手段和相关原理涉及力、热、磁、声、光、电各领域，经常需要多方调查、检验、监测，综合多种方法获得各种信息后才能对材料的物理性能和变异，对焊接结构（件）的安全可靠给出中肯和准确的评价。

实践性是因为对焊接缺陷的理解和评定与检验人员的实践经验密切相关。同时，其依据的检验规程、标准、法规等又都是在实践过程中形成和升华的技术结果。特别应予以指出的是，检验人员（尤其无损检验人员）的资格鉴定和认可，与其从事的工作经历和培训情况密切相关,只有经过较长时期的严格实践锻炼才能胜任检验工作。

通过本课程学习能使焊接专业的学生掌握焊接检验的基本知识和基本技能:

(1)掌握焊接检验方法基本原理、适用范围。

(2)正确选用检验设备、仪器,熟悉基本操作技能。

(3)掌握有关检验标准、缺陷识别知识,正确拟定检验工艺。

(4)掌握评定焊缝质量等级的方法,进行质量分析,改进焊接技术,进而提高产品质量。

第1章　焊接缺欠

焊接工程质量始终与“缺欠”有联系。所谓缺欠，泛指对技术要求的偏离，如不均匀性、不连续性，即有所欠缺的概括。谈工程质量，就是谈如何最大限度地减少缺欠，使焊接产品符合技术要求。缺欠是一个广义词，有的缺欠未必危及产品的“使用适应性”。而有的缺欠则可能对产品结构构成危害，损及其质量，这种缺欠则称为“缺陷”，即超过规定限值的缺欠。有了缺陷，或者判废，或者返修。

对焊接缺陷进行分析，一方面是为了找出缺陷产生的原因，从而在材料、工艺、结构、设备等方面采取有效措施，以防止缺陷的产生；另一方面是为了在焊接结构（件）的制造或使用过程中，能够正确地选择焊接检验的技术手段，及时发现缺陷，从而定性或定量地评定焊接结构（件）的质量，使焊接检验达到预期的目的。

1.1　焊接缺欠的分类与特征

焊接缺欠的种类很多，有熔焊产生的缺欠，也有压焊、钎焊产生的缺欠。本节主要介绍熔焊缺欠的分类，其他方法的焊接缺欠这里不作介绍。

根据 GB 6417—2005《金属熔化焊接头缺欠分类及说明》，可将熔焊缺欠分为以下六类：第一类，裂纹；第二类，孔穴；第三类，固体夹杂；第四类，未熔合和未焊透；第五类，形状和尺寸不良；第六类，其他缺欠。

1.1.1　焊接裂纹

焊接裂纹是指金属在焊接应力及其他致脆因素共同作用下，焊接接头中局部地区金属原子结合力遭到破坏而形成的新界面所产生的缝隙。具有尖锐缺口和长宽比大特征的缺欠，是焊接结构（件）中最危险的缺欠。

1. 根据焊接裂纹所处位置和状态进行分类

GB 6417—2005《金属熔化焊接头缺欠分类及说明》对焊接裂纹根据其位置和状态进行分类。为了便于使用，一般采用缺欠代号表示各种焊接缺欠。表1.1给出了各种焊接裂纹缺欠的代号、分类和说明。

表1.1 裂纹缺欠的代号、分类及说明

代号	名称及说明	示意图
100	裂纹 一种在固态下由局部断裂产生的缺欠,它可能源于冷却或应力效果	
1001	微观裂纹 在显微镜下才能观察到的裂纹	
101	纵向裂纹 基本与焊缝轴线相平行的裂纹,可能位于: 焊缝金属 熔合线 热影响区 母材	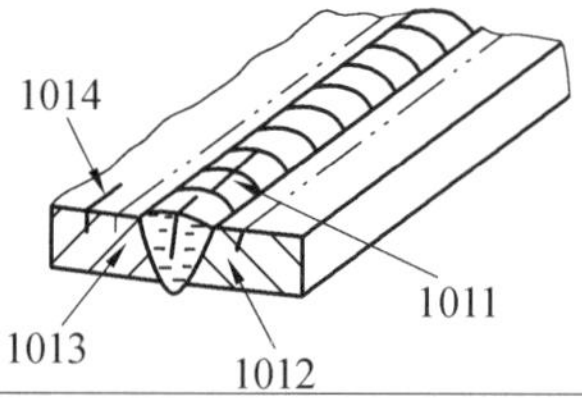 1014 1011 1013 1012
102	横向裂纹 基本与焊缝轴线相垂直的裂纹,可能位于: 焊缝金属 热影响区 母材	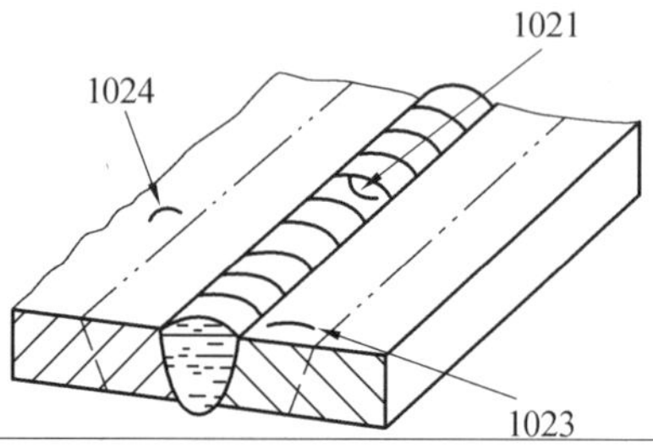 1021 1024 1023
103	放射状裂纹 具有某一公共点的放射状裂纹,可能位于: 焊缝金属 热影响区 母材 注:这种类型的小裂纹被称为“星形裂纹”	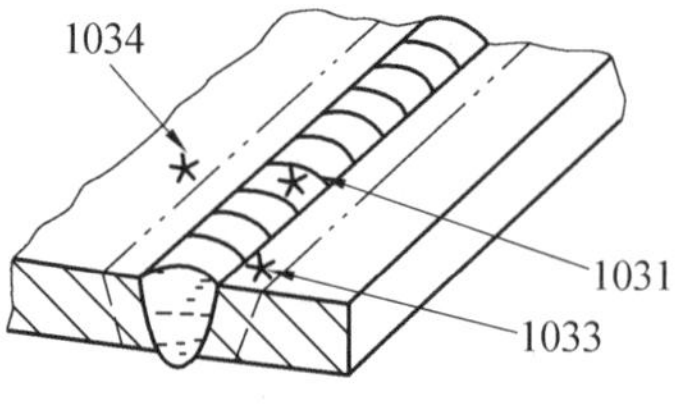 1034 1031 1033
104	弧坑裂纹 在焊缝弧坑处的裂纹,可能是: 纵向的 横向的 放射状的(星形裂纹)	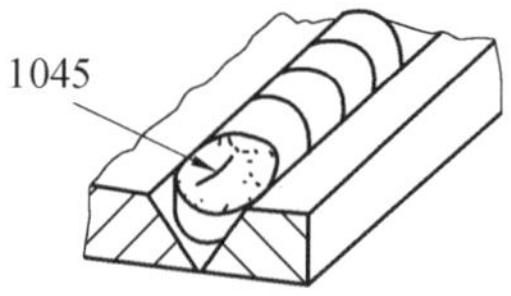 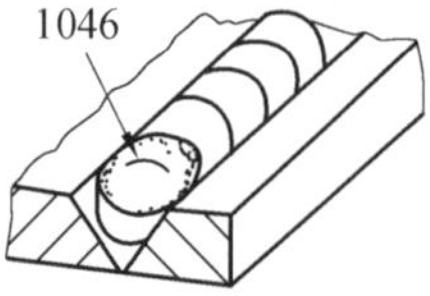 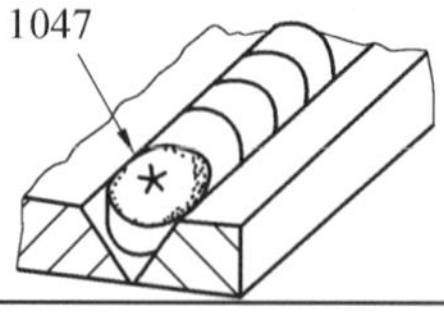 1045 1046 1047

续表 1.1

代号	名称及说明	示意图
105	间断裂纹群 一群在任意方向间断分布的裂纹,可能位于: 焊缝金属 热影响区 母材	1054 1051 1053
106	枝状裂纹 源于同一裂纹并连在一起的裂纹群,它和间断裂纹群及放射状裂纹明显不同,可能位于: 焊缝金属 热影响区 母材	1064 1061 1063

2. 按裂纹产生的机理进行分类

按裂纹产生的机理进行分类能反映裂纹的成因和本质,可分为热裂纹、冷裂纹、再热裂纹、层状撕裂和应力腐蚀裂纹五大类。

(1)热裂纹。

在固相线附近的高温区形成的裂纹称为热裂纹,主要发生在晶界处。由于裂纹形成的温度较高,在与空气接触的开口部位表面有强烈的氧化特征,呈蓝色或天蓝色,这是区别于冷裂纹的重要特征。

根据裂纹形成的机理不同,热裂纹又可分为结晶裂纹、液化裂纹和多边化裂纹。表 1.2 为各类热裂纹的特征和分布。

表 1.2　热裂纹的特征和分布

名称	特征	分布	形态
结晶裂纹 焊缝金属在结晶后期形成的裂纹,也称凝固裂纹	(1)沿晶间开裂 (2)断口由树枝状断口区、石块状断口区和平坦状断口区构成,在高倍显微镜下能观察到晶界液膜的迹象	(1)沿焊缝的中心线呈纵向分布 (2)沿焊缝金属的结晶方向呈斜向或人字形 (3)在弧坑处呈横向、纵向、星形分布 (4)发生在熔深大的对接接头以及各种角接头 (5)产生在含 S、P 杂质较多的碳钢、单相奥氏体钢、镍基合金和某些铝合金的焊缝中	见图 1.1、1.2

续表 1.2

名称	特征	分布	形态
液化裂纹 热影响区的母材金属中的低熔点杂质被熔融形成的薄膜状晶界,在凝固时出现的裂纹	(1)起源于熔合线靠母材侧的粗大奥氏体晶界,沿晶界扩展,具有曲折的轮廓 (2)在断口上能观察到各种共晶在晶界面上凝固的典型形态,有时能观察到类似结晶裂纹的石块状断口的形貌	(1)出现在多层焊的前层焊缝中 (2)产生在含铬、镍的高强钢或奥氏体钢的近缝区或多道焊缝中 (3)在热影响区呈不规则的方向分布,有时与熔合线相连通	见图 1.3
多边化裂纹 低于固相线下的高温区,在一定条件下,结晶金属形成多边化边界,从而在冷却过程中形成的一种热裂纹	(1)沿奥氏体晶界形成并扩展;裂纹走向以任意方向贯穿树枝状结晶 (2)断口多呈现为高温低塑性断裂特征	(1)产生在纯金属或单相奥氏体合金焊缝金属中,少数在热影响区 (2)常常伴随再结晶晶粒出现在裂纹附近 (3)多发生在重复受热金属中(如多层焊)	

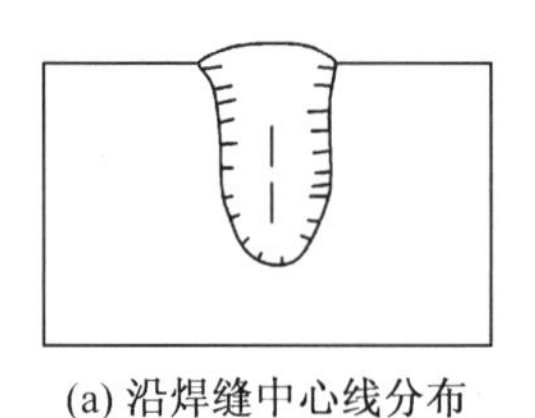

(a) 沿焊缝中心线分布　　(b) 斜向分布

图 1.1　结晶裂纹的形态分布

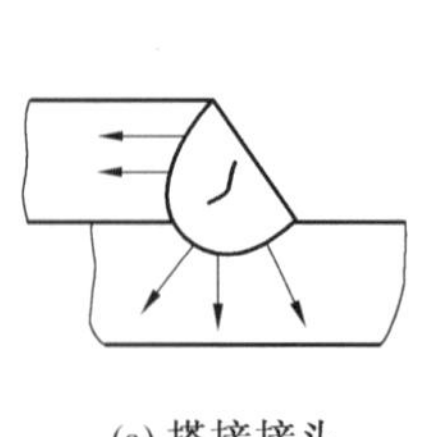

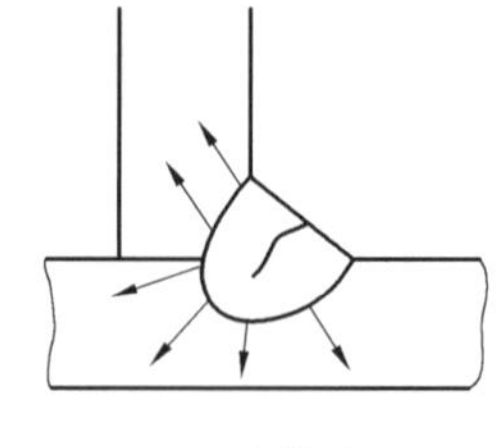

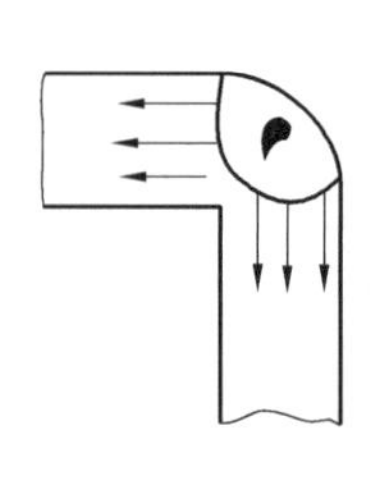

(a) 搭接接头　　(b) 丁字接头　　(c) 外角接接头

图 1.2　不同接头形式中的结晶裂纹

(2)冷裂纹。

冷裂纹一般指在较低温度下产生的裂纹,主要发生在中碳钢、高碳钢以及合金结构钢的焊接接头中,特别易出现在焊接热影响区。对某些合金成分多的高强度钢来说,也可能发生在焊缝金属中。冷裂纹的特点是表面光亮,无氧化特征。根据被焊钢种和结构的不

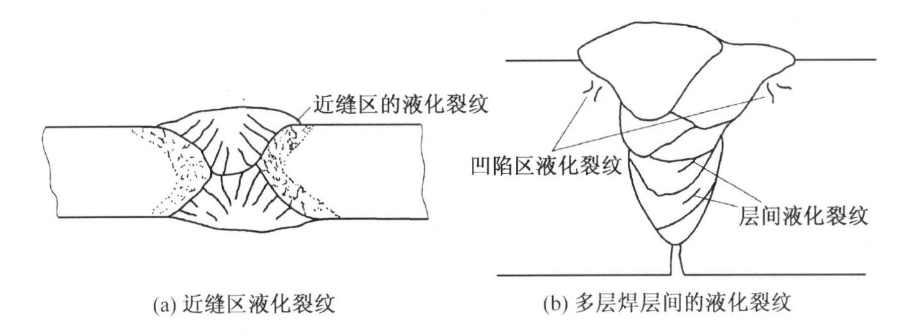

(a) 近缝区液化裂纹　　(b) 多层焊层间的液化裂纹

图1.3　液化裂纹的形态分布

同,冷裂纹可以进一步分为延迟裂纹、淬硬脆化裂纹和低塑性脆化裂纹,其特征和分布见表1.3。

表1.3　冷裂纹的特征和分布

名称	特征	分布	形态
延迟裂纹 具有延迟特征,即焊后经过数小时、数日或更长时间才出现的冷裂纹,又称氢致裂纹	(1)延迟特征:普通低合金钢在焊后24 h内产生,高合金钢则在焊后10 d内产生 (2)裂纹产生和扩展时,有时可觉察到断裂的响声 (3)沿晶或穿晶断裂。一般情况下,断口中均同时存在着沿晶界断裂和晶内断裂,而且晶内断裂的断口占相当大的比例	焊趾裂纹 多发生在堆焊焊道或多层焊焊道的焊趾部位。启裂后可能沿粗晶区扩展,也可能垂直于拘束应力方向向细晶区及母材扩展	见图1.4
		焊道下裂纹 (1)一般情况下,裂纹的取向与熔合线平行,距熔合线大约1~2个晶粒(在焊缝表面不易发现) (2)多发生于淬硬倾向较大的材料中,位于焊接热影响区的粗晶区 (3)当钢中沿轧制方向有较多和较长的MnS系夹杂物时,裂纹可沿轧制方向分布的硫化物呈阶梯状扩展	见图1.5
		焊根裂纹 (1)起源于焊缝的根部最大应力处,随后在拘束应力作用下向焊缝内或热影响区扩展 (2)裂纹出现的部位取决于焊缝金属及热影响区的强度、伸长率和根部形状	见图1.6
		对厚板的压力容器,如果焊前不预热,焊后不立即保温进行消氢处理,在V形坡口的手工打底焊时,易在内环焊缝中产生纵向裂纹;在U形坡口的埋弧自动焊时,易在环焊缝产生横向裂纹	

续表 1.3

名称	特征	分布	形态
淬硬脆化裂纹 在焊接含碳量高、淬硬倾向大的钢材时出现的冷裂纹	(1)与氢无关,无延时特征 (2)裂纹启裂与扩展均沿奥氏体晶界进行 (3)断口非常光滑,极少有塑性变形的痕迹	位于热影响区或焊缝中	
低塑性脆化裂纹 在较低温度下,由于被焊材料的收缩应变超过自身塑性储备而产生的裂纹	(1)无延迟现象,与氢无关 (2)多发生在铸铁、堆焊硬质合金 (3)与接头的应力集中有关 (4)裂纹一般比较宽,尖端圆钝,不尖细,边沿平滑,呈直通发展	位于热影响区或焊缝中,常发生于焊根处	

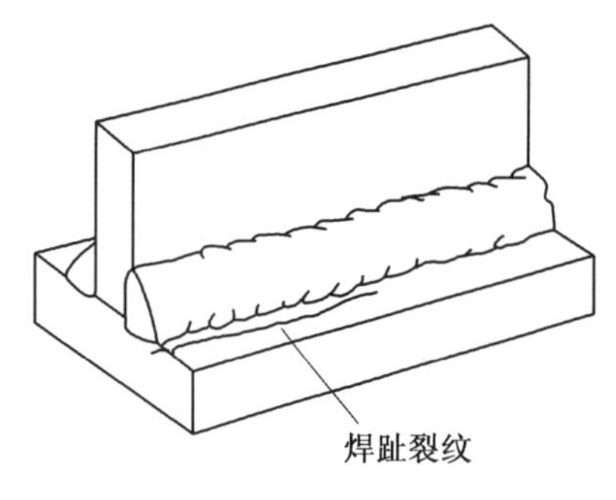

图 1.4 焊趾裂纹

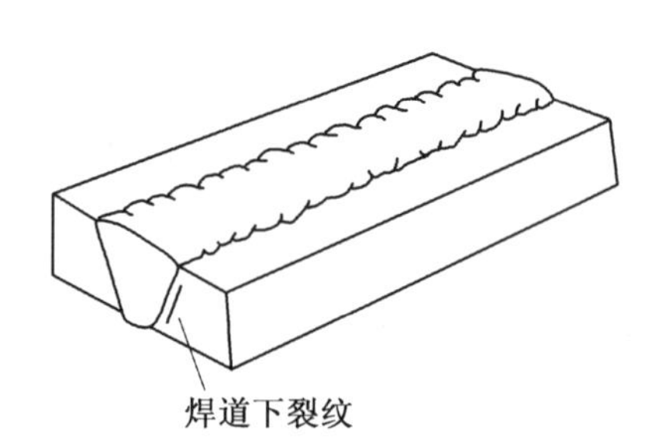

图 1.5 焊道下裂纹

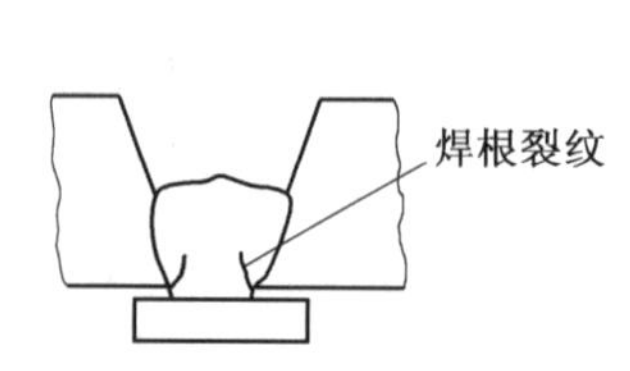

(a) 焊缝内的焊根裂纹

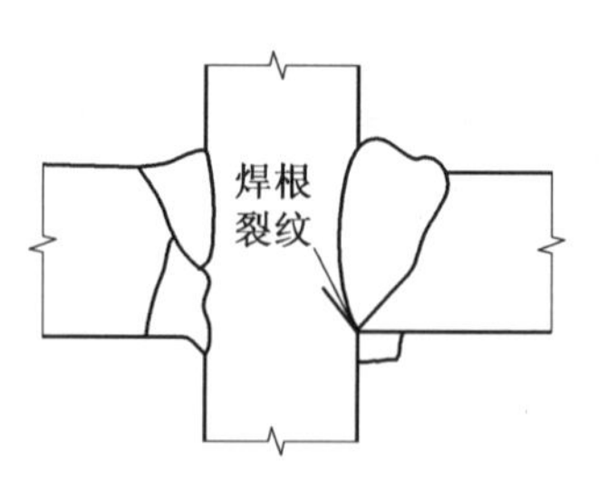

(b) 热影响区的焊根裂纹

图 1.6 焊接接头中的焊根裂纹

(3)再热裂纹。

工件焊接后,若接头再次被加热(如消应力处理、多层焊或使用过程中被加热)到一定的温度而产生的裂纹称为再热裂纹。再热裂纹多发生在含 Cr、Mo、V 的低合金钢，含 Nb 的奥氏体不锈钢以及析出硬化显著的 Ni 基耐热合金材料中。常出现在粗晶区中，并沿粗大奥氏体晶粒边界扩展，且多半发生在咬边等应力集中处。可形成沿熔合线的纵向裂纹，亦可形成粗晶区中垂直于熔合线的网状裂纹。其断口有被氧化的颜色。

(4)层状撕裂。

层状撕裂是一种特殊形式的裂纹，它主要发生于角焊缝的厚板结构中。主要特征是呈现阶梯状开裂，全貌基本是由平行于轧制表面的平台和大体垂直于平台的剪切壁组成，在撕裂的平台部位常可发现不同类型的非金属夹杂物，如图 1.7 所示。

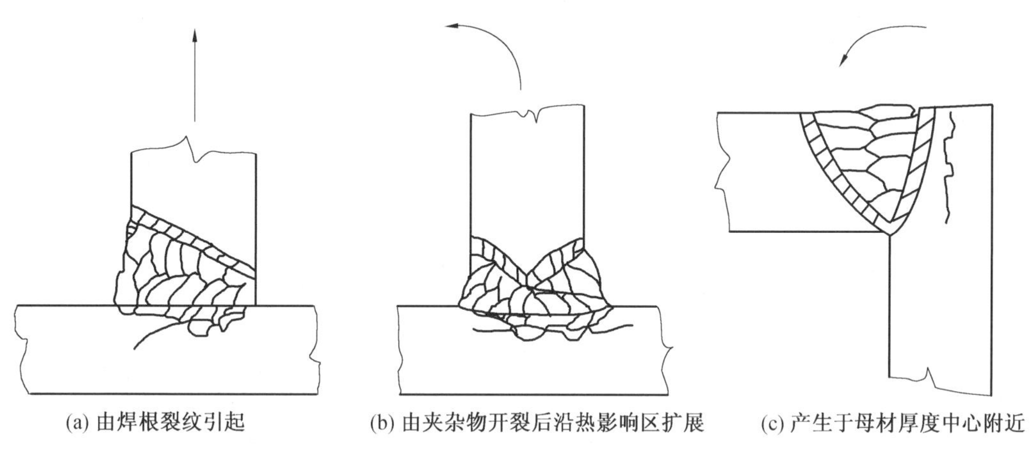

(a) 由焊根裂纹引起　(b) 由夹杂物开裂后沿热影响区扩展　(c) 产生于母材厚度中心附近

图 1.7　层状撕裂的类型

(5)应力腐蚀裂纹。

应力腐蚀裂纹是指金属在某种特定的腐蚀介质与相应水平的拉伸应力共同作用下产生的裂纹。它既可以在焊缝金属中产生，也可以产生在热影响区内。化工设备中的焊接结构破坏事故多数为应力腐蚀裂纹所致。

应力腐蚀裂纹一般呈龟裂形式，断断续续，而且在焊缝上横向裂纹占多数。从横断面的金相照片看，裂纹的形态如干枯的木根须，由表面沿纵深方向向里发展，裂口的深宽比很大，细长而带有分支，其断口保持金属光泽。

1.1.2　孔　穴

焊接时，熔池中的气泡在凝固时未能逸出而残留下来形成孔穴。按形成的气体种类孔穴可以分为氢气孔、氮气孔和一氧化碳气孔，其特征和分布见表 1.4。同时，GB 6417—2005《金属熔化焊接头缺欠分类及说明》也对孔穴根据其位置和状态进行了分类，见表 1.5。

表 1.4　气孔的特征和分布

名称	特征	分布
氢气孔	断面形状多为螺丝形，从焊缝表面上看呈圆喇叭形，其四周有光滑的内壁	多出现在焊缝表面
	含氢量较高的焊缝金属中出现的鱼眼缺陷。实际是圆形或椭圆形氢气孔，在其周围分布有脆性解理扩展的裂纹，形成围绕气孔的白色环脆断区，形貌如鱼眼	横焊时常出现于坡口上部边缘，仰焊时常分布在焊缝底部或焊层中，有时候也出现在焊道的接头部位及弧坑处
氮气孔	与蜂窝相似，常成堆出现	多出现在焊缝表面
一氧化碳气孔	表面光滑，像条形虫	多产生于焊缝内部，沿结晶方向分布

表 1.5　孔穴的代号、分类及说明

代号	名称及说明	示意图
200	孔穴	
201	气孔 残留气体形成的孔穴	
2011	球形气孔 近似球形的孔穴	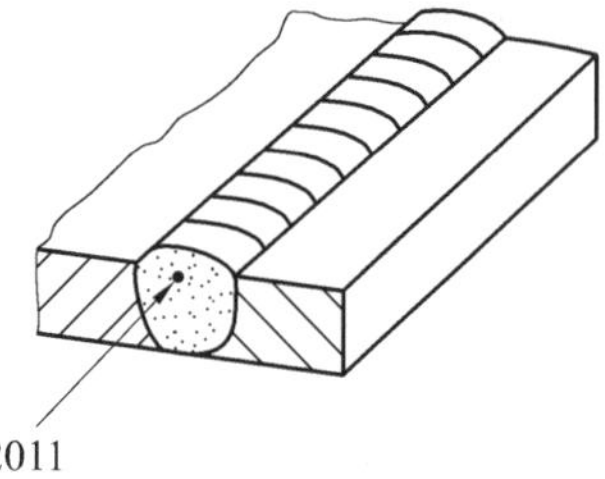 2011
2012	均布气孔 均匀分布在整个焊缝金属中的一些气孔；有别于链状气孔(2014)和局部密集气孔(2013)	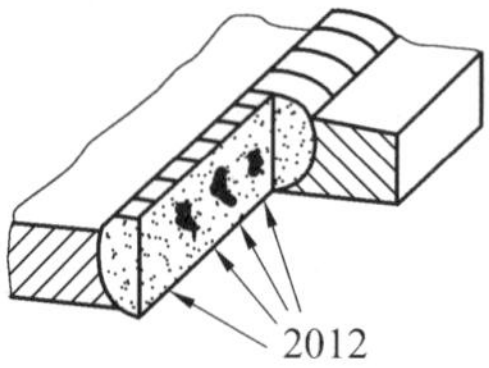 2012
2013	局部密集气孔 呈任意几何分布的一群气孔	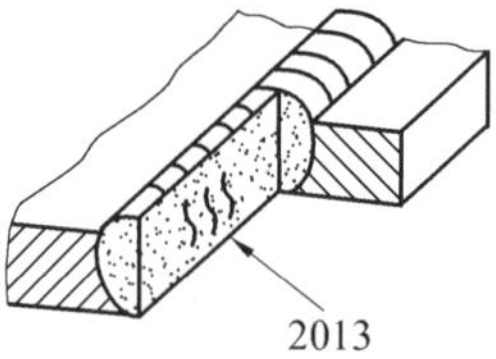 2013
2014	链状气孔 与焊缝轴线平行的一串气孔	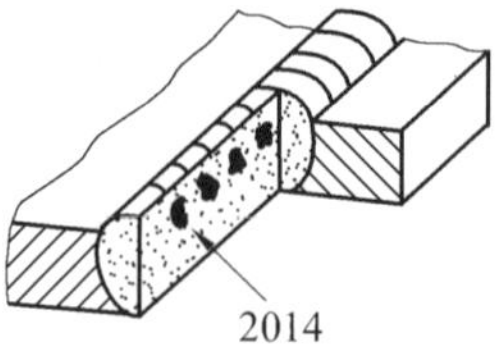 2014

续表 1.5

代号	名称及说明	示意图
2015	条形气孔 长度与焊缝轴线平行的非球形长气孔	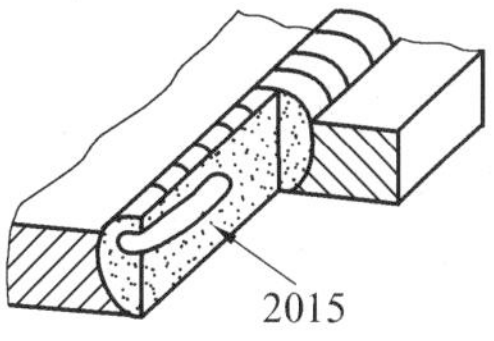 2015
2016	虫形气孔 因气体逸出而在焊缝金属中产生的一种管状气孔。其形状和位置由凝固方式和气体的来源决定。通常这种气孔成串聚集并呈排骨形状。有些虫形气孔可能暴露在焊缝表面上	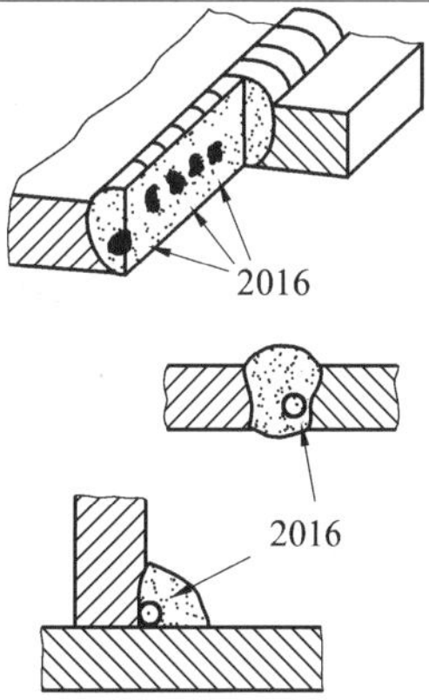 2016 2016
2017	表面气孔 暴露在焊缝表面的气孔	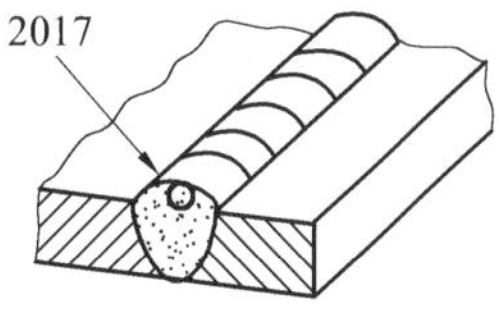 2017
202	缩孔 由于凝固时收缩造成的孔穴	
2021	结晶缩孔 冷却过程中在树枝晶之间形成的长形收缩孔,可能残留有气体。这种缺欠通常可在焊缝表面的垂直处发现	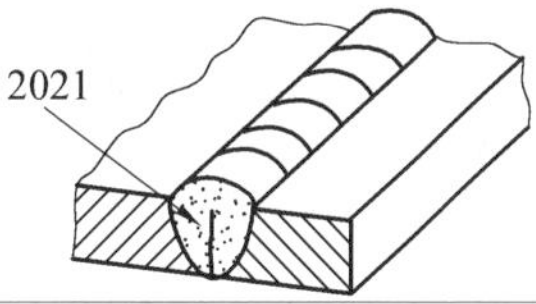 2021
2024	弧坑缩孔 焊道末端的凹陷孔穴,未被后续焊道消除	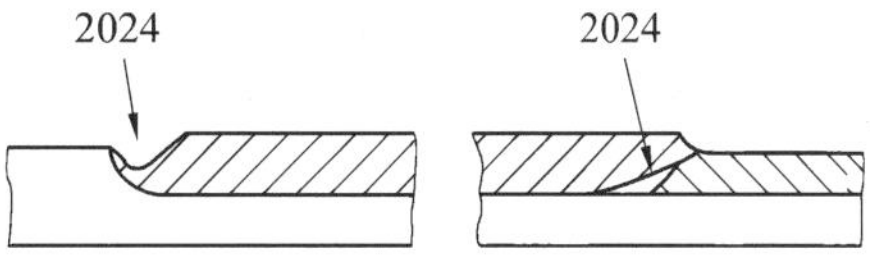 2024　2024
2025	末端弧坑缩孔 减少焊缝横截面的外露缩孔	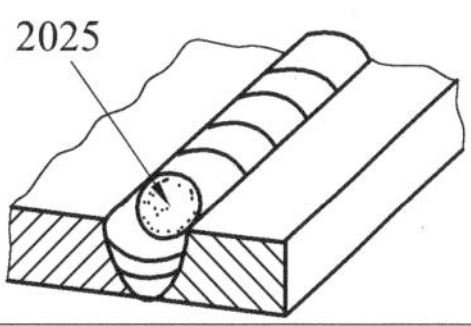 2025
203	微型缩孔 仅在显微镜下可以观察到的缩孔	

续表 1.5

代号	名称及说明	示意图
2031	微型结晶缩孔 冷却过程中沿晶界在树枝晶之间形成的长形缩孔	
2032	微型穿晶缩孔 凝固时穿过晶界形成的长形缩孔	

1.1.3 固体夹杂

焊接完成后残留在焊缝中的固体杂物称为固体夹杂,这些杂物可以是熔渣、外来金属颗粒等。其形状一般呈线状、长条状、颗粒状等其他不规则形式。GB 6417—2005《金属熔化焊接头缺欠分类及说明》也对固体夹杂进行了详细分类,见表 1.6。

表 1.6 固体夹杂的代号、分类及说明

代号	名称及说明	示意图
300	固体夹杂 在焊缝金属中残留的固体杂物	
301	夹渣 残留在焊缝金属中的熔渣。根据其形成的情况,这些夹渣可能是线状的、孤立的、成簇的	3011 3012 3014
302	焊剂夹渣 残留在焊缝金属中的焊剂渣。根据其形成的情况,这些夹渣可能是线状的、孤立的、成簇的	参见 3011 ~ 3014
303	氧化物夹杂 凝固时残留在焊缝金属中的金属氧化物。这种夹杂可能是线状的、孤立的、成簇的	参见 3011 ~ 3014
3034	皱褶 在某些情况下,特别是铝合金焊接时,因焊接熔池保护不善和紊流的双重影响而产生大量的氧化膜	
304	金属夹杂 残留在焊缝金属中的外来金属颗粒。其可能是钨、铜、其他金属	

1.1.4　未熔合及未焊透

未熔合指的是焊缝金属和母材或焊缝金属各焊层之间未结合的部分。常出现在坡口的侧壁、多层焊的层间及焊缝的根部。

未焊透指焊接时母材金属之间应该熔合而未焊上的部分。出现在单面焊的坡口根部及双面焊的坡口钝边。

未熔合及未焊透缺欠在 GB 6417—2005《金属熔化焊接头缺欠分类及说明》标准中进行了分类，见表1.7。

表1.7　未熔合及未焊透的代号、分类及说明

代号	名称及说明	示意图
401	未熔合 焊缝金属和母材或焊缝金属各焊层之间未结合的部分，可能是如下某种形式： 侧壁未熔合 焊道间未熔合 根部未熔合	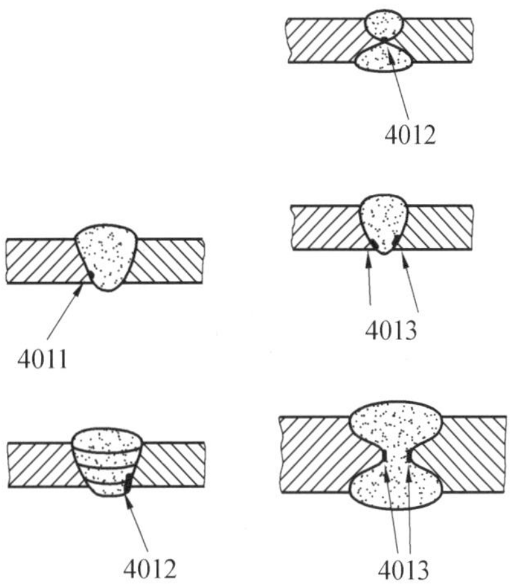 4012 4011 4013 4012 4013
402	未焊透 实际熔深与公称熔深之间的差异	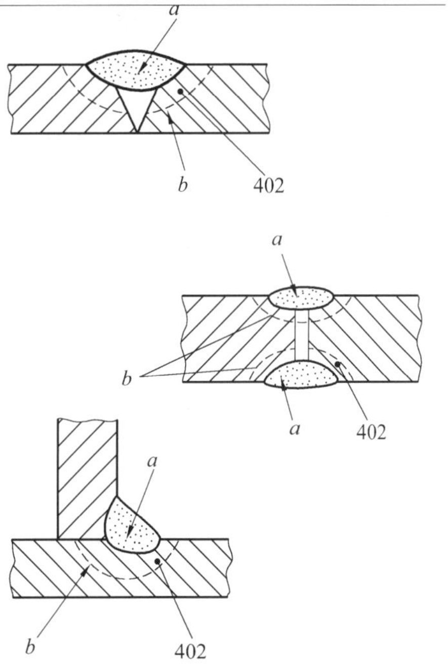 a b　402 a b a　402 a b　402 a—实际熔深；b—公称熔深

续表 1.7

代号	名称及说明	示意图
4021	根部未焊透 根部的一个或两个熔合面未熔化	
403	钉尖 电子束或激光焊接时产生的极不均匀的熔透,呈锯齿状。这种缺欠可能包括孔穴、裂纹、缩孔等	

1.1.5 形状和尺寸不良

形状和尺寸不良缺欠的形成主要与焊接过程中的焊接工艺和焊接操作有关,对焊接接头的承载等有一定的影响。GB 6417—2005《金属熔化焊接头缺欠分类及说明》标准中进行了详细分类,见表 1.8。

表 1.8 形状和尺寸不良的代号、分类及说明

代号	名称及说明	示意图
500	形状不良 焊缝的外表面形状或接头的几何形状不良	
501	咬边 母材(或前一道熔敷金属)在焊趾处因焊接而产生的不规则缺口	

续表1.8

代号	名称及说明	示意图
5011	连续咬边 具有一定长度且无间断的咬边	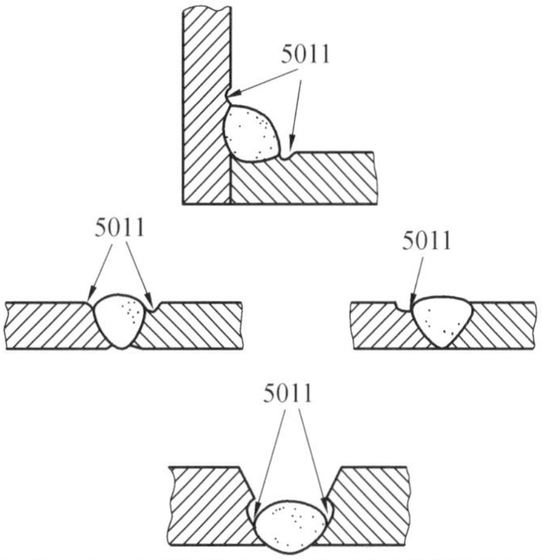
5012	间断咬边 沿着焊缝间断、长度较短的咬边	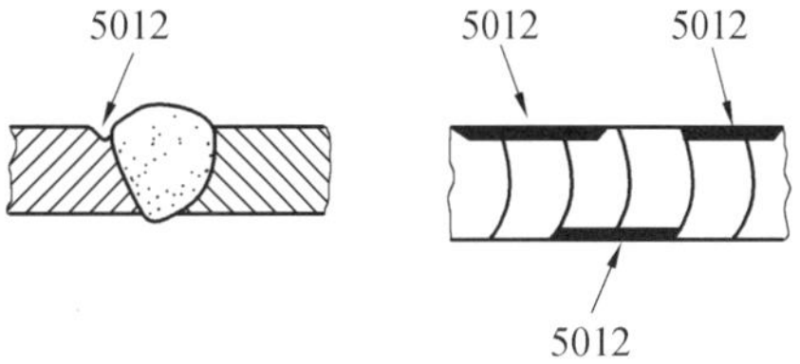
5013	缩沟 在根部焊道的每侧都可观察到的沟槽	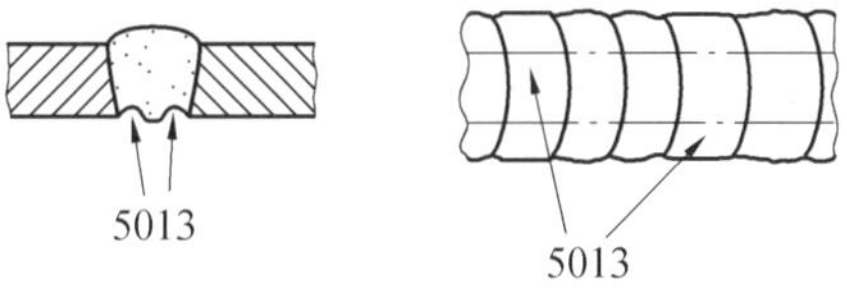
5014	焊道间咬边 焊道之间纵向的咬边	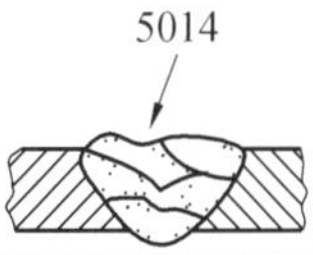
5015	局部交错咬边 在焊道侧边或表面上，呈不规则间断的、长度较短的咬边	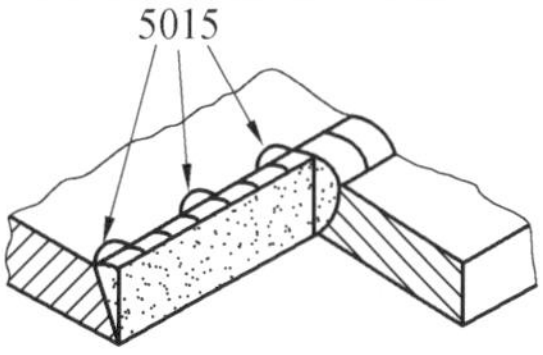
502	焊缝超高 对接焊缝表面上焊缝金属过高	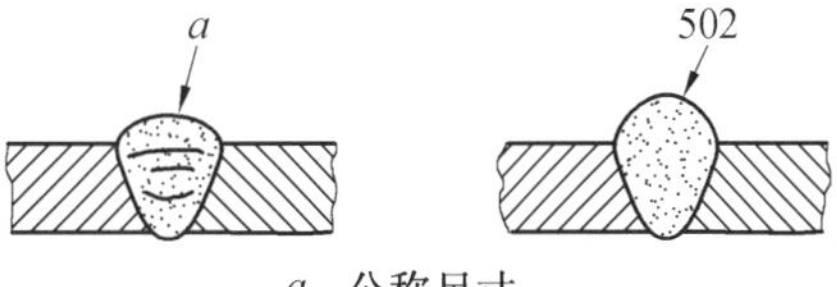 a—公称尺寸

续表 1.8

代号	名称及说明	示意图
503	凸度过大 角焊缝表面上焊缝金属过高	 a 503 a—公称尺寸
504	下塌 过多的焊缝金属伸出到了焊缝的根部。下塌可能是: 局部下塌 连续下塌 熔穿	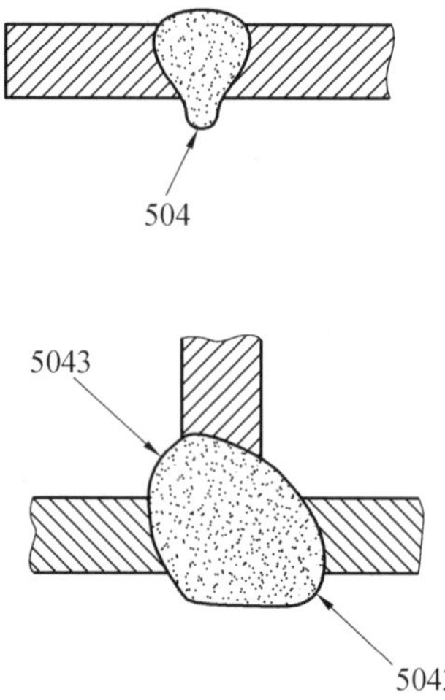 504 5043 5043
505	焊缝形面不良 母材金属表面与靠近焊趾处焊缝表面的切面之间的夹角 α 过小	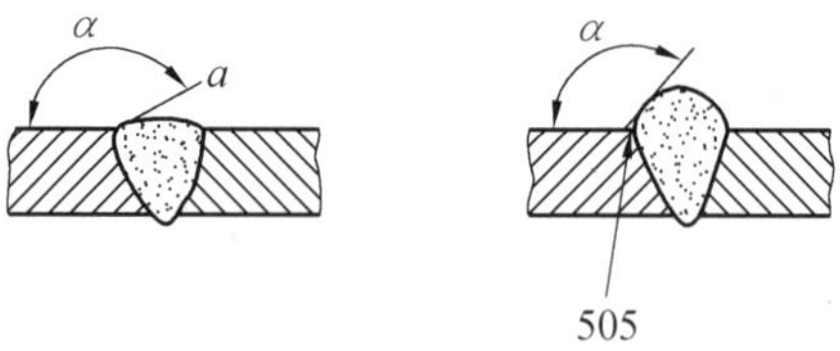 α a α 505 a—公称尺寸
506	焊瘤 覆盖在母材金属表面,但未与其熔合的过多焊缝金属。焊瘤可能是: 焊趾焊瘤,在焊趾处的焊瘤 根部焊瘤,在焊缝根部的焊瘤	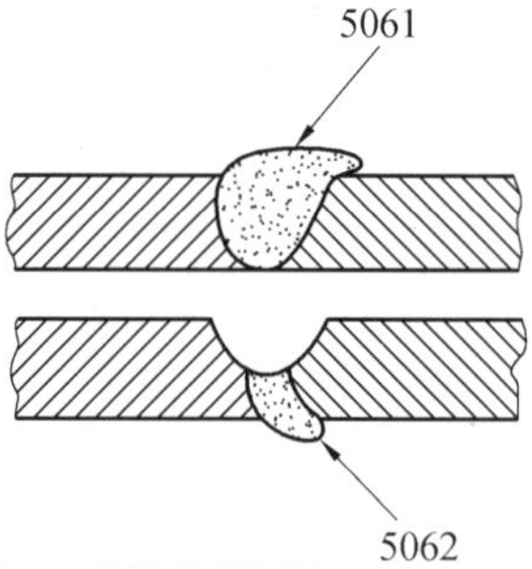 5061 5062
507	错边 两个焊件表面应平行对齐时,未达到规定的平行对齐要求而产生的偏差。错边可能是: 板材的错边,焊件为板材 管材错边,焊件为管子	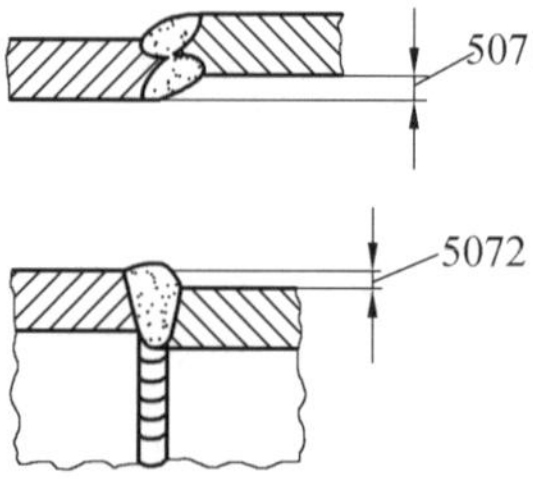 5071 5072

续表 1.8

代号	名称及说明	示意图
508	角度偏差 两个焊件未平行(或未按规定角度对齐)而产生的偏差	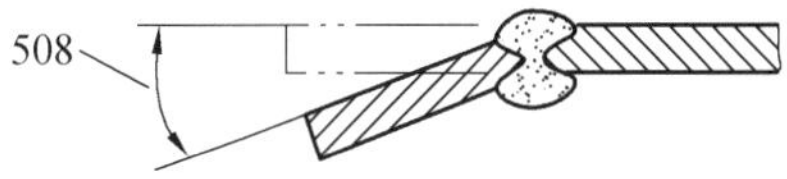 508
509	下垂 由于重力而导致焊缝金属塌落。下垂可能是: 水平下垂,在平面位置或过热位置下垂 角焊缝下垂,焊缝边缘熔化下垂	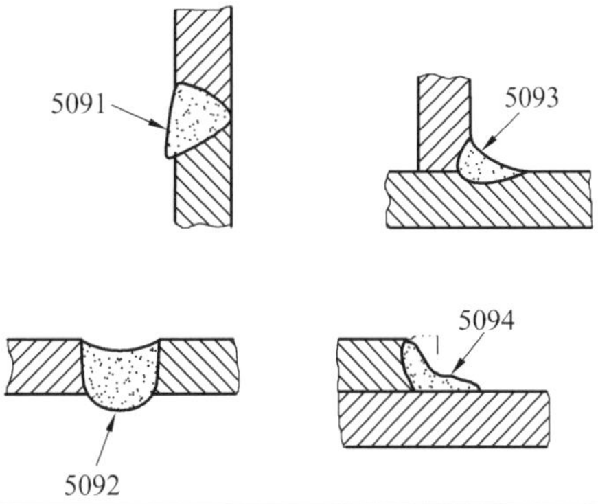 5091 5093 5092 5094
510	烧穿 焊接熔池塌落导致焊缝内的孔洞	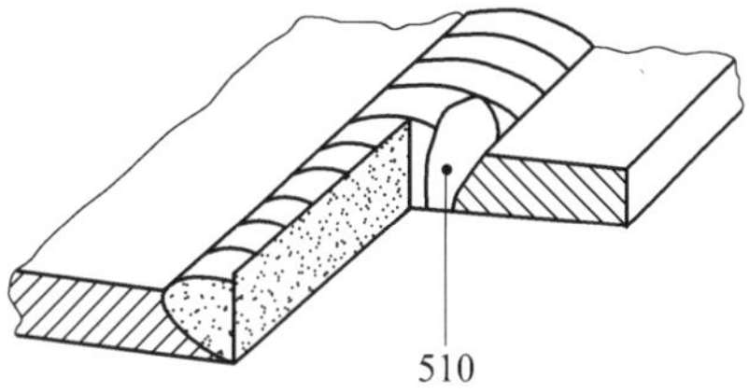 510
511	未焊满 因焊接填充金属堆敷不充分,在焊缝表面产生纵向连续或间断的沟槽	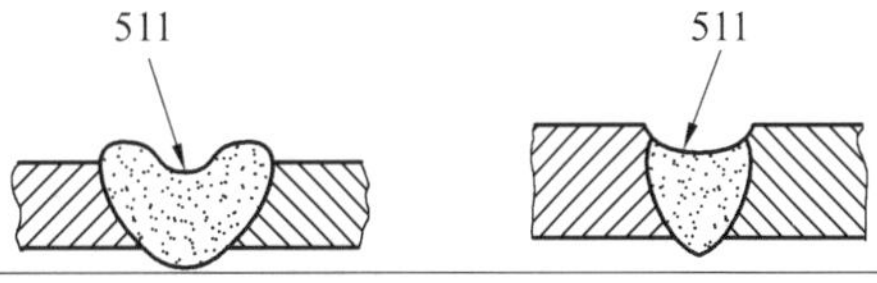 511 511
512	焊脚不对称 无须说明	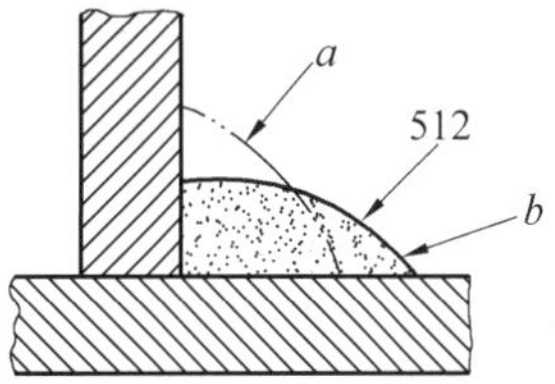 a 512 b a—正常形状;b—实际形状
513	焊缝宽度不齐 焊缝宽度变化过大	
514	表面不规则 表面粗糙过度	
515	根部收缩 由于对接焊缝根部收缩产生的浅沟槽	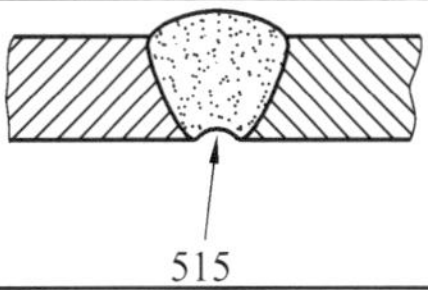 515

续表 1.8

代号	名称及说明	示意图
516	根部气孔 在凝固瞬间焊缝金属析出气体而在焊缝根部形成的多孔状孔穴	
517	焊缝接头不良 焊缝在引弧处局部表面不规则,它可能发生在:盖面焊道,打底焊道	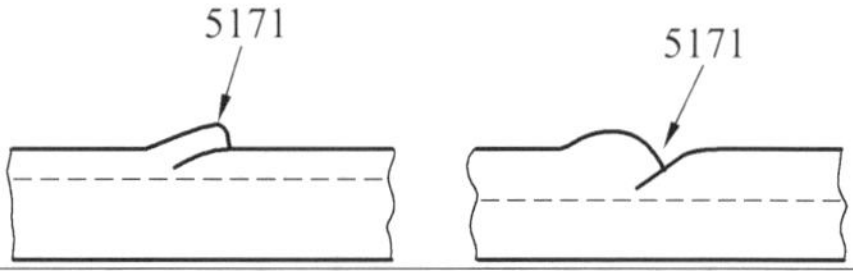 5171 5171
520	变形过大 由于焊接收缩和变形导致尺寸偏差超标	
521	焊缝尺寸不正确 与预先规定的焊缝尺寸产生偏差	
5211	焊缝厚度过大 焊缝厚度超过规定尺寸	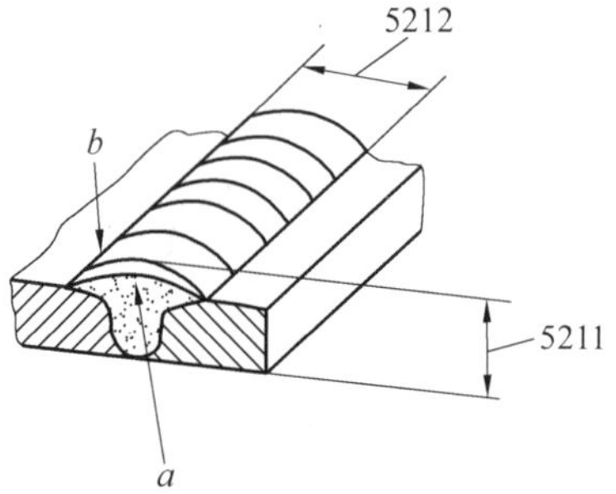 5212 b 5211 a a—公称厚度 ;b—公称宽度
5212	焊缝宽度过大 焊缝宽度超过规定尺寸	
5213	焊缝有效厚度不足 角焊缝的实际有效厚度过小	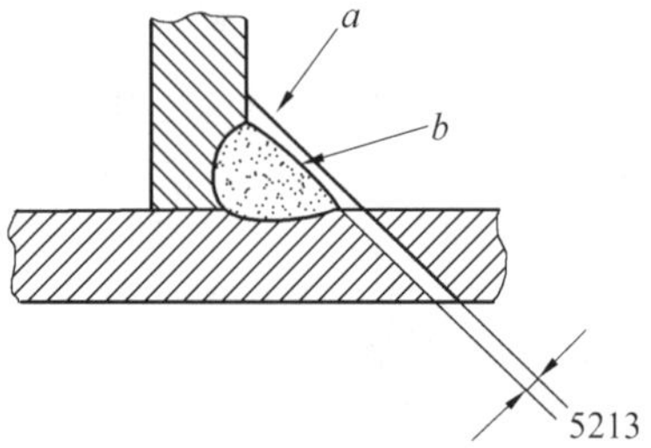 a b 5213 a—公称厚度 ;b—实际厚度
5214	焊缝有效厚度过大 角焊缝的实际有效厚度过大	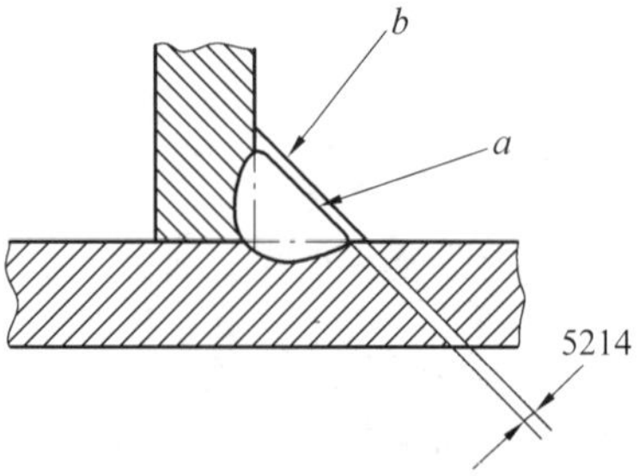 b a 5214 a—公称厚度;b—实际厚度

1.1.6　其他缺欠

除上述五类缺欠之外，缺欠还有电弧擦伤、飞溅、磨痕等，GB 6417—2005《金属熔化焊接头缺欠分类及说明》标准中对其进行了详细分类，见表1.9。

表1.9　其他缺欠的代号、分类及说明

代号	名称及说明	示意图
600	其他缺欠 从第一类至第五类未包含的所有其他缺欠	
601	电弧擦伤 由于在坡口外引弧或起弧而造成焊缝邻近母材表面处局部损伤	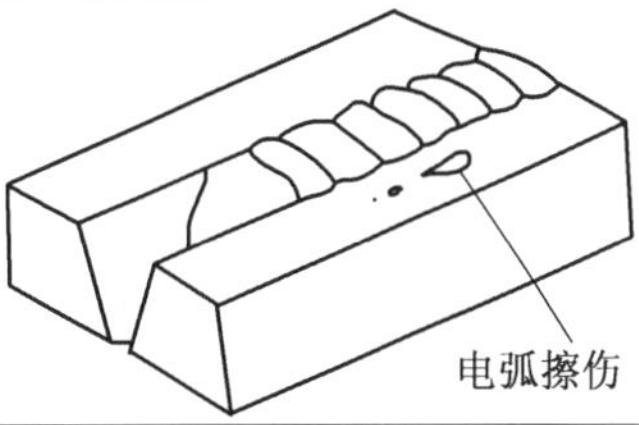 电弧擦伤
602	飞溅 焊接(或焊缝金属凝固)时，焊缝金属或填充材料迸溅出的颗粒	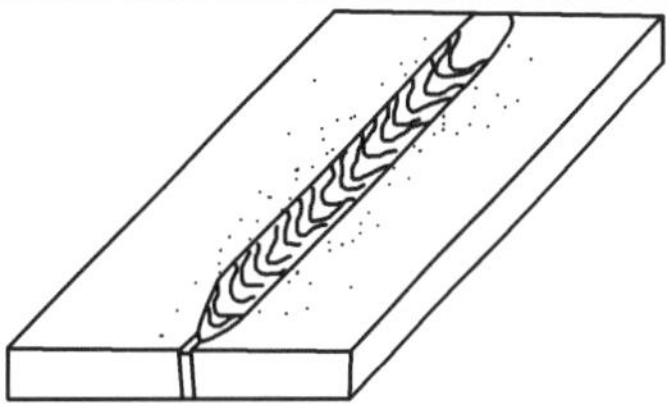
6021	钨飞溅 从钨电极过渡到母材表面或凝固焊缝金属的钨颗粒	
603	表面撕裂 拆除临时焊接附件时造成的表面损坏	
604	磨痕 研磨造成的局部损坏	
605	凿痕 使用扁铲或其他工具造成的局部损坏	
606	打磨过量 过度打磨造成工件厚度不足	
607	定位焊缺欠 定位焊不当造成的缺欠，如：焊道破裂或未熔合，定位未达到要求就施焊	
608	双面焊道错开 在接头两面施焊的焊道中心线错开	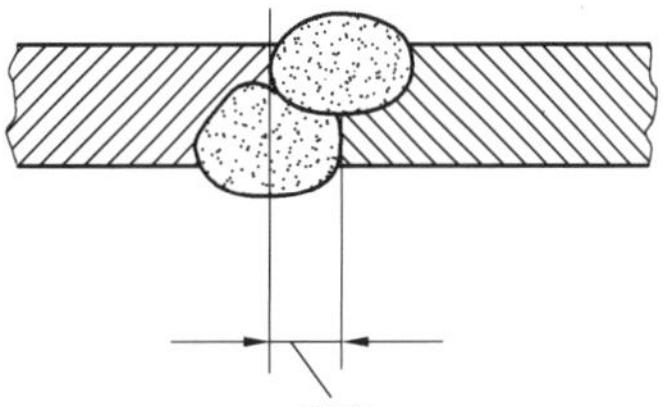 608

续表 1.9

代号	名称及说明	示意图
610	回火色(可观察到氧化膜) 在不锈钢焊接区产生的轻微氧化表面	
613	表面鳞片 焊接区严重的氧化表面	
614	焊剂残留物 焊剂残留物未从表面完全消除	
615	残渣 残渣未从焊缝表面完全消除	
617	角焊缝的根部间隙不良 被焊工件之间的间隙过大或不足	617
618	膨胀 凝固阶段保温时间加长使轻金属接头发热而造成的缺欠	618

熔焊缺欠还有金相组织不符合要求(枝晶粒粗大、金相组织的成分不合格等)及焊接接头的理化性能不符合要求的性能缺欠(包括化学成分、力学性能及不锈钢焊缝的耐腐蚀性能等)。这类缺欠大多是由于违反焊接工艺或错用焊接材料所引起的,不在本章讨论之列。

1.2 焊接缺欠分析

自焊接结构被广泛应用后,国内外都发生了一些破坏事故,损失惨重,其主要原因之一是焊接接头中存在超出一定限定值的焊接缺欠。焊接缺欠对焊接结构质量的影响主要表现在四个方面:一是由于缺欠的存在,减少了焊缝的承载截面积,削弱了静力拉伸强度;二是由于缺欠形成缺口,缺口尖端会发生应力集中和脆化现象,容易产生裂纹并扩展;三是缺欠会降低焊接结构(件)的疲劳强度;四是缺欠可能穿透封闭容器筒壁,发生泄漏,影响致密性。

若焊接缺欠能减少或避免产生,可能就不会发生一些破坏事故。实际焊接生产中,产生焊接缺欠的因素是多方面的,不同的缺欠,影响因素也不同。表 1.10 从材料、结构、工艺方面对焊接缺欠的主要因素进行了分析。

表 1.10　产生焊缝缺欠的主要因素

类别	名称	材料因素	结构因素	工艺因素
热裂纹	结晶裂纹	(1)焊缝金属中的合金元素含量高 (2)焊缝金属中的 P、S、C、Ni 含量高 (3)焊缝金属中的 Mn/S 比例不合适	(1)焊缝附近的刚度较大(如大厚度、高拘束度的构件) (2)接头形式不合适,如熔深较大的对接接头和各种角焊缝抗裂性差 (3)接头附近的应力集中	(1)焊接线能量过大,使近缝区的过热倾向增加,晶粒长大,引起结晶裂纹 (2)熔深与熔宽比过大 (3)焊接顺序不合适,焊缝不能自由收缩
	液化裂纹	母材中的 P、S、B、Si 含量较多	(1)焊缝附近的刚度较大,如大厚度、高拘束度的构件	(1)线能量过大,使过热区晶粒粗大,晶界熔化严重 (2)熔池形状不合适,凹度太大
	多边化裂纹	纯金属或单相奥氏体合金	(2)接头附近的应力集中,如密集、交叉的焊缝	线能量过大,使温度过高,容易产生裂纹
冷裂纹	延迟裂纹	(1)钢中的 C 或合金元素含量增高,使淬硬倾向增大 (2)焊接材料中的含氢量较高	(1)焊缝附近的刚度较大(如材料的厚度大,拘束度高) (2)焊缝布置在应力集中区 (3)坡口形式不合适(如 V 形坡口的拘束应力较大)	(1)接头熔合区附近的冷却时间(800 ~ 500 ℃)小于出现铁素体临界冷却时间,线能量过小 (2)未使用低氢焊条 (3)焊接材料未烘干,焊口及工件表面有水分、油污及铁锈 (4)焊后未进行保温处理
	淬硬脆化裂纹	(1)钢中的 C 或合金元素含量增高,使淬硬倾向增大 (2)对于多组元合金的马氏体钢,焊缝中出现块状铁素体		(1)对冷裂纹倾向较大的材料,其预热温度未作相应的提高 (2)焊后未立即进行高温回火 (3)焊条选择不合适
	低塑性脆化裂纹	母材中含 C 或合金元素含量较高,脆性组织含量较高	同上	(1)预热温度低 (2)冷却速度快 (3)焊条选择不合适 (4)焊后未进行后热或焊后热处理

续表 1.10

类别	名称	材料因素	结构因素	工艺因素
再热裂纹		(1)焊接材料的强度过高 (2)母材中 Cr、Mo、V、B、S、P、Cu、Nb、Ti 的含量较高 (3)热影响区粗晶区域的组织未得到改善(未减少或消除 M 组织)	(1)结构设计不合理造成应力集中 (2)坡口形式不合适导致较大的拘束应力	(1)回火温度不够,持续时间过长 (2)焊趾处形成咬边而导致应力集中 (3)焊接次序不对使焊接应力增加 (4)焊缝的余高导致近缝区的应力集中
层状撕裂		(1)焊缝中出现片状夹杂物 (2)母材基体组织硬脆或产生时效脆化 (3)钢中的含硫量过多	(1)接头设计不合理,拘束应力过大 (2)拉应力沿板厚方向作用	(1)线能量过大,使拘束应力增加 (2)预热温度较低 (3)由于焊根裂纹的存在导致层状撕裂的产生
气孔		(1)熔渣的氧化性增大时,由 CO 引起气孔的倾向增加;当熔渣的还原性增大时,则氢气孔的倾向增加 (2)焊件或焊接材料清理不到位 (3)与焊条、焊剂的成分及保护气体的气氛有关 (4)焊条偏心,药皮脱落	仰焊、横焊易产生气孔	(1)当电弧功率不变,焊接速度增大时,增加了产生气孔的倾向 (2)电弧电压太高(即电弧过长) (3)焊条、焊剂在使用前未进行烘干 (4)使用交流电源易产生气孔 (5)气体保护焊时,气体流量不合适
夹渣		(1)焊条和焊剂的脱氧、脱硫效果不好 (2)渣的流动性差 (3)在原材料的夹杂中含硫量较高及硫的偏析程度较大	立焊、仰焊易产生夹渣	(1)电流大小不合适,熔池搅动不足 (2)焊条药皮成块脱落 (3)多层焊时层间清渣不够 (4)电渣焊时焊接条件突然改变,母材熔深突然减小 (5)操作不当
未熔合				(1)焊接电流小或焊接速度快 (2)坡口或焊道有氧化皮、熔渣及氧化物等高熔点物质 (3)操作不当

续表 1.10

类别	名称	材料因素	结构因素	工艺因素
未焊透		焊条偏心	坡口角度太小，钝边太厚，间隙太小	(1)焊接电流小或焊速太快 (2)焊条角度不对或运条方法不当 (3)电弧太长或电弧偏吹
形状和尺寸不良	咬边		立焊、仰焊时易产生咬边	(1)焊接电流过大或焊接速度太慢 (2)在立焊、横焊和角焊时，电弧太长 (3)焊条角度和摆动不正确或运条不当
	焊瘤		坡口太小	(1)焊接规范不当，电压过低，焊速不合适 (2)焊条角度不对或电极未对准焊线 (3)运条不正确
	烧穿或下塌		(1)坡口间隙过大 (2)薄板或管子的焊接易产生烧穿和下塌	(1)电流过大，焊速太慢 (2)垫板托力不足
	错边			(1)装配不正确 (2)焊接夹具质量不高
	角变形		(1)角变形程度与坡口形状有关 (2)角变形与板厚有关，板厚为中等时角变形最大，厚板、薄板的角变形较小	(1)焊接顺序对角变形有影响 (2)在一定范围内，线能量增加，则角变形也增加 (3)反变形量未控制好 (4)焊接夹具质量不高
	焊缝尺寸、形状不符合要求	(1)熔渣的熔点和黏度太高或太低都会导致焊缝尺寸、形状不符合要求 (2)熔渣的表面张力较大，不能很好地覆盖焊缝表面，使焊纹粗、焊缝高、表面不光滑	坡口不合适或装配间隙不均匀	(1)焊接规范不合适 (2)焊条角度或运条手法不当

续表 1.10

类别	名称	材料因素	结构因素	工艺因素
其他缺欠	电弧擦伤			(1)焊工随意在坡口外引弧 (2)接地不良或电气接线不好
	飞溅	(1)熔渣的黏度过大 (2)焊条偏心		(1)焊接电流增大时,飞溅增大 (2)电弧过长则飞溅增大 (3)碱性焊条的极性不合适 (4)焊条药皮水分过多,则飞溅增加 (5)交流电源比直流电源飞溅大 (6)焊机动特性、外特性不佳时,飞溅大

焊接结构(件)中一般都存在焊接缺欠,这将影响到焊接结构(件)的安全使用。对焊接缺欠进行分析,一方面找出其产生原因,从而采取有效措施,防止缺欠的产生;另一方面是在焊接结构(件)的制造或使用过程中,正确地选择焊接检验的技术手段,及时地发现缺欠,从而定性或定量地评价焊接结构(件)质量,使焊接检验达到预期目的。

第2章　目视检测

人类的视觉功能是一种天生的本能,因此目视检测可以说是最为古老的方法。从广义上说只要人们用视觉所进行的检查都称为目视检测。现代目视检测是指用观察评价物品(如容器和金属结构和加工用材料、零件和部件的正确装配、表面状态或洁净度等)的一种无损检测方法,它仅指用人的眼睛或借助于光学仪器对工业产品表面作观察或测量的一种检测方法。

目视检测由于原理简单,易于理解和掌握,不受或很少受被检产品的材质、结构、形状、位置、尺寸等因素的影响,一般情况下,无须复杂的检测设备器材,检测结果具有直观、真实、可靠、重复性好等优点,被广泛应用于产品制造、安装、使用的各个阶段。

2.1　目视检测方法的分类

一般说来,目视检测用于确定零件的表面状态、配合面的对准、形状或是泄漏的迹象等,此外,还可用于检测复合材料(半透明的层压板)表面下的状况。目视检测通常可分为直接目视检测和间接目视检测。

2.1.1　直接目视检测

当能够充分靠近,而使眼睛离被检验表面不超过610 mm,与被检表面所成的视角不小于30°时,则一般可采用直接目视检测,可以采用反光镜来改善观察的角度,并可借助于放大镜等来帮助检测。在做直接目视检测时,具体的零件、部件、容器或容器的某个部位需要照明,可采用自然光或辅助白炽光,至少要有100 f_c(1 000 lx)的强度。所用的方法、光源和光水平需要进行验证,并在文件里加以记录和保存。

2.1.2　间接目视检测

在有些情况下,可能需以远距离的目视检测来代替直接检验。远距离的目视检验还可以辅之以各种反光镜、望远镜、内窥镜、光导纤维、照相机或其他合适的仪器。这些系统的分辨能力至少应和直接目视检测相当。

2.1.3　焊缝的目视检测内容

焊接结构生产制造过程中,焊前、焊后以及焊接过程中均应进行外观检查,外观检查应按照产品的检测要求或相关技术标准进行。各种焊接标准中对外观检查的项目和判别的目标数值(即定量标准)都有明确的规定。外观检查一般包括以下内容:

(1)焊接后的清理质量。外观检查前,应将焊缝及其边缘 10 ~ 20 mm 基体金属上的飞溅及其他阻碍外观检查的污物清理干净。

(2)焊接缺欠检查。在整条焊缝和热影响区附近应无裂纹、夹渣、焊瘤、烧穿等缺欠,气孔、咬边缺欠的特征值应符合有关标准规定。

(3)几何形状检查。重点检查焊缝与母材连接处,以及焊缝形状和尺寸急剧变化的部位。焊缝应完整美观,不得有漏焊现象,各连接处应圆滑过渡。焊缝高低、宽窄及结晶鱼鳞纹应均匀变化。

(4)焊接的伤痕补焊。重点检查装配拉筋板拆除部位、钩钉和吊卡焊接部位、母材引弧部位、母材机械划伤部位等。应无缺肉及遗留焊疤,无表面气孔、裂纹、夹渣、疏松等缺欠,划伤部位不应有明显棱角和沟槽,伤痕深度不超过有关标准规定。

(5)焊工钢印和焊缝编号钢印的检查。检查焊工在焊接结束后是否在施焊焊缝的规定部位(如纵缝中间、环缝 T 字缝附近)打制钢印。在不允许打钢印时,应以简图形式记载于焊接质量检查记录中。

2.2　目视检测设备及仪器

在所有的检验中目视检测所需的检验工具最少,但我们也应该了解一些检验工具,因其能够帮助检验师更容易、更有效地开展工作。

焊缝外观检测工具有专用工具箱(主要包括咬边测量器、焊缝内凹测量器、焊缝宽度和高度测量器、焊缝放大镜、锤子、扁铲、划针、尖形量针、游标卡尺等)、焊接检验尺及数显式焊缝测量工具,如图 2.1 所示。此外还有基于激光视觉的焊后检测系统等。

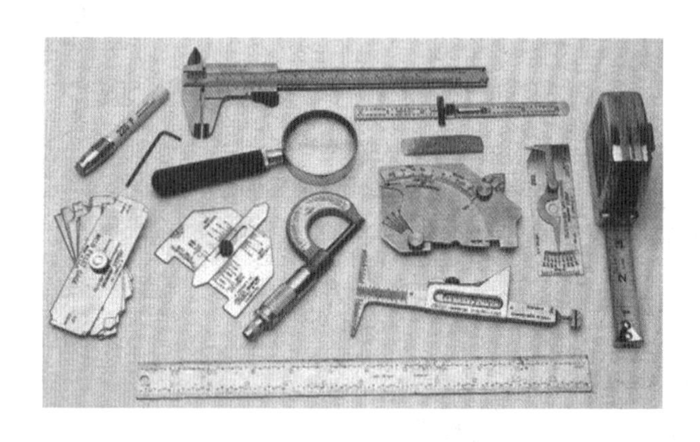

图 2.1　目视检测工具

2.2.1　专用工具箱

(1)咬边测量器有百分表型和测量尺型两种,均能快速准确地测量焊缝的咬边尺寸。

(2)焊缝内凹测量器也称深度测量器,使用时把钢直尺伸向焊接结构内,将钩形针探头对准凹陷处,掀动钩针的另一端,使钩形针探头伸向凹陷的根部,然后用游标卡尺量出探头伸出的长度，便可获得内凹深度的数值。

(3)焊缝宽度和高度测量器用于测量焊缝宽度和高度，也可用于焊后焊件变形的测量。

一般采用 4 倍或 10 倍的放大镜观测焊缝表面。锤子规格为 1/4 lb(0.113 kg)，用来剔除焊渣。扁锉规格一般为 6 in(152.4 mm)，用来清理试件表面。划针用来剔抠焊缝边缘死角的药皮，尖形量针用来挑、钻少量的表面沙眼。小扁铲用来清除焊接工件表面的飞溅物。

2.2.2　焊接检验尺

焊接检验尺是利用线纹和游标测量等原理，检测焊接件的焊缝宽度、高度、焊接间隙、坡口角度和咬边深度等的计量器具，如图 2.2 所示。根据国家质量监督检测检疫总局标准 JJG 704—2005《焊接检验尺检定规程》的划分，检验尺的主要结构形式分为Ⅰ型、Ⅱ型、Ⅲ型、Ⅳ型四个类型。

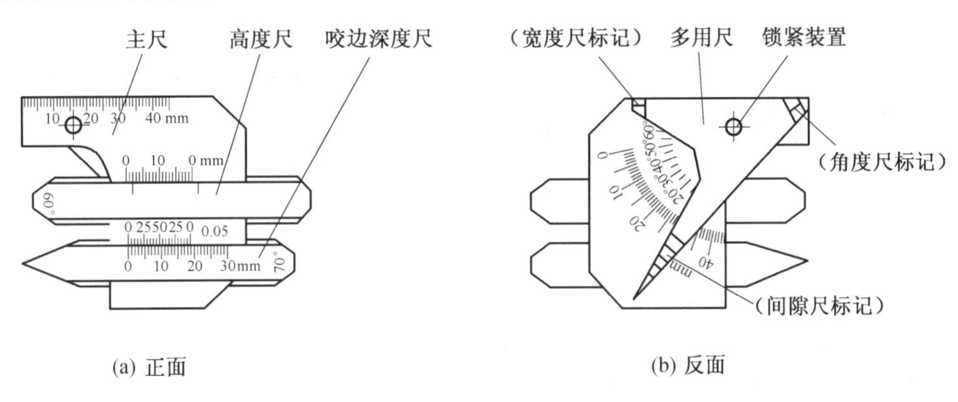

图 2.2　焊接检验尺(Ⅰ型)

(1) 测量坡口角度。焊接检验尺测量坡口角度的使用方法如图 2.3 所示。

(2) 测量错边量。焊接检验尺测量错边量的使用方法如图 2.4 所示。

(3) 测量对口间隙。焊接检验尺测量对口间隙的使用方法如图 2.5 所示。

(4) 测量焊缝余高。焊接检验尺测量焊缝余高的使用方法如图 2.6 所示。

(5) 测量咬边深度。焊接检验尺测量咬边深度的使用方法如图 2.7 所示。

(6) 测量焊缝宽度。焊接检验尺测量焊缝宽度的使用方法如图 2.8 所示。

(7) 测量角焊缝高度。焊接检验尺测量角焊缝高度的使用方法如图 2.9 所示。

(8) 测量焊缝平直度及焊角尺寸。焊接检验尺测量焊缝平直度及焊角尺寸的使用方法如图 2.10 所示。

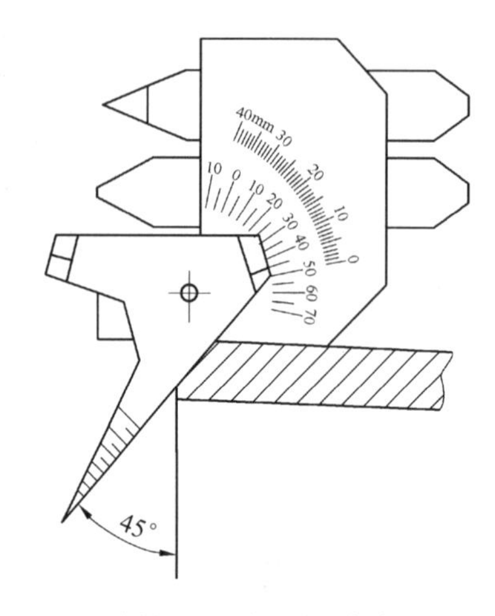

图 2.3　测量坡口角度

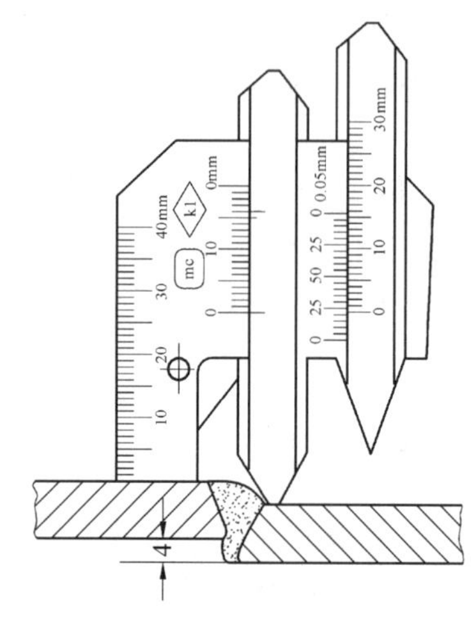

图 2.4　测量错边量

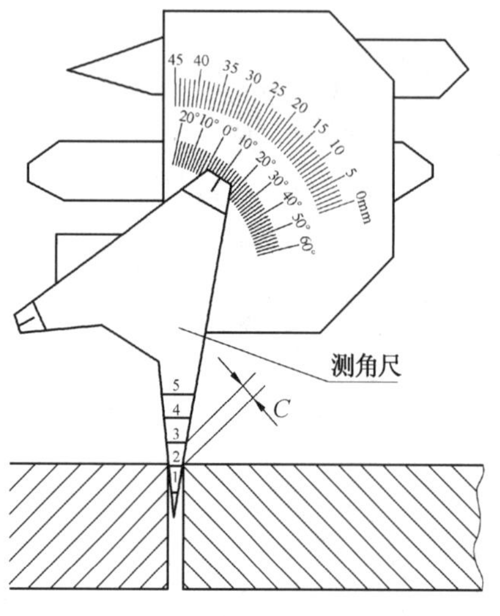

图 2.5　测量对口间隙

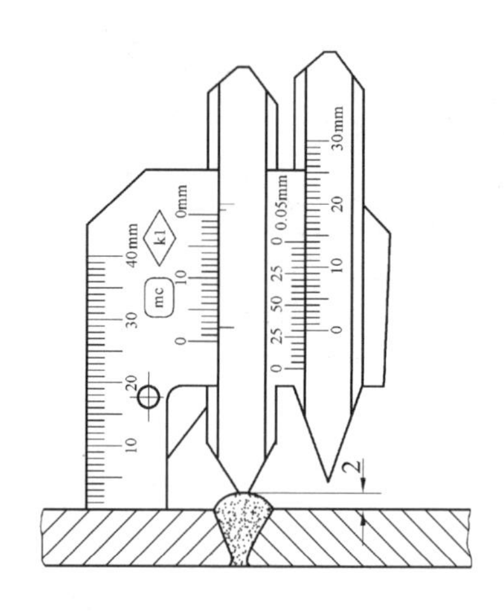

图 2.6　测量焊缝余高

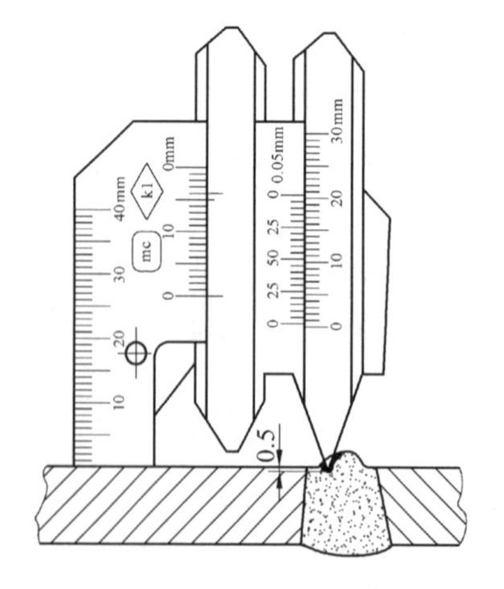

图 2.7　测量咬边深度

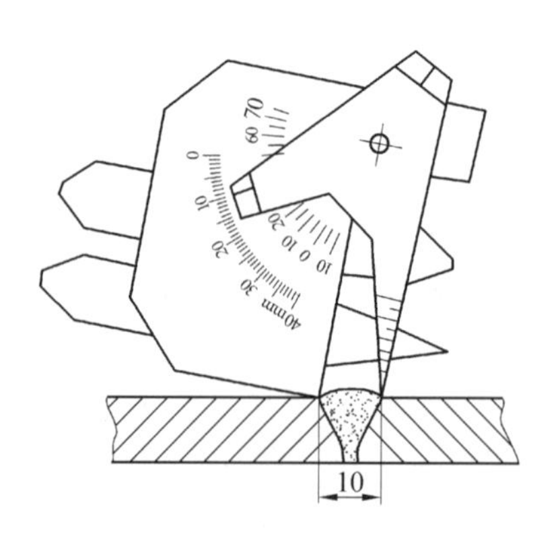

图 2.8　测量焊缝宽度

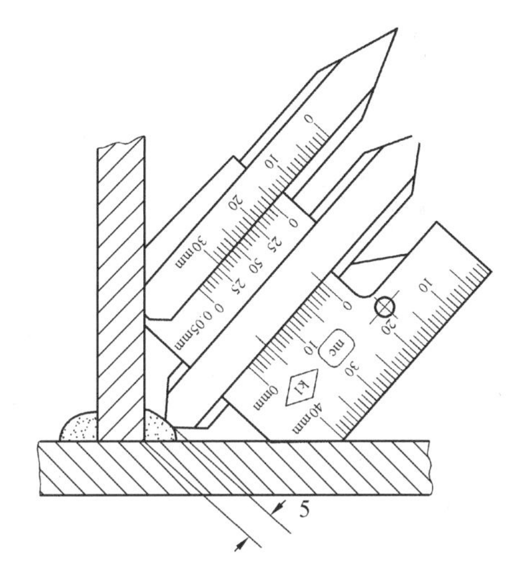

图 2.9　测量角焊缝高度

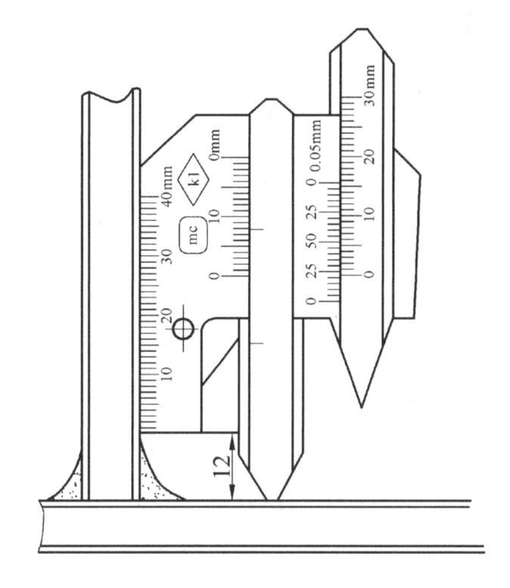

图 2.10　测量焊缝平直度和焊角尺寸

2.2.3　数显焊缝规

图 2.11　数显焊缝规

数显焊缝规是将传统焊缝检验尺或焊缝卡板与数字显示部件相结合的一种焊缝测量工具。数显焊缝规具有读数直观、使用方便、功能多样等特点。图 2.11 所示为一种数显焊缝规,它由角度样板、高度尺、传感器、控制运算部分和数字显示部分组成。该焊缝规有四种角度样板,可用于坡口角度、焊缝尺寸的测量,可实现任意位置清零,任意位置米制与英制转换,并带有数据输出功能。

2.3　焊缝外观目视检测工艺

2.3.1　焊缝外观形状及尺寸的评定

焊缝外形尺寸是保证焊接接头强度和性能的重要因素,检查的目的是检测焊缝的外形尺寸是否符合产品技术标准和设计图样的规定要求。检查的内容一般包括焊缝的外观成形、焊缝宽度、余高、错边、焊趾角度、焊缝边缘直线度、角焊缝的焊脚尺寸等内容。

1. 焊缝的外观成形

通常检查焊缝的外形和焊波过渡的平滑程度。若焊缝高低宽窄很均匀,焊道与焊道、焊道与母材之间的焊波过渡平滑,则焊缝成形好。若焊缝高低宽窄不均,焊波粗乱,甚至有超标的表面缺欠,则判为外观成形差。

2. 焊缝尺寸

(1)焊缝的宽度。对接焊时,焊接操作不可能保证焊缝表面与母材完全平齐,坡口边缘必然要产生一定的熔化量,一般要求焊缝的宽度比坡口每边增宽不小于 2 mm。

(2)焊缝的余高。母材金属上形成的焊缝金属的最大高度称为焊缝的余高。对于左右板材高度不一致的情况,其余高以最大高度为准。根据 GB 150—1998《钢制压力容器》

标准要求，A、B 类接头焊缝的余高 e_1、e_2（见图 2.12）应符合表 2.1 的规定。

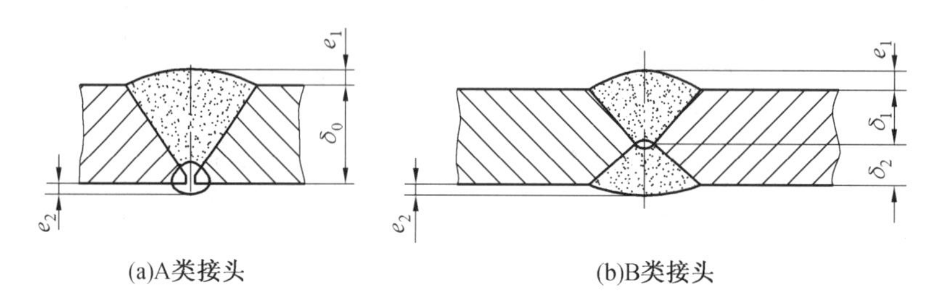

图 2.12　焊缝余高 e_1 和 e_2

表 2.1　A、B 类接头焊缝的余高允许偏差

标准抗拉强度下限值 σ_b>540 MPa 的钢材及 Cr-Mo 低合金钢钢材				其他钢材			
单面坡口		双面坡口		单面坡口		双面坡口	
e_1	e_2	e_1	e_2	e_1	e_2	e_1	e_2
$(0\sim10\%)\delta_0$ 且≤3	≤1.5	$(0\sim10\%)\delta_1$ 且≤3	$(0\sim10\%)\delta_2$ 且≤3	$(0\sim10\%)\delta_0$ 且≤4	≤1.5	$(0\sim10\%)\delta_1$ 且≤3	$(0\sim10\%)\delta_2$ 且≤3

（3）焊趾角度。焊趾角度是指在接头横剖面上，经过焊趾的焊缝表面切线与母材表面之间的夹角，见图 2.13 中的 θ。根据船舶行业标准 CB 1220—2005《921A 等钢焊接坡口基本形式及焊缝外形尺寸》的规定，对接接头的焊趾角 θ 应不小于 140°，T 形接头的焊趾角 θ 应不小于 130°。

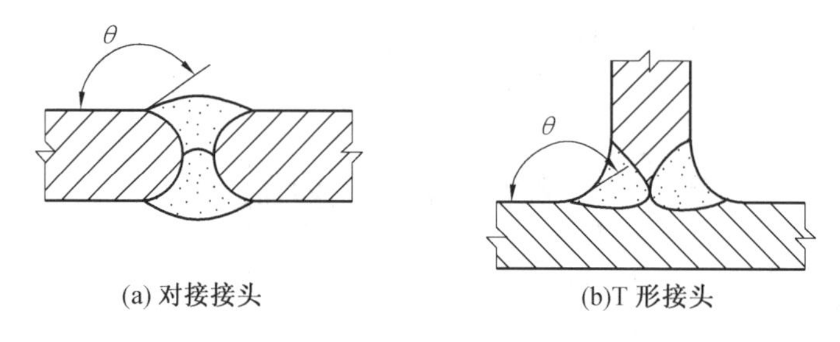

图 2.13　焊趾角度示意图

（4）角焊缝的焊角尺寸。角焊缝的焊角尺寸 K 值由设计或有关技术文件注明。根据 GB 50205—2001《钢结构工程施工质量验收规范》的规定，T 形接头、十字接头、角接接头等要求熔透的对接和角对接组合焊缝，其焊角尺寸不应小于 $T/4$（T 为母材厚度）。设计有疲劳验算要求的起重机梁或类似构件，其腹板与上翼缘连接焊缝的焊角尺寸为 $T/2$，且不应大于 10 mm。焊角尺寸的允许偏差为 0～4 mm。

（5）焊缝边缘直线度 f。焊缝边缘沿焊缝轴向的直线度 f 如图 2.14 所示。在任意 300 mm连续焊缝长度内，埋弧焊的 f 值应不大于 2 mm，焊条电弧焊、埋弧半自动焊的 f 值应不大于 3 mm。

（6）焊缝的宽度差。焊缝的宽度差即焊缝最大宽度和最小宽度的差值，在任意 500 mm焊缝长度范围内不得大于 4 mm，整个焊缝长度内不得大于 5 mm。

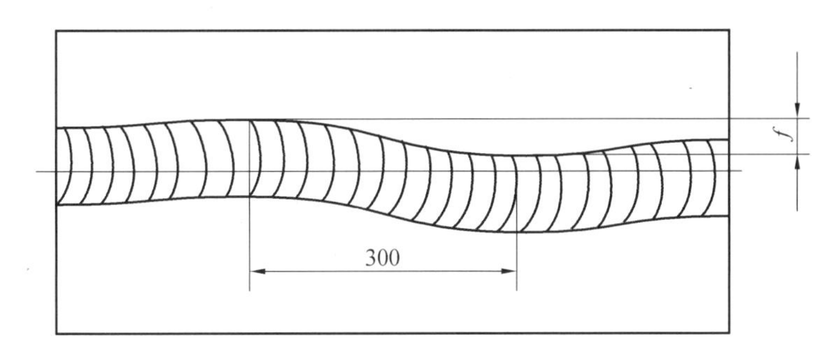

图 2.14　焊缝边缘直线度

(7)焊缝表面凹凸差。焊缝表面凹凸差即焊缝余高的差值,在焊缝任意 25 mm 长度范围内,不得大于2 mm,如图 2.15 所示。

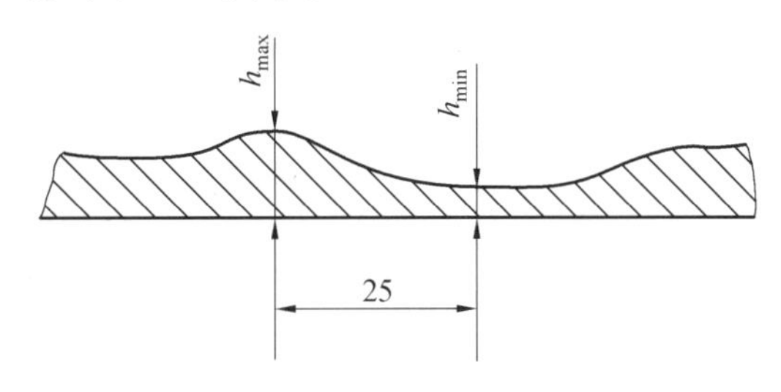

图 2.15　焊缝表面凹凸差

2.3.2　焊缝外观目视检测工艺卡

检测工艺卡是指导检测人员对具体工件进行检测的工艺文件。目视检测也有相应的检测工艺卡,用于指导检测人员对工件进行检测。不同的工件有不同的检测工艺卡,一般要求一卡一物,对号入座。检测人员根据检测工艺卡所规定的内容实施检测,来保证产品质量。

检测工艺卡与检测工艺规程的主要区别在于:检测工艺规程是根据委托书、法规和标准的要求编写的。内容多为一些原则性条款,不一定具体,需得到委托单位的同意,检测对象可以是具体的某一工件,也可以是某类工件。检测工艺卡是根据检测工艺规程结合有关标准针对某一具体工件编写的,用于指导检测人员对工件进行检测,要求内容具体,一般要求一物一卡。此外检测规程以文字描述为主,检测工艺卡多为图表形式。表 2.2 为某单位管道焊缝检测工艺卡。

表 2.2　某单位管道焊缝检测工艺卡

检测单位	管道焊缝目视检测工艺卡	委托单位
××有限责任公司		××公司
工件名称:压力管道焊缝	试件规格:ϕ660×30	材料:低碳钢
检测部位:外表面	检测比例:100%	检测时机:焊后 24 h
检测表面状态:焊后自然状态	检验方法:直接目视检测	灵敏度试件:18% 中性灰卡

续表 2.2

照明方式:人工照明	照度:>160 lx	照明器材:手电筒
测量器具:焊缝规、直尺	验收标准:ASMEⅢ-NB 分卷	检测人员资格:Ⅰ级及以上
检测对象描述:		
检测步骤及要求: 1. 用照度计测量环境照度; 2. 用 18% 中性灰卡检查灵敏度; 3. 焊缝表面成形情况检查; 4. 焊缝表面缺陷检查(气孔、裂纹、夹杂、氧化皮、咬边); 5. 最大错边量测量; 6. 最大余高处测量; 7. 咬边测量; 8. 焊宽测量。		

编制		审核		批准	
日期		日期		日期	

2.3.3 焊缝外观目视检测工艺

1. 表面条件检查

(1)标识号的核查。

检测人员在实施检测之前首先检查被检设备和焊缝的标识号,应确保设备和焊缝的标识号准确无误。

(2)表面准备。

被检表面不得有影响检测和评定的任何异物。

2. 检测时间

外观目视检测应在焊后 24 h 以后,其他无损检测方法检测之前进行,目的在于消除表面缺陷。

3. 检测技术

(1)操作顺序。

检测操作顺序如图 2.16 所示。

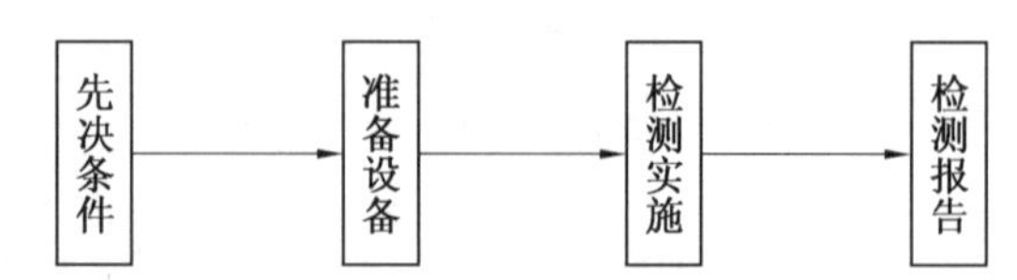

图 2.16 目视检测操作顺序

(2)先决条件。

表面条件按表面条件检查的规定,必须向承担检测工作的检查人员提供专门的工作指令,包括:被检焊缝或设备及部件的位置;焊缝或零件的标识号。所用的设备必须处于良好状态。

(3)准备设备。

常用的目视检测设备有:放大倍数为3~6的望远镜、带照明的放大倍数为3~6的放大镜、光源、反射率为18%的中性灰卡、照度计、焊缝规等其他设备。

(4)检测实施。

①直接目视检测。当被检物与眼睛的距离小于600 mm时,视线与被检表面的夹角大于30°时,则进行直接的目视检测;直接的目视检测用裸眼进行,如有必要,可用放大倍数小于6倍的放大镜;日光或人工光源应保证检测人员能分辨反射率为18%的中性灰卡上0.8 mm宽的黑线,或能分辨位于被检表面上的宽为0.8 mm的黑线。

②间接目视检测。无法直接观察的区域,可用间接方法进行目视检测,并借助辅助工具,如反光镜、内窥镜、光导纤维、照相机、复膜或其他合适的工具进行,但辅助工具的分辨率能力至少应和直接目视检测相当。

4. 验收

焊缝表面不允许存在下列缺陷:

①裂纹。

②未熔合。

③超过下列规定的表面气孔,呈直线分布且边到边的距离小于或等于1/16 in(1.6 mm)时,4个或4个以上的大于0.8 mm的气孔;对于最不利位置的缺陷,在150 mm范围内的焊缝表面,10个或10个以上的大于0.8 mm的气孔。体积形缺陷最大直径不超过3.2 mm。

④余高。对于管道双面焊焊接接头,表2.3中第一列的余高范围适合于此接头的内外表面;单面焊对接接头,表2.3中第一列余高范围的适用于焊缝外表面,第二列的余高范围适用于内表面。余高的值由相邻焊缝表面的最高点确定。

表2.3　允许最大余高与壁厚关系　mm

壁厚度	最大余高	
	1	2
≤3.2	2.4	2.4
3.2~4.8	3.2	2.4
4.8~12.6	4.0	3.2
12.6~25.6	4.8	4.0

⑤咬边和根部凹陷。咬边深度超过壁厚的10%或超过0.8 mm,根部凹陷超过所需的最小截面厚度。

⑥错边量。组对部件焊接后的最大错边量应不超过表2.4中的范围。

表 2.4 允许最大错边量与壁厚关系 mm

壁厚度	纵向	环向
≤12.6	$t/4$	$t/4$
12.6 ~ 19	3.2	$t/4$
19 ~ 38.4	3.2	4.8
38.4 ~ 52	3.2	$t/8$

5. 报告格式和内容

正式检测报告包括结果单和检测报告,报告内容分别包括结果清单和检测报告。

结果清单表至少包括:规程编号和版次、被检项目的标识号、工件直径、检测类型、检测日期、检测结果、检测报告编号、检测人员的姓名和签名、报告审查人员的姓名和签名等。

检测报告有四种类型及其注释说明,缺陷示意图应至少有一个参考点,检测报告应至少包括:委托单位名称、检测区域标识、规格编号和版次、直接目视检测/间接目视检测、放大镜(放大倍数)、聚光灯(用或不用)、检测日期、检测人员的姓名及签名、报告审查人员的姓名和签名。

第3章　射线检测

3.1　射线检测的物理基础

射线既是波长较短的电磁波，又是速度高、能量大的粒子流，可穿透物质和在物质中有衰减的特性。射线检测正是依据被检工件由于成分、密度、厚度等的不同，对射线产生不同的吸收或散射的特性，对被检工件的质量、尺寸、特性等作出判断。按所使用的射线源种类可分为X射线、γ射线和高能射线等，其中无损检测中多采用X射线和γ射线。

3.1.1　X射线和γ射线的性质

X射线和γ射线与无线电波、红外线、可见光、紫外线等属于同一范畴，都是电磁波，如图3.1所示，其区别在于波长和产生方法不同，X射线是由高速行进的电子在真空管中撞击金属靶而产生，γ射线产生于放射性物质内部原子核衰变。因此X射线和γ射线具有电磁波的共性，同时也具有不同于可见光和无线电波等其他电磁辐射的特性，其具有的性质主要有：

①具有穿透物质的能力。

②本身不带电荷，不受电场和磁场的影响。

③具有波动性、粒子性，即所谓微观粒子的波粒二象性。

④在穿透物质过程中，会与物质发生复杂的物理和化学作用，例如电离作用、荧光作用，热作用以及光化学作用等。

⑤具有辐射生物效应，能够杀伤生物细胞，破坏生物组织。

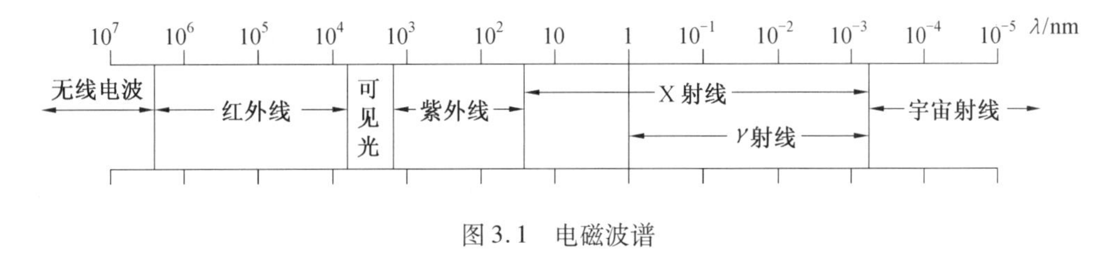

图3.1　电磁波谱

3.1.2　X射线和γ射线的产生

1. X射线的产生

X射线是在X射线管中产生的，如图3.2所示，X射线管是一个具有阴阳两极的真空管，阴极是钨丝，阳极是金属制成的靶。在阴阳两极之间加有很高的直流电压（管电压），当阴极加热到白炽状态时释放出大量电子，这些电子在高压电场中被加速，从阴极飞向阳极（管电流），最终以很大的速度撞击在金属靶上，失去所具有的动能，这些动能绝大部分转换为热能,仅有极少一部分转换为X射线向四周辐射。

对X射线管发出的X射线做光谱测定,可以发现X射线谱由两部分组成,一个是波长连续变化的部分,称为连续谱,它的最小波长只与外加电压有关而与靶材料无关,在实际检测中,以最大强度波长λ_{IM}为中心的邻近波段的射线起主要作用;另一部分具有分立波长的谱线,这部分谱线要么不出现,一旦出现它的峰所对应的波长位置完全取决于靶材料本身,这部分谱线称为标识谱,又称特征谱,标识谱重叠在连续谱之上,如同山丘上的宝塔,如图3.3所示。标识X射线强度只占X射线总强度极少的一部分,能量也很低,所以在工业射线探伤中,标识谱不起什么作用,标识谱主要用于物质组成的检测方面。

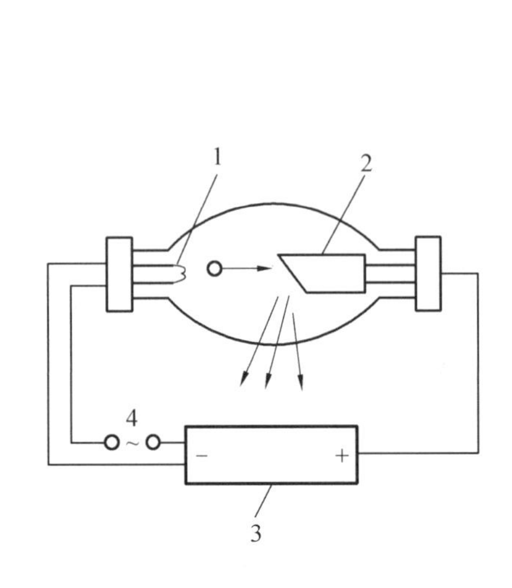

图3.2　X射线产生示意图

1—阴极;2—阳极;3—高压发生器;4—灯丝电源

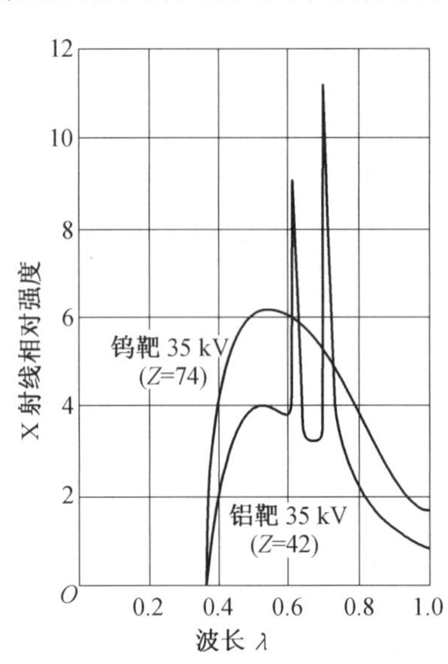

图3.3　X射线谱

2. γ射线的产生

γ射线是放射性同位素经过α衰变或β衰变后,从激发态向稳定态过渡的过程中,从原子核内发出的,这一过程称为γ衰变,又称γ跃迁。γ射线的能量由放射性同位素的种类决定。一种放射性同位素可能放出许多种能量的γ射线,对此取其所辐射出的所有能量的平均值作为该同位素的辐射能量。例如^{60}Co的平均能为$(1.17+1.33)/2=1.25$ MeV。

放射性同位素的原子核衰变是自发进行的,对于任意一个放射性核,它何时衰变具有偶然性,不可预测,但对于足够多的放射性核的集合,它的衰变规律服从统计规律,是十分确定的。

3. 中子射线的产生

中子是通过原子核反应产生的。除普通的氢核之外(氢核只有一个质子),其他任何原子都含有中子,如果对这些原子施加强大的作用,给予原子核的能量超过中子的结合能时,中子便释放出来。任何能使原子核受到强烈激发的方式都可以用来获得中子。这些方法大致有:用质子、氘核、α粒子和其他带电粒子以及γ射线来轰击原子核。目前常用的中子源有三大类:分别是同位素中子源、加速器中子源和反应堆中子源。

①同位素中子源：利用天然放射性同位素（如镭、钋等）的 α 粒子去轰击铍，引起核反应而产生中子，但中子强度较低；

②加速器中子源：用被加速的带电粒子去轰击适当的靶，可以产生各种能量的中子，其强度比普通同位素中子源要高出好几个数量级；

③反应堆中子源：利用重核裂变，在反应堆内形成链式反应，不断地产生大量的中子，反应堆中子源是目前能量最大的中子源。

3.1.3 射线与物质的相互作用

射线通过物质时，会与物质发生相互作用而使强度减弱。导致强度减弱的原因有吸收与散射两类。吸收是一种能量转换，光子的能量被物质吸收后变为其他形式的能量；散射会使光子的运动方向改变，其效果等于在束流中移去入射光子。

在 X 射线和 γ 射线能量范围内，光子与物质作用的主要形式有：光电效应、康普顿效应、电子对效应，当光子能量较低时，还必须考虑瑞利散射。

1. 光电效应

当光子与物质原子的束缚电子作用时，光子把全部能量转移给某个束缚电子，使之发射出去，而光子本身消失，这一过程称为光电效应，光电效应发射出的电子称为光电子，该过程如图 3.4 所示。光电效应的发生概率与射线能量和物质原子序数有关，它随着光子能量增大而减小，随着原子序数 Z 的增大而增大。

2. 康普顿效应

在康普顿效应中，光子与电子发生非弹性碰撞，一部分能量转移给电子，使它成为反冲电子，而散射光子的能量和运动方向发生变化，如图 3.5 所示。$h\nu$ 和 $h\nu'$ 为入射和散射光子能量，θ 为散射光子与入射光子方向间夹角，称为散射角，φ 为反冲电子的反冲角。

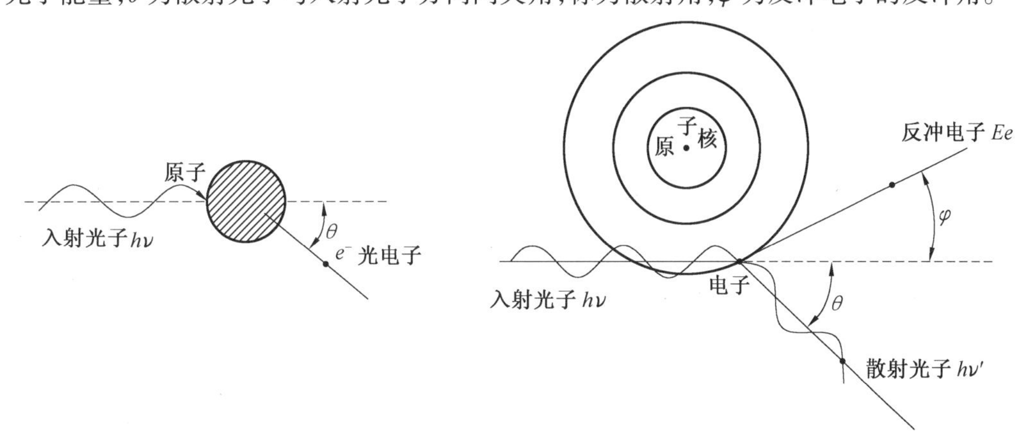

图 3.4 光电效应的示意图　　图 3.5 康普顿效应示意图

康普顿效应总是发生于自由电子或原子的束缚最松的外层电子上，入射光子的能量和动量在反冲电子和散射光子两者之间进行分配，散射角越大，散射光子的能量越小，当散射角 θ 为 180°时，散射光子能量最小。康普顿效应的发生概率大致与物质原子序数成正比，与光子能量成反比。

3. 电子对效应

当光子从原子核旁经过时，在原子核的电场作用下，光子转化为一个正电子和一个负电子,这种过程称为电子对效应,如图 3.6 所示。

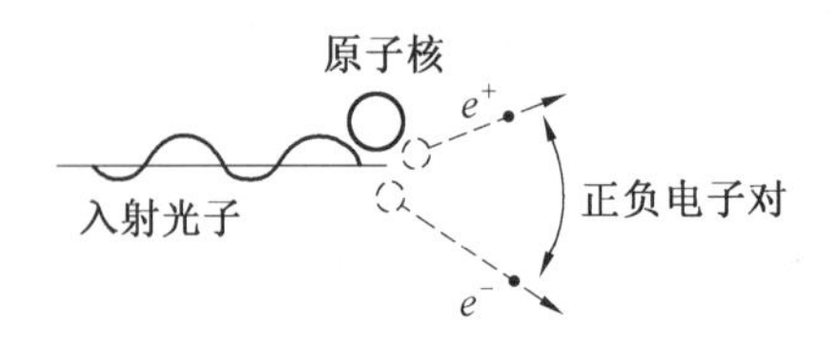

图 3.6 在原子核库仑场中的电子对效应

电子对效应产生的快速正电子和电子一样,在吸收物质中通过电离损失和辐射损失消耗能量,很快被慢化,然后与吸收物质中一个电子相互转化为两个能量为 0.51 MeV 的光子,这种现象称电子对湮没。

4. 瑞利散射

瑞利散射是入射光子和束缚较牢固的内层轨道电子发生的弹性散射过程(也称电子的共振散射)。在此过程中,一个束缚电子吸收入射光子而跃迁到高能级,随即又放出一个能量约等于入射光子能量的散射光子,由于束缚电子未脱离原子,故反冲体是整个原子,从而光子的能量损失可忽略不计。

瑞利散射是相干散射的一种,所谓相干散射,是指散射线与入射线具有相同波长,从而能够发生干涉的散射过程。

3.1.4 射线的强度衰减规律

1. X、γ 射线强度衰减规律

射线通过一定厚度物质时,有些光子与物质发生相互作用,有些则没有。如果光子与物质发生的相互作用是光电效应和电子对效应,则光子被物质吸收,如果光子与物质发生康普顿效应,则光子被散射。散射光子也可能穿过物质层,这样,穿过物质层的射线通常由两部分组成,一部分是未与物质发生相互作用的光子,其能量和方向均未变化,称为透射射线;另一部分是发生过一次或多次康普顿效应的光子,其能量和方向都发生了改变,称为散射线。

由于 X 射线(衍射线)通过厚度为 T 的物质时发生上述作用,并使其能量衰减。对单色平行射线,其强度的衰减规律可表示为

$$I = I_0 e^{-\mu T} \tag{3.1}$$

式中 I—— 射线透过厚度为 T 的物质的强度;

I_0—— 射线的初始强度;

T——透过物质的厚度。

式(3.1)表明射线通过薄层物质时,强度减弱与物质厚度及辐射初始强度成正比,同时与 μ 的数值有关。μ 称为线衰减系数,其意义是射线通过单位厚度物质时,与物质相互作用的概率,它与射线能量、物质的原子序数和密度有关。μ 大致与物质密度 ρ 成正比。对于同一种物质,射线能量不同时,衰减系数不同。表 3.1 列出部分元素射线衰减系数。

表 3.1　几种材料的射线衰减系数

射线能量 /MeV	水	碳	铝	铁	铜	铅
0.25	0.121	0.26	0.29	0.80	0.91	2.7
0.50	0.095	0.20	0.22	0.665	0.70	1.8
1.0	0.069	0.15	0.16	0.469	0.50	0.8
1.5	0.058	0.12	0.132	0.370	0.41	0.58
2.0	0.050	0.10	0.150	0.313	0.35	0.48
3.0	0.041	0.083	0.100	0.270	0.32	0.42
5.0	0.030	0.067	0.075	0.244	0.27	0.48
7.0	0.025	0.061	0.068	0.233	0.30	0.53
10.0	0.022	0.054	0.061	0.214	0.31	0.6

2. 中子射线强度的衰减规律

中子是一种呈电中性的微粒子流,它不是电磁波,这种粒子流具有巨大的速度和贯穿能力。中子射线在被测物质中的衰减主要取决于材料对中子的捕获能力,其能量衰减规律为

$$I=I_0 e^{N\sigma_1 T} \tag{3.2}$$

式中　I_0、I——入射线和透射线强度;

σ_1——中子与被检物质中发生核相互作用的全截面(等于吸收截面和散射截面之和);

N——单位体积内核的数目。

3.1.5　射线检测的基本原理

射线在穿透物体过程中会与物质发生相互作用,因吸收和散射而使其强度减弱。强度衰减程度取决于物质的衰减系数和射线在物质中穿越的厚度。如图 3.7 所示,如果被透照物体(试件)的局部存在缺陷,且构成缺陷的物质的衰减系数又不同于试件,该局部区域的透过射线强度就会与周围产生差异。使缺陷能在射线底片或 X 光电视屏幕上显示出来。

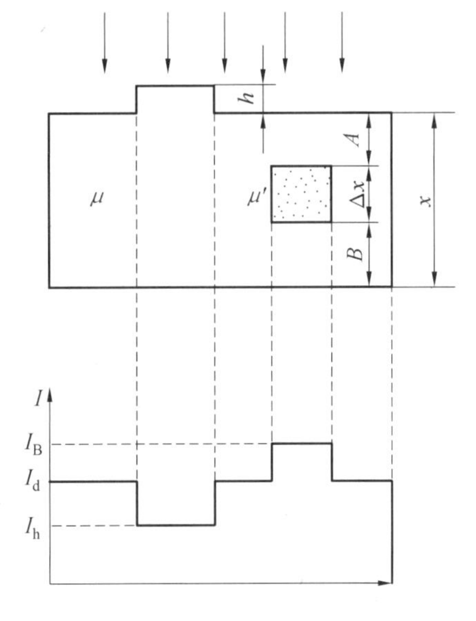

图 3.7　X 射线检测原理示意图

图 3.7 中射线在工件及缺陷中的线衰减系数分别为 μ 和 μ'。根据衰减定律,透过完好部位 x 厚的射线强度为

$$I_x=I_0 e^{-\mu x} \tag{3.3}$$

透过缺陷部位的射线强度:

$$I'=I_0 e^{-(\mu'-\mu)\Delta x} \tag{3.4}$$

比较式(3.3)、(3.4)可知:

(1)当 $\mu'<\mu$ 时,$I'>I_x$,即缺陷部位透过射线强度大于周围完好部位。例如,钢焊缝中的气孔、夹渣等缺陷就属于这种情况,射线底片上缺陷呈黑色影像,X 光电视屏幕上呈灰

白色影像。

(2)当$\mu'>\mu$时,$I'<I_x$,即缺陷部位透过射线强度小于周围完好部位。例如,钢焊缝中夹钨就属于这种情况,射线底片上缺陷呈白色块状影像,X光电视屏幕上呈黑色块状影像。

(3)当$\mu'\approx\mu$时,$I'\approx I_x$,这时,缺陷部位与周围完好部位透过的射线强度无差异,则射线底片上或X光电视屏幕上缺陷将得不到显示。

3.1.6 射线检测的特点

射线检测广泛应用于锅炉、压力容器等制造领域的各种熔化焊接方法(电弧焊、气体保护焊、电渣焊、气焊等)的对接接头。特殊情况下也可用于检测角焊缝或其他一些特殊结构试件。

射线照相法用底片作为记录介质,可以直接得到缺陷的直观图像,且可以长期保存。通过观察底片能够比较准确地判断出缺陷的性质、数量、尺寸和位置。

射线检测容易检出那些形成局部厚度差的缺陷。对气孔和夹渣之类缺陷有很高的检出率,对裂纹类缺陷的检出率则受透照角度的影响。它不能检出垂直照射方向的薄层缺陷,例如钢板的分层。

射线检测所能检出的缺陷高度尺寸与透照厚度有关,可以达到透照厚度的1%,甚至更小。所能检出的长度和宽度尺寸分别为毫米数量级和亚毫米数量级,甚至更小。

射线检测薄工件没有困难,几乎不存在检测厚度下限,但检测厚度上限受射线穿透能力的限制,而穿透能力取决于射线光子能量。420 kV的X射线机发射的X射线能穿透的钢厚度约80 mm,^{60}Coγ射线穿透的钢厚度约150 mm。更大厚度的试件则需要使用特殊的设备——加速器,通过加速器后,射线最大穿透厚度可达到500 mm。

射线检测适用于几乎所有材料,在钢、钛、铜、铝等金属材料上使用均能得到良好的效果,它对试件的形状、表面粗糙度没有严格要求,材料晶粒度对其不产生影响。

射线检测成本较高,检测速度不快。射线对人体有伤害,需要采取防护措施。

3.2 射线检测的设备和器材

X射线机、γ射线机和电子直线加速器是射线检测的主要设备,了解其原理、构造、主要性能及用途,是正确选择和有效进行检验工作的保证。

3.2.1 X射线机

X射线机是高电压精密仪器,为了正确使用和充分发挥仪器的功能、顺利完成射线检验工作,应认真了解和掌握它的结构、原理及使用性能。

1. X射线机的种类和特点

X射线机按照其外形结构、使用功能、工作频率及绝缘介质种类等可以分为以下几种。

(1)按结构划分。

①携带式X射线机。这是一种体积小、重量轻、便于携带,适用于高空、野外作业的X射线机,如图3.8所示。它采用结构简单的半波自整流线路,X射线管和高压发生部分共

同装在射线机头内,控制箱通过一根多芯的低压电缆将其连接在一起。

②移动式X射线机。这是一种体积和重量都比较大,安装在移动小车上,用于固定或半固定场合使用的X射线机,如图3.9所示。它的高压发生部分(一般是两个对称的高压发生器)和X射线管是分开的,其间用高压电缆连接,为了提高工作效率,一般采用强制油循环和水循环冷却。图3.10是移动式X射线机结构图。

图3.8 携带式X射线机

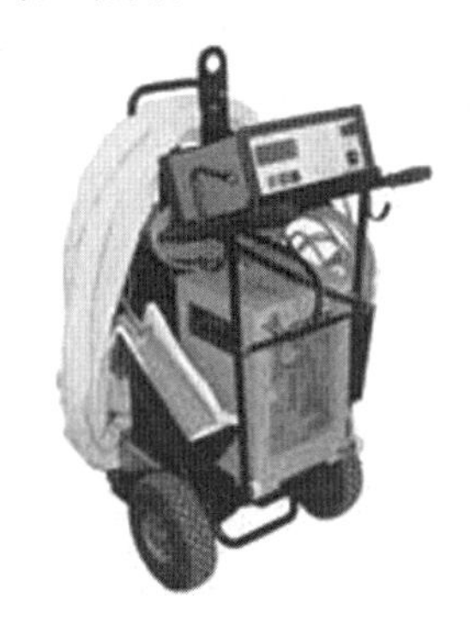

图3.9 移动式X射线机

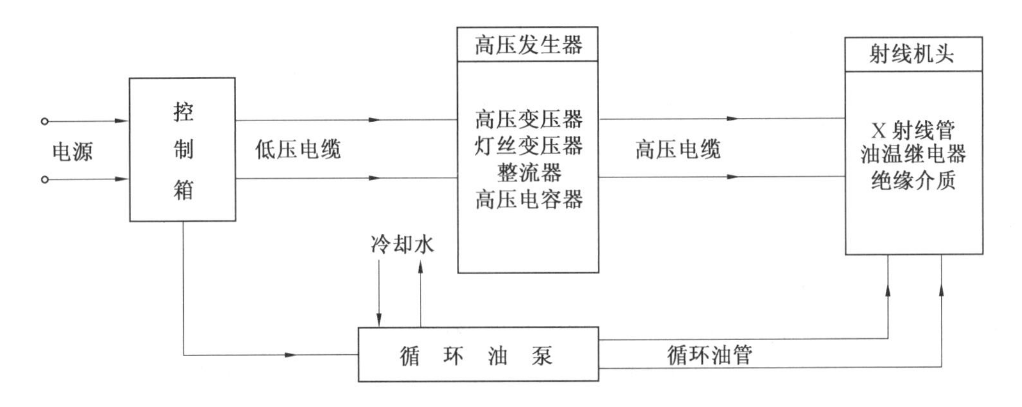

图3.10 移动式X射线机结构图

(2)按用途划分。

①定向X射线机。这是一种普及型、使用最多的X射线机,其机头产生的X射线发射方向为40°左右的圆锥角,一般用于定向单张摄片。

②周向X射线机。这种X射线机产生的X射线束360°方向辐射,主要用于大口径管道和容器环形焊缝摄片。

③管道爬行器。这是为了解决很长的管道环焊缝摄片而设计生产的一种X射线机,该机由电缆控制,利用拍片处焊缝外放置一个小的同位素γ射源进行跟踪定位,使X射线机在管道内爬行到预定位置进行摄片,辐射角大多为360°方向。

④软X射线机。这是一种低千伏(一般为60 kV以下)X射线机,主要用于检验低密度、低原子序数的物质,如有色金属、非金属材料的内部缺陷。

⑤微焦点X射线机。这是一种焦点尺寸微小、约为10^{-3} ~ 10^{-2} mm数量级的X射线机,采用近焦距放大摄片(可获得放大100倍的图像),对研究和观察微小裂纹,半导体元件,生物细胞、化工复合材料,植物种子等内部结构有独到之处。

⑥脉冲X射线机。这是一种闪光照相装置,它利用$10^{-5}\sim10^{-6}$ s的瞬间大剂量X射线脉冲对物体内部的动态过程进行摄片,一般用多台这种射线机联合工作,可观察熔融态金属熔液在铸模中的流动过程,枪弹的击发过程,汽缸内活塞的往复运动过程,弹簧的振动过程等。

2. X射线管

(1)X射线管结构及其作用。

X线机的类型虽不同,但基本构造都包括X射线管、变压器和控制器三部分。其中X射线管是X射线探伤机的核心部件,熟悉它的内部结构和技术性能,有助于探伤人员正确使用和操作X射线探伤设备,延长其使用寿命。

普通X射线管的基本结构是一个真空度为$10^{-5}\sim10^{-7}$ mmHg(1 mmHg=133.332 4 Pa)的二极管,由一个阴极(即灯丝)、一个阳极(即金属靶)和保持其真空度的玻璃外壳构成,如图3.11所示。

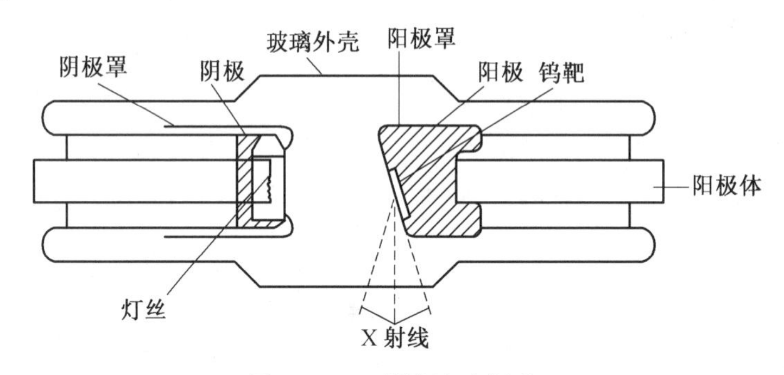

图3.11　X射线管示意图

①阴极。X射线管的阴极是发射电子和聚集电子的部件,它由发射电子的灯丝(一般用钨制作)和聚焦电子的凹面阴极头(用铜制作)组成。

阴极的工作情况是:当阴极通电后,灯丝被加热、发射电子,阴极头上的电场将电子聚集成一束,在X射线管两端高压所建立的强电场作用下,飞向阳极,轰击靶面,产生X射线。

②阳极。X射线管的阳极是产生X射线的部分,它由阳极靶、阳极体和阳极罩三部分构成,如图3.12所示。

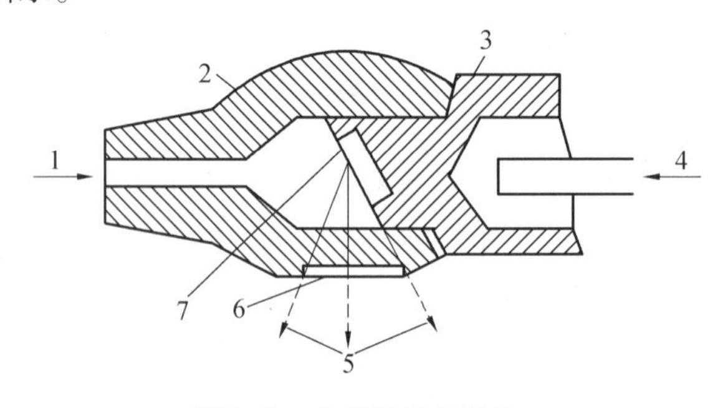

图3.12　X射线管的阳极

1—电子入射方向;2—阳极罩;3—阳极体;4—冷却油入口;5—X射线;6—放射窗口;7—阳极靶

一般工业用X射线管的阳极靶常选用原子序数大、耐高温的钨来制造,软X射线管则选用钼靶。阳极体的作用是支承靶面，传送靶上的热量、避免钨靶烧坏，因此阳极体采用热导率大的无氧铜制成。

从阴极飞出的电子在撞击阳极靶时，会产生大量的二次电子，如落到X射线管的玻璃壳内壁上成为表面电荷，将对飞向阳极的电子束产生不良影响，用铜制的阳极罩可以吸收这些二次电子，防止这种影响。阳极罩的另一作用是吸收一部分散乱射线。在阳极罩正对靶面的斜面处开有能使X射线通过的窗口，其上常装有几毫米厚的铍。

X射线管在工作中阳极的产热很大，因此冷却对X射线管的性能和使用寿命影响很大。X射线管通常采用自冷和外部循环冷却等方式降温以及相关保护措施，如便携式X射线机的X射线管的阳极体是实心的，阳极体尾部伸到管壳外，其上装有金属辐射片，作用是增加散热面积，加快冷却速度。

③外壳。普通X射线管的外壳用耐高温的玻璃制成，阴极导线从阴极端部均穿过管壁引出，穿透玻璃壁的金属要求和玻璃有一样的膨胀系数。为了使阴极端部和玻璃相接处不漏气，采用了科瓦铁镍钴合金。

除了常用的普通X射线管外，还有金属陶瓷管以及一些特殊用途的X射线管，如软X射线管、周向辐射X射线管、微焦点X射线管、脉冲X射线管等。

(2)X射线管的技术性能。

X射线管在工作时，管电压较低时(10～20 kV)，X射线管的管电流随管电压增加而增大，当管电压增加到一定程度后，管电流不再增加而趋于饱和；这说明在某一恒定的灯丝加热电流下，阴极发射的热电子已经全部到达了阳极，再增加管电压亦不可能再增加管电流，也就是说，我们工业探伤用的X射线管工作在电流饱和区，因此，在某一恒定电压下工作的饱和区的X射线管，要改变管电流，只有改变灯丝的加热电流(即灯丝的温度)。管电流、管电压和焦点是X射线管的重要技术参数。

①管电压。X射线管的管电压是指它的最大峰值电压，一般都以kVp表示，所有X射线管的管电压都以峰值表示，测试中不允许超过，否则容易击穿而损坏。但在电功测量中，表头指示的是有效值。

X射线管的管电压越高，发射的X射线的波长越短，穿透工件的能力就越强。在一定范围内、管电压与穿透能力近似呈线性变化。

②焦点。X射线管的焦点是X射线管的重要技术指标之一，其数值大小直接影响照相灵敏度。X射线管焦点的尺寸大小主要取决于X射线管阴极灯丝的形状和大小，使用的管电压和管电流对焦点大小也有一定影响。阳极靶被电子撞击的部分称为实际焦点。焦点大、有利于散热，可通过较大的管电流。焦点小，透照灵敏度高，底片清晰度好。实际焦点垂直于管轴线上的正投影称为有效焦点，探伤机说明书提供的焦点尺寸就是有效焦点。同时，由于靶块与射线束轴线一般呈20°的倾角，所以有效焦点尺寸大约是实际焦点尺寸的1/3，如图3.13所示。

(3)X射线辐射场的分布。

定向X射线管的阳极靶与管轴线方向呈20°的倾角，因此发射的X射线束有40°左右的立体角，X射线的强度随角度不同有一定差异，用伦琴计测量，射线强度有图3.14所示的分布。

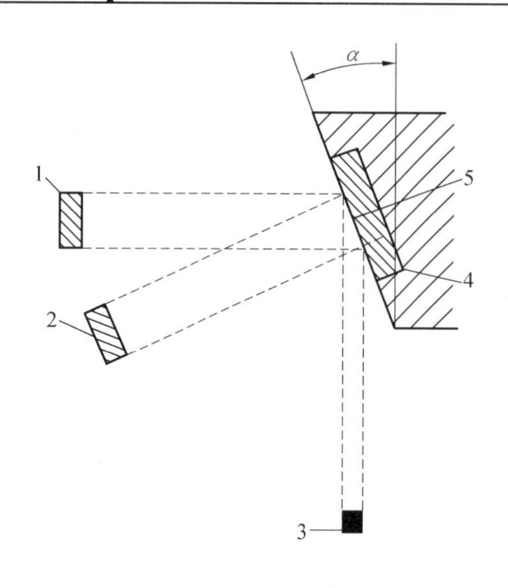

图 3.13　焦点示意图

1—电子束尺寸;2—实际焦点;3—有效焦点;
4—靶块;5—轰击区

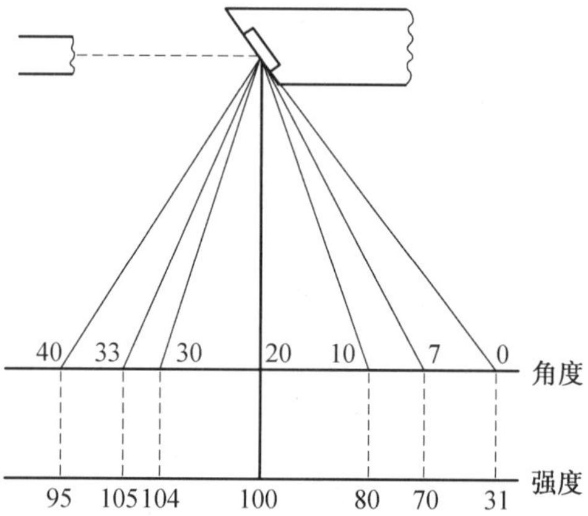

图 3.14　X 射线辐射强度分布图

从图中可以看到,33°辐射角强度最大,阴极侧比阳极侧强度高,但由于阴极侧射线中包含较多的软射线成分,所以对具有一定厚度的试件照相,阴极侧部位的底片并不比阳极侧更黑,利用阴极侧射线照相并不能缩短多少时间。

当气体放电时,会影响电子发射,从而使管电流减少,也可能严重放电,造成管电流突增,这两种情形都可以从毫安表上看出(毫安表指针摆动,严重时指针能打到头,过流继电器动作)。因此对新出厂的或长期不使用的 X 射线机应经严格训练后才能正式使用。

3. X 射线机的电气原理及其结构

X 射线机的工作原理为:工频电压接入射线机后,经灯丝变压器降压至 X 射线管灯丝所需的工作电压(2～10 V),当 X 射线管通电后加热至白炽时,其阴极周围形成电子云,聚焦罩的凹面形状使其聚焦。当在阳极与阴极之间施以高压(各种射线机管电压为 50～500 kV)时,电子为阴极排斥而为阳极所吸引,加速穿过真空空间,高速运动的电子成束状集中轰击靶子的一个小面积(实际焦点),电子被阻挡、减速和吸收,其部分动能转换为 X 射线,绝大部分转换为热能。由射线机的工作原理知:一般 X 射线机的结构需要有高压部分、冷却系统、保护系统和控制系统。

(1)高压部分。

X 射线机的高压部分由高压变压器、灯丝变压器、高压整流管和高压整流电路组成。

①高压变压器。高压变压器的结构与一般变压器相同,其作用是将几十到几百伏的低电压通过变压器升到 X 射线管所需的高电压。它的特点是功率不大(约几千伏·安),但输出电压却很高,达几百千伏,因此对高压变压器要求绝缘性能高、不易因过热而损坏,在制造过程中应进行严格绝缘处理,以防止发生击穿问题。

②灯丝变压器。X 射线机的灯丝变压器是一个降压变压器,其作用是把工频 220 V 电压降到 X 射线管灯丝所需要的十几伏电压,并提供较大的加热电流(约为十几安培),但由于灯丝变压器的次级绕组在高压回路里,和 X 射线管的阴极连在一起,所以要采取

可靠措施,确保次级和初级绕组间的绝缘。工频油绝缘X射线机都有单独的灯丝变压器,而变频气绝缘X射线机为减少重量和体积,往往没有单独的灯丝变压器,而是在高压变压器绕组外再绕6~8匝加热线圈来提供灯丝加热电流。这使射线管的加热随着高压变压器的初级电压变动而变化,因此射线探伤机只有在管子上加有一定的工作电压,才能使用。这就要求设计时考虑X射线管的灯丝发射特性和整机工作电压及电流相互配合。

③高压整流电路。高压整流电路是X射线管工作的最基本电路,电路形式有多种,典型的电路是半波自整流、全波整流、恒压整流等。半波自整流电路是最简单的高压整流电路,在这个电路中X射线管本身就起着整流二极管的作用。该电路多用于携带式X射线机中。X射线管在全波恒压整流电路中输出剂量最大,电路主要由高压整流管和高压电容实现。

(2)冷却系统。

冷却系统是保证X射线机能否长期使用的关键。冷却效果的好坏直接影响X射线管的寿命和连续使用时间,冷却得不好,高压变压器会过热,使绝缘性能变坏,耐压强度降低而击穿,X射线管会因阳极过热而发生损坏。所以X射线机在设计制造时,都采取各种措施提高冷却效率。

①自冷方式。油绝缘携带式X射线机常采用此种冷却方式。它的冷却方式是靠机头内部温差和搅拌油泵使油产生对流带走热量,再通过壳体把热量散发出去。

②循环油外冷方式。移动X射线机多采用此种冷却方式。X射线管的冷却系统有单独油箱,以循环水冷却油箱内的变压器油,再用一油泵将油箱内的变压器油按一定流量注入X射管阳极空腔内,直接冷却靶子,将热量带走,其冷却效率较高。

③气体冷却方式。气体冷却X射线机是用六氟化硫(SF_6)气体做绝缘介质的X射线机,采用阳极接地电路,X射线管阳极尾部伸到机壳外,其上装散热片,并用风扇进行强制风冷。

(3)保护系统。

各种电气设备都有保护系统。X射线机的保护系统主要由以下几个方面组成,一是每个独立电路的短路过流保护;二是X射线管阳极冷却的保护;三是X射线管的过载保护(过流或过压);四是零位保护;五是接地保护;六是其他保护。

①独立电路的短路过流保护。保险丝是普遍使用的短路过流保护元件,一般串接在电路末端,当流过保险丝的电流超过其额定值时,由于过热而熔化断开,使该电路断电,起到保护作用。如目前常用的气体绝缘携带式X射线机一般在主电路接1个15~20 A的保险丝,在低压电路接1个2~3 A的保险丝。

②X射线管阳极冷却的保护。冷却的保护措施有油温开关和水通或油通开关。油温开关常用一种双金属片制成,整定值一般为(60±5) ℃,安放位置为射线机头内和循环油箱内,当温度超过整定值后,会自动切断保护回路,使高压电路断开。移动式X射线机有单独的循环油(水)冷却系统,为保证该系统可靠工作,一般在水管进口处,油箱的回油管口处安装水压和油压开关。当水或者油循环不正常时,这种压力开关自动打开、切断保护回路,使高压电路断电。

③X射线管的过载保护。X射线管的过载保护主要指X射线管的管电流超过额定值后的自动保护。一般在高压电路内安装过流继电器,当管电流超过额定值后过流继电器

动作,其常闭触点断开保护回路、切断高压电路,保护 X 射线管不受损坏。

④零位保护。用自耦变压器调高压的 X 射线机,在自耦变压器的起始位置安装了一个零位接触器,它的作用是确保 X 射线管加高压必须从很低的电压开始,起到保护 X 射线管的作用。时间继电器的指针为倒计时,零点位置往往也安装一个时钟零位开关,以保证曝光结束时,主动切断高压电路。

⑤接地保护。主要是对控制箱的外壳进行可靠接地,防止漏电和高压感应对人体的伤害。

⑥其他保护。用 SF_6 气体做绝缘介质的 X 射线机,为保证气体的绝缘性能满足要求,在机头内还要装一个气压开关,当 SF_6 气体的压力低于 0.39 MPa 时,则气压开关自动断开,切断高压电路。

(4)控制系统。

控制系统是指 X 射线管外部工作条件的总控制,主要包括管电压调节、管电流调节以及各种操作指示部分。

①管电压调节。X 射线管管电压调节一般通过调整高压变压器的初级侧并联的自耦变压器的电压实现,如图 3.15 所示。

自耦变压器一次侧抽三个头和电源电压 220 V 连接,这三个抽头可适应电源电压在 10% 范围内变动,当电源电压高于 220 V 时,用抽头③;当电源电压低于 220 V 时用抽头①,当电源电压为 220 V 左右时则用抽头②;自耦变压器的二次侧和高压变压的初级绕组并联,滑动触点通过一个碳刷紧压在圆盘形绕组上,可连续调节碳刷位置从零电压到规定值。

②管电流调节。X 射线管管电流调节是通过调节灯丝加热电流来实现的,如图 3.16 所示。

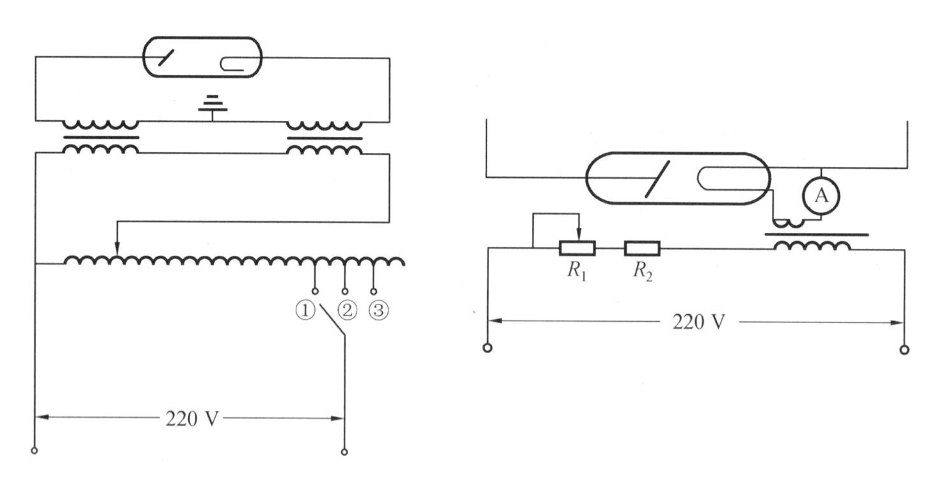

图 3.15　管电压调节电路

图 3.16　灯丝加热调节电路

在灯丝变压器的初级电路内串联一个可调电阻 R_1、改变该电阻值的大小,可调节灯丝的加热电流(即调节管电流)。图中 R_2 的作用是调节 X 射线管的起始电流。

③操作指示部分。X 射线机的操作指示部分是指控制箱上的电源开关,高压通断开关,电压、电流调节旋钮,电流、电压指示表头,计时器,各种指示灯等。

3.2.2　γ 射线机

1. γ 射线源的主要特性参数

放射性同位素有 2 000 多种,但只有那些半衰期较长,比活度较高,能量适宜,取之方便,价格便宜的同位素才适用于检测。目前工业射线照相常用的放射性同位素及其特性参数见表 3.2。

表 3.2　常用 γ 射线源的特性参数

γ 射线源	^{60}Co	^{137}Cs	^{192}Ir	^{170}Tm
主要能量/MeV	1.17,1.33	0.661	0.30,0.31,0.47,0.6	0.052,0.084
平均能量/MeV	1.25	0.661	0.355	0.072
半衰期	5.3 a	33 a	74 d	129 d
半价层/cm(铅)	1.2	0.65	0.6	0.1
比活度	中	小	大	大
透照厚度/mm(钢)	30 ~ 200	20 ~ 120	10 ~ 100	3 ~ 20
价格	低	中	较低	高

放射性比活度定义为单位质量放射源的放射性活度,单位是贝可/克,符号为 Bq/g。比活度不仅表示放射源的放射性活度,而且表示了放射源的纯度。实际上,任何 γ 射线源中总伴有一些杂质,不可能完全由放射性同位素组成,因此,比活度更能表明 γ 射线源辐射 γ 射线的情况。比活度大意味着在相同活度条件下,该种放射性同位素的源尺寸可以做得更小一些。

2. γ 射线探伤设备的特点

(1)γ 射线探伤设备的主要优点:

γ 射线探伤设备与普通 X 射线探伤机比较具有如下优点:

①探测厚度大,穿透能力强。对钢工件而言,400 kV X 射线机最大穿透厚度为 100 mm左右,而^{60}Coγ 射线探伤机最大穿透厚度可在 200 mm 以上。

②体积小,重量轻,不用电,不用水,特别适用于野外作业和设备的探伤。

③效率极高,对环缝和球罐可进行周向曝光和全景曝光。同 X 射线机相比大大节约了人力、物力,降低了成本,提高了效益。

④设备故障率低,无易损部件,价格低。

⑤可以连续运行,且不受温度、压力、磁场等外界条件影响。拍片条件只需要通过简单计算即可确定,拍片工艺稳定,可操作性好。

(2)γ 射线探伤设备的主要缺点:

①γ 射线源都有一定的半衰期,有些半衰期较短的射线源如^{192}Ir 更换频繁。

②射线源能量固定,无法根据试件厚度进行调节;强度随时间变化使曝光时间受到制约。

③固有不清晰度一般说来比 X 射线机大,用同样的器材及透照等技术条件,其灵敏度稍低于 X 射线机。

④对安全防护要求高,管理严格。

3.2.3 加速器

加速器是带电粒子加速器的简称，指的是用人工方法借助不同形态的电场，将各种不同种类的带电粒子加速到更高能量的电磁装置。用于产生高能 X 射线的加速器主要有电子感应式、电子直线式和电子回旋式三种，目前应用较广泛的是电子直线加速器，如图 3.17 所示。它是利用高功率的微波装置，在波导管内向电子输送能量，当管内产生 60 ~ 100 kV/cm 的微波电场时，灯丝发出的电子每前进 1 cm 的距离将获得 60×10^3 eV 能量。可见，波导管越长电子获得的能量就越高，这些高能电子轰击阳极靶面，则产生高能 X 射线。

加速器的射线束能量、强度与方向均可精确控制，能量可高达 35 MeV，探伤厚度达 500 mm（钢铁）；射线焦点尺寸小，探伤灵敏度高。

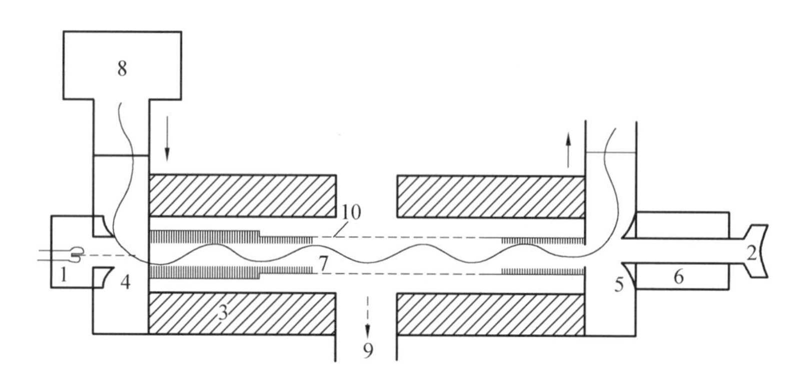

图 3.17 电子直线加速器

1—电子源；2—X 射线靶；3—聚焦磁极；4—微波输入极；5—微波输出极；6—极式电子聚焦准直仪；7—空心圆片；8—磁控管；9—真空泵；10—空心金属管

3.3 射线照相法检测技术

射线照相法是射线检测法中最常见的检测方法。射线照相法检测根据被检工件内部缺陷介质对射线能量衰减的不同，而引起透过后射线强度的分布差异，如图 3.18 所示。将感光材料（胶片）放在适当位置使其在透过射线的作用下感光，经暗室处理后得到底片。底片上各点的黑化程度取决于射线照射量（射线强度×照射时间）。由于缺陷部位和完好部位的透射射线强度不同，底片上相应部位就会出现黑度差异。底片上相邻区域的黑度差定义为“对比度”。把底片放在观片灯光屏上借助透过光线观察，可以看到由对比度构成的不同形状的影像，评片人员据此判断缺陷情况，并

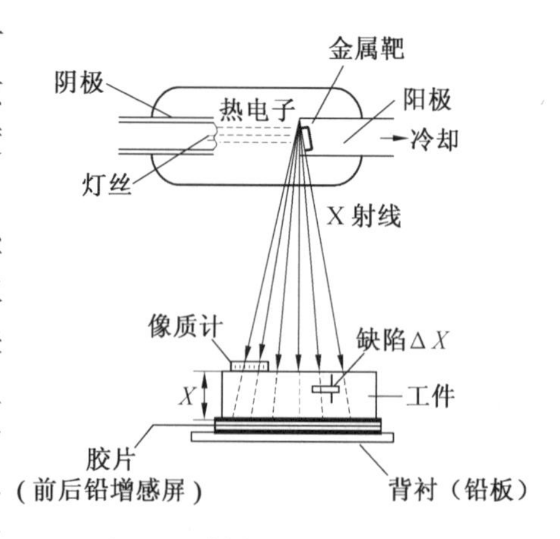

图 3.18 射线照相法检测系统

对照相关标准来评定工件内部质量。对于焊件射线检测探伤而言，主要标准为GB 3323—2005《钢熔化焊对接接头射线照相和质量分级》，对于承压设备，其无损检测使用的标准为GB 4730—2005《承压设备无损检测》。

3.3.1　射线照相法检测系统基本组成

射线照相法检测系统基本组成如图3.18所示，包括射线源、胶片、增感屏、像质计、铅罩等。

1. 射线源

射线源主要是X射线机、γ射线机等能产生检测用射线的装置。对射线源的初步选择应考虑以下因素：射线能穿透的材料厚度、显像质量、曝光时间、装置对位及移动的难易程度等，其中主要是工件厚度。图3.19和表3.3给出了检测设备厚度的使用范围。

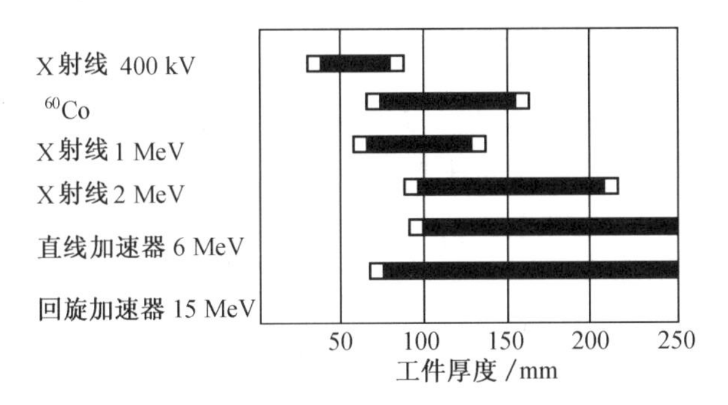

图3.19　各种射线检测设备对厚度的使用范围

■灵敏度1%　□灵敏度1%以下

表3.3　不同厚度钢材采用的射线检测设备

工件厚度/mm	射线探伤设备	备注
6	100 kV X射线机	
12	150 kV X射线机	亦可用^{192}Ir、^{137}Cs γ射线机
25	250 kV X射线机	
50	300 kV X射线机	
75	400 kV X射线机	
100	^{60}Co γ射线机	
>100	加速器	

2. 胶片

射线胶片不同于一般的感光胶片，一般感光胶片只有胶片片基的一面涂布感光乳剂层，在片基的另一面涂布反光膜。射线胶片在胶片片基的两面均涂布感光乳剂层，增加卤化银含量以吸收较多的穿透能力很强的X射线和γ射线，从而提高胶片的感光速度，增加底片的黑度。其结构如图3.20所示，在0.25～0.3 mm的厚度中含有7层材料。

(1)片基。片基是感光乳剂层的支持体，在胶片中起骨架作用，厚度约0.175～0.20 mm，大多采用醋酸纤维或聚酯材料(涤纶)制作。

(2)结合层(又称粘合层或底膜)。其作用是使感光乳剂层和片基牢固地粘结在一起,防止感光乳剂层在冲洗时从片基上脱下来,结合层由明胶、水、表面活性剂(润湿剂)、树脂(防静电剂)组成。

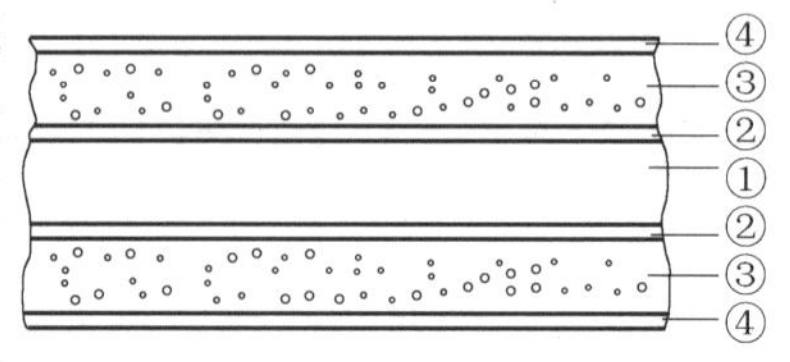

图 3.20 X 射线胶片的构造

1—片基;2—结合层;3—乳化剂;4—保护膜

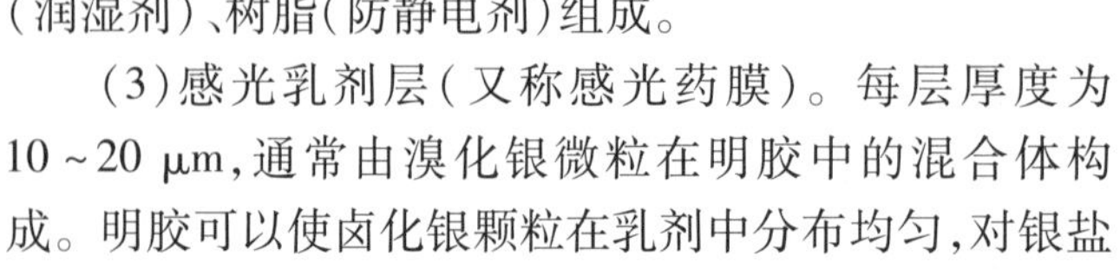

(3)感光乳剂层(又称感光药膜)。每层厚度为 10 ~20 μm,通常由溴化银微粒在明胶中的混合体构成。明胶可以使卤化银颗粒在乳剂中分布均匀,对银盐也起一些增感作用,明胶对水有极大的亲和力,使胶片暗室处理时,药液能均匀地渗透到乳化剂内部与卤化银粒子起作用。乳剂中加入少量碘化银,可改善感光性能,碘化银含量按克分子量计,一般不大于 5%。卤化银颗粒的大小一般为 1 ~5 μm。此外,乳剂中还加进防灰剂(三氮吲哚嗪,羟基四氮唑,苯肼三氮唑,苯肼四氮唑)及棉胶、蛋白等稳定剂、坚膜剂。感光乳剂中卤化银的含量、卤化银颗粒团的大小、形状决定了胶片的感光速度。射线胶片的含银量大致在 10 ~20 g/m^2。

(4)保护层(又称保护膜)。是一层厚度为 1 ~2 μm,涂在感光乳剂层上的透明胶质,防止感光剂层受到污损和摩擦,其主要成分是明胶、坚膜剂(甲醛及盐酸萘的衍生物)、防腐剂(苯酚)、防静电剂。为防止胶片粘连,有时在感光乳剂层上还涂布毛面剂。

射线穿透被检查材料,使胶片感光,产生潜影,经暗室处理后胶片上的潜影成为永久性的可见图像,称为射线底片(简称底片)。底片上的影像由许多微小的黑色金属银微粒组成,由于底片各部位含银量不同,使得影像各部位黑化程度有所变化,底片黑化程度通常用黑度(或称光学密度)D 表示,其大小与该部分含银量的多少有关,含银多的部位比含银少的部位难于透光,即它的黑度较大。其数学表示为(参见图 3.21)

$$D=\lg \frac{L_0}{L} \tag{3.5}$$

式中 D——底片黑度;

L_0——透射光强;

L——透过光强。

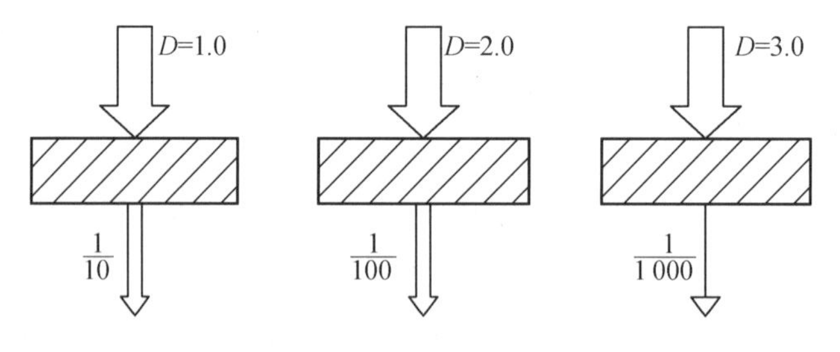

图 3.21 底片黑度不同时,透射光强与照射光强的关系

射线底片黑度可用黑度计(光密度计)直接在底片的规定部位测量,如图 3.22 所示。灰雾度 D_0是指未经曝光的胶片经显影处理后获得的微小黑度,当然也包括片基本身的不透明度。当 $D_0<0.2$ 时,对射线底片影像影响不大。若其值过大,则会损害影像的对比度和清晰度,从而降低灵敏度。GB 3323—2005《金属熔化焊接接头射线照相》规定了各像质等级的底片黑度值,见表 3.4。

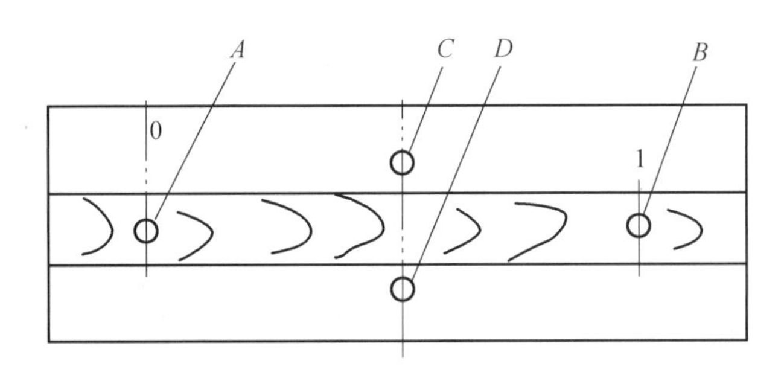

图3.22　黑度测量部位

C、D—为最大处;A、B—为最小处

表3.4　底片的黑度范围

<table>
<tr><th>射线种类</th><th colspan="2">底片黑度 D①</th><th>灰雾度 D_0</th></tr>
<tr><td rowspan="3">X 射线</td><td>A 级</td><td rowspan="2">1.2～3.5</td><td rowspan="4">≤0.3</td></tr>
<tr><td>AB 级</td></tr>
<tr><td>B 级</td><td>1.5～3.5</td></tr>
<tr><td>γ 射线</td><td colspan="2">1.8～3.5</td></tr>
</table>

注:①测量允许误差为±0.1。

3. 黑度计(光密度计)

射线照相底片的黑度是用透射式黑度计测量的,常见的有光学直读式黑度计和数显式黑白密度计。其原理是光源经透射和反射后到达光电池,光电池将感受到的光量转变成电能,使微安表指针偏转,指示出底片的黑度量值,或该电能经处理后,在数码管上直接显示底片黑度数值。

4. 增感屏

射线照相法检测的影像质量主要由被胶片吸收的能量决定,由于X射线进入胶片并被吸收的效率很低,一般只能吸收1%的有效射线来形成影像。为了增加胶片的感光速度,利用某些增感物质在射线作用下能激发出荧光或产生次级射线,从而加强对胶片的感光作用。在射线透视照相中,所用的增感物质称为增感屏。目前常用的增感屏有金属增感屏、荧光增感屏和金属荧光增感屏三种。其中金属增感屏所得底片像质最佳,是焊接接头检验中最常用的增感屏;金属荧光增感屏次之;荧光增感屏最差。但增感系数以荧光增感屏最高,金属增感屏最低。

增感屏的增感性能用增感系数 K 表示,亦称增感率、增感因子。增感系数是指胶片一定、线质一定、暗室处理条件一定时,得到同一黑度底片,不用增感屏的曝光量 E_0 与使用增感屏时的曝光量 E 之间的比值,即

$$K=\frac{E_0}{E} \tag{3.6}$$

(1)金属增感屏。金属增感屏一般是将薄薄的金属箔粘合在优质纸基或胶片片基(涤纶片基)上制成。金属增感屏除了增感效应外,对波长较长的散射线还有吸收作用,从而减少散射线引起的灰雾度,提高影像对比度,图3.23是金属增感屏的构造和作用。

常用的金属箔材质有：铅（Pb）、钨（W）、钽（Ta）、钼（Mo）、铜（Cu）、铁（Fe）等，各种金属增感屏的增感系数与金属屏材料原子序数和射线能量的关系如图 3.24 所示。考虑到价格、压延性、表面光洁度和柔软性，应用最普遍的是用铅合金（加 5% 左右的锑和锡）制作的铅箔增感屏。

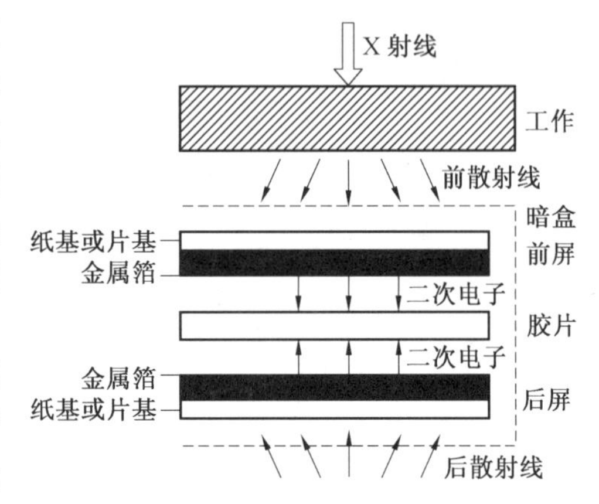

图 3.23　金属增感屏的构造和作用

（2）荧光增感屏。荧光增感屏通常使用的是钨酸钙。钨酸钙在射线的照射下，能产生 3 750 ~ 4 800 Å 波长的荧光，其最强波长为4 250 Å的蓝紫光。因增感型胶片的感色性在蓝紫区，正好与荧光体的发光色一致，故光能吸收率很高。

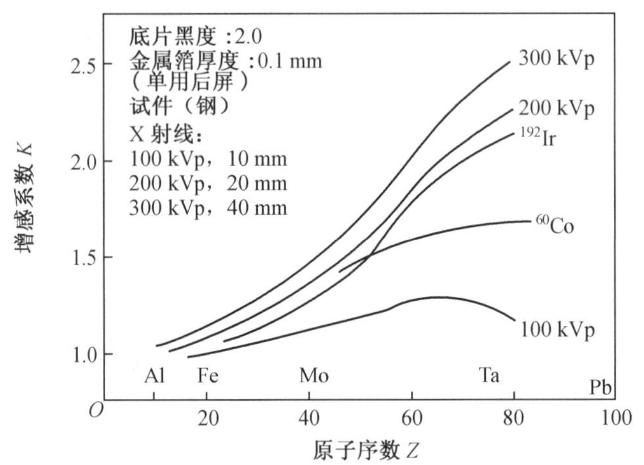

图 3.24　金属增感屏材质与增感系数的关系

由于荧光增感屏所得底片的影像模糊，清晰度差，灵敏度低，缺陷分辨力差，细小裂纹易漏检，因此透照焊缝一般不使用荧光增感屏。

（3）金属荧光增感屏。这种增感屏兼有荧光增感屏的高增感特性和铅箔增感屏的散射线吸收作用。但由于清晰度和分辨力的局限性，金属荧光增感屏还是不能用于质量要求高的工件的透照。

5. 像质计

在射线照相法中，要评定缺陷的实际尺寸很困难，因此，要用像质计（也称透度计）来做参考比较。同时，像质计还可以用来鉴定照片的质量和作为改进透照工艺的依据。像质计要用与被透照工件材质吸收系数相同或相近的材料制成，设有一些人为的有厚度差的结构（如槽、孔、金属丝等），其尺寸与被检工件的厚度有一定的数值关系。射线底片上的像质计影像可以作为一种永久性的证据，表明射线透照检验是在适当条件下进行的。但像质计的指示数值并不等于被检工件中可以发现的自然缺陷的实际尺寸，因为后者就缺陷本身来说，是缺陷的几何形状、吸收系数和三维位置的综合函数。

工业射线照相用的像质计有金属丝型、孔型和槽型三种,其中金属丝型像质计是国内外使用最多的,图 3.25 是金属丝型像质计的基本样式。当使用的像质计类型不同时,即使照相方法相同,一般所得的像质计灵敏度也是不同的。不管使用何种类型的像质计,像质计的摆放位置会直接影响到像质计灵敏度的指示值,因此在摆放像质计时,摆放位置应是在射线透照区内显示灵敏度最低部位,如离胶片最远的工件表面,透照厚度最大部位,若不利部位能达到规定的灵敏度,一般说来有利部位就更能达到。

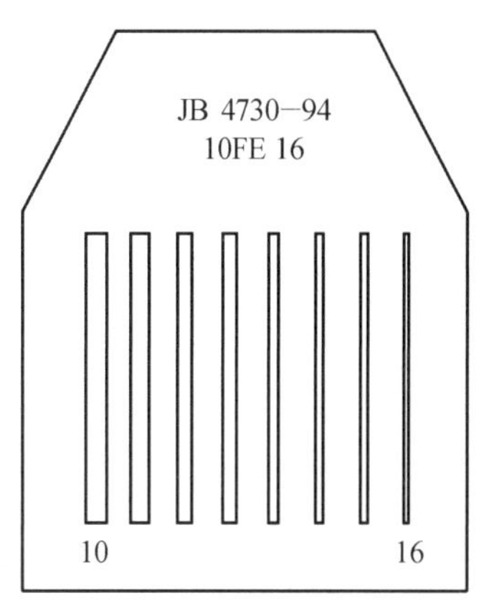

图 3.25　金属丝型像质计

透照焊缝时,金属丝型像质计应放在被检焊缝射线源一侧,被检区的一端,使金属线横贯焊缝并与焊缝方向垂直,像质计上直径小的金属丝应在被检区外侧。采用射线源置于圆心位置的周向曝光技术时,像质计可每隔 90°放一个。

6. 暗袋(暗盒)

装胶片的暗袋可采用对射线吸收少而遮光性又很好的黑色塑料膜或合成革制作,要求材料薄、软、滑,能很好地弯曲和贴紧工件。

7. 标记带

为使每张射线底片与工件部位始终可以对照,在透照过程中应将铅质识别标记和定位标记与被检区域同时透照在底片上。识别标记包括工件编号(或探伤编号)、焊缝编号(纵缝、环缝或封头拼接缝等)、部位编号(或片号)。定位标记包括中心标记“+”和搭接标记“↑”(如为抽查,则为检查区段标记)。其他还有拍片日期、板厚、返修、扩探等标记。所有标记都可用透明胶带粘在中间挖空(长、宽约等于被检焊缝的长、宽)的长条形透明片基或透明塑料上,组成标记带。标记带上同时配置适当型号的透度计。标记带示例如图 3.26 所示。

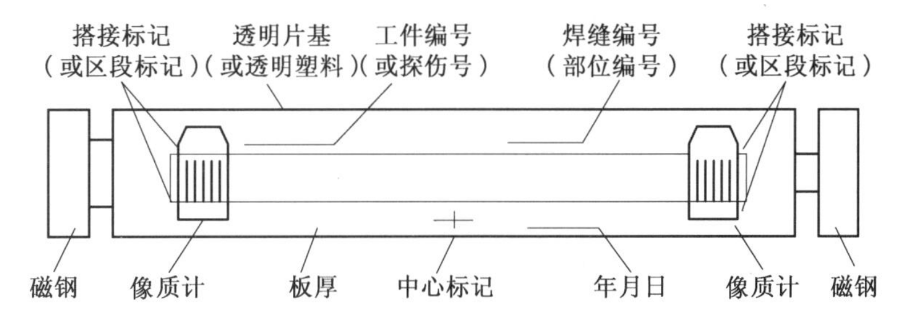

图 3.26　标记带的示例

8. 屏蔽铅板

为屏蔽后方散射线,应制作一些与胶片暗袋尺寸相仿的屏蔽板。屏蔽板由 1 mm 厚的铅板制成。贴片时,将屏蔽铅板紧贴暗袋,以屏蔽后方散射线。

9. 其他小器件

射线照相辅助器材很多,除上述用品、设备、器材之外,为方便工作,还应备齐一些小器件:卷尺、钢印、榔头、照明行灯、电筒、各种尺寸的铅遮板、补偿泥、贴片磁钢、透明胶带、各式铅字、盛放铅字的字盘、画线尺、石笔、记号笔等。

3.3.2　射线照相灵敏度影响因素

评价射线照相最重要的指标是射线照相灵敏度。所谓射线照相灵敏度，从定量方面来说，是指在射线底片上可以观察到的最小缺陷尺寸或最小细节尺寸，从定性方面来说，是指发现和识别细小影像的难易程度。

灵敏度有绝对与相对之分，在射线照相底片上所能发现的沿射线穿透方向上的最小缺陷尺寸称为绝对灵敏度，此最小缺陷尺寸与射线透照厚度的百分比称为相对灵敏度。

射线照相灵敏度是射线照相对比度（小缺陷或细节与其周围背景的黑度差）、不清晰度（影像轮廓边缘黑度过渡区的宽度）、颗粒度（影像黑度的不均匀程度）三大要素的综合结果，而三大要素又分别受到不同因素的影响。

1. 射线照相对比度

如果工件中存在厚度差，那么射线穿透工件后，不同厚度部位透过射线的强度就不同。用此射线曝光，经暗室处理得到的底片上不同部位就会产生不同的黑度。射线照相底片上的影像就是由不同黑度的阴影构成的，阴影和背景的黑度差使得影像能够被观察和识别。我们把底片上某一小区域和相邻区域的黑度差称为底片对比度，又称底片反差。显然，底片对比度越大，影像越容易被观察到和识别清楚。因此，为检出较小的缺陷，获得较高的灵敏度，就必须设法提高底片对比度。但在提高对比度的同时，也会产生一些不利后果，例如试件能被检出的厚度范围（厚度宽容度）减小，底片上的有效评定区域缩小，曝光时间延长，检测速度下降，检测成本增大等。

2. 射线照相不清晰度

一束垂直于试件表面的射线透照一个金属台阶试块时，底片上的黑度变化并不是突变的，试件的"阶边"影像是模糊的，影像的黑度变化存在着一个黑度过渡区，该黑度变化区域的宽度就定义为射线照相的不清晰度 U，如图 3.27 所示。

在实际工业射线照相中，造成底片影像不清晰有多种原因，如果排除试件或射线源移动，屏与胶片接触不良等偶然因素，不考虑使用盐类增感屏荧光散射引起的屏不清晰度，那么构成射线照相不清晰度主要是两方面因素，即由于射线源有一定尺寸而引起的几何不清晰度 U_g 以及由于电子在胶片乳剂中散射而引起的固有不清晰度 U_i。

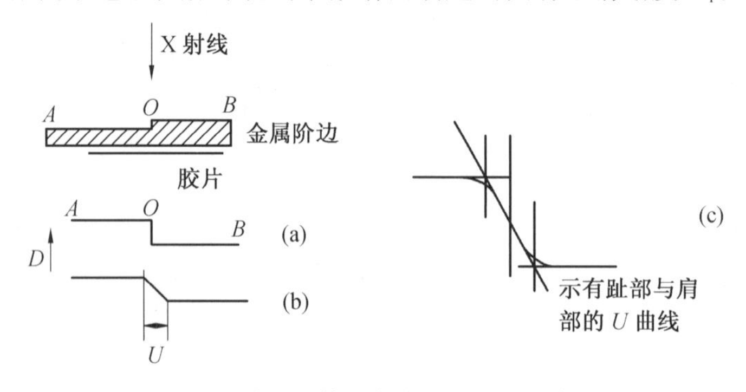

图 3.27　阶边影像的射线照相不清晰度（U）

（1）几何不清晰度 U_g。由于 X 射线管焦点或 γ 射线源都有一定尺寸，所以透照工件时，工件表面轮廓或工件中的缺陷在底片上的影像的边缘会产生一定宽度的半影，这个半影的宽度就是几何不清晰度 U_g，如图 3.28 所示。

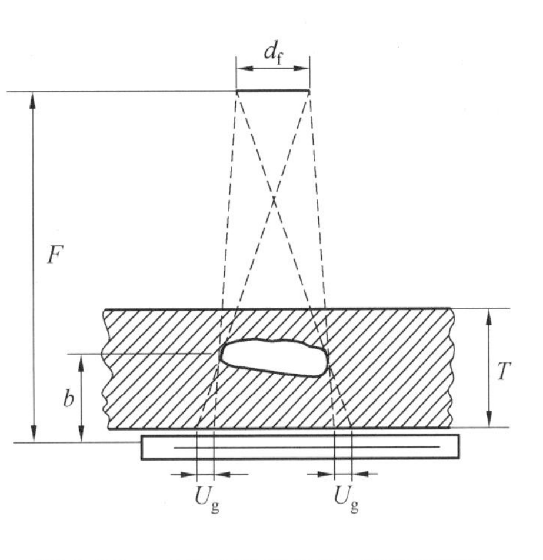

图 3.28　工件中缺陷的几何不清晰度

U_g的数值可用下式计算

$$U_g=\frac{d_f b}{F-b} \tag{3.7}$$

式中　d_f——焦点尺寸；

F——焦点至胶片距离；

b——缺陷至胶片距离。

通常技术标准中所规定的射线照相必须满足的几何不清晰度是指工件中可能产生的最大几何不清晰度 $U_{gm\alpha x}$，相当于射线源侧表面缺陷或射线源侧放置的像质计金属丝所产生的几何不清晰度，如图 3.29 所示，其计算公式为

$$U_{gm\alpha x}=d_f L_2/(F-L_2)=d_f L_2/L_1 \tag{3.8}$$

式中　L_1——焦点至工件表面的距离；

L_2——工件表面至胶片的距离。

由上式可知，几何不清晰度与焦点尺寸和工件厚度成正比，而与焦点至工件表面的距离成反比。在焦点尺寸和工件厚度给定的情况下，为获得较小的 U_g值，透照时就需要取较大的焦距 F；但由于射线强度与距离平方成反比，如果要保证底片黑度不变，在增大焦距的同时就必须延长曝光时间或提高管电压，所以对此要综合权衡考虑。

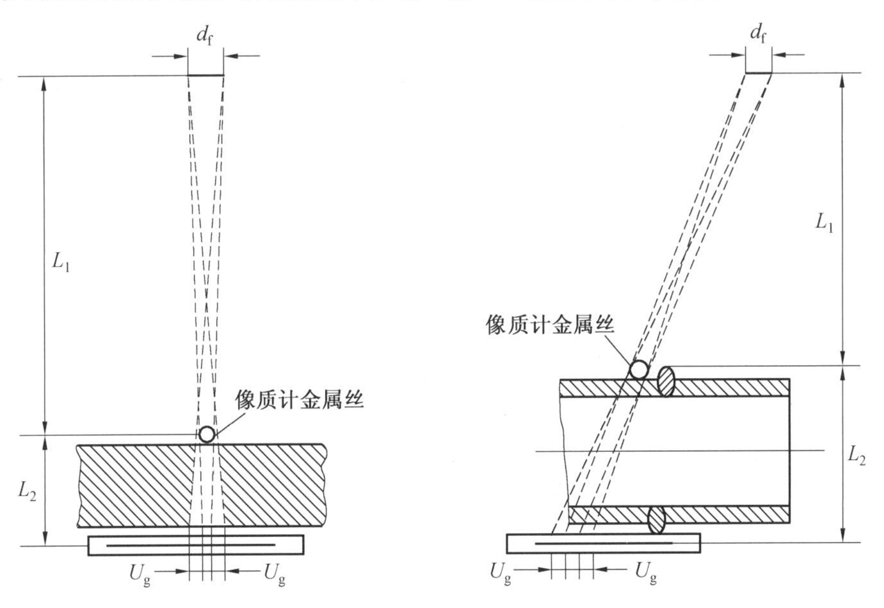

图 3.29　以像质计金属丝的 U_g 值作为被检焊缝的 $U_{gm\alpha x}$

使用 X 射线照相时，由于透照场中不同位置上的焦点尺寸不同，阴极一侧的焦点尺寸较大，因此相应位置上的几何不清晰度也较大。实际上，由于照射场内光学焦点从阴极

到阳极一侧都是变化的，因此，即使是纵焊缝（平板）照相，底片上各点的 U_g 值也是不同的。而环焊缝（曲面）照相，由于距离、厚度的变化，底片的上各点的 U_g 值的变化更大、更复杂。

（2）固有不清晰度 U_i。固有不清晰度是由于照射到胶片上的射线在乳剂层中激发出的电子的散射而产生的，主要取决于射线的能量。固有不清晰度大小就是散射电子在胶片乳剂层中作用的平均距离。增感屏的材料种类、厚度以及使用情况都会影响固有不清晰度。在使用增感屏时，如果屏与胶片贴合得不紧，留有间隙，将使固有不清晰度明显增大。

3. 射线照相颗粒度

颗粒性是指均匀曝光的射线底片上、影像黑度分布不均匀的视觉印象。颗粒度则是根据测微光密度计测出的数据，按一定方法求出的所谓底片黑度涨落的客观量值。

对受到高能量射线照射的快速胶片来说，不用放大镜，颗粒性就很明显；而对受低能量射线照射的慢速胶片来说，可能要经中度放大才能使颗粒性明显。一般说来，颗粒性随胶片速度和射线能量的增大而增大，另外也与显影配方、活度、温度等因素有关。

实际上颗粒的视觉印象是由许多银粒交互重叠组成的颗粒团产生的，而颗粒团的黑度则是由这些单个银粒的随机分布造成的。胶片乳剂中，每吸收一个 X 射线或 γ 射线光量子，会使乳剂中一个以上的溴化银晶体感光。这些“吸收现象”是随机存在的，即使在均匀的 X 射线束中，由于纯统计原因，胶片上一个微小区域的光子吸收数也将不同于另一个区域。因此被曝光的颗粒是随机分布的，即从一个区域到另一个区域，曝光的颗粒数有统计变化。

对速度很慢的胶片来说，要产生黑度 1.5，一个小区域中可能要吸收 10 000 个光子。而对快速胶片，产生黑度 1.5 所需的光子要少得多，考虑光子吸收过程中的叠加作用对吸收随机性和颗粒性的影响，需要的光子数越多，射线照相影像的颗粒性就越不明显。可见胶片速度会影响胶片颗粒性。一般说来，慢速胶片中的溴化银晶体比快速胶片中的晶体小，故曝光和显影后产生的光吸收银也较少。因此要产生一定的黑度，在慢速胶片中吸收的光子数要比快速胶片多，故胶片颗粒性较弱。

同样也易于理解，胶片的颗粒性随能量的提高而增大。因为在低能量下，吸收一个光子只能使一个或几个溴化银颗粒感光，而在高能量下，一个光子能使许多个颗粒感光，这样就使得随机分布的黑度起伏变大，显示出颗粒增大的倾向。

颗粒度限制了影像能够记录的细节的最小尺寸。一个尺寸很小的细节，在颗粒度较大的影像中，或者不能形成自己的影像，或者其影像将被黑度的起伏所掩盖，无法识别出来。

综上所述，射线照相灵敏度的影响因素可归纳为表 3.5。

表 3.5　影响射线照相灵敏度的因素

<table>
<tr><td colspan="4">射线照相对比度 ΔD
$\Delta D=\dfrac{\pm 0.43\mu\gamma\Delta T}{(1+n)}$</td><td colspan="4">射线照相不清晰度 U
$U=\sqrt{U_g^2 U_i^2}$</td><td rowspan="2">射线照相颗粒度 G_r</td></tr>
<tr><td>主因对比度</td><td>$\dfrac{\Delta I}{I}=\dfrac{\mu\Delta T}{1+n}$</td><td>胶片对比度</td><td>$\gamma=\dfrac{\Delta D}{\Delta \lg E}$</td><td>几何不清晰度</td><td>$U_g=\dfrac{d_f L_2}{L_1}$</td><td>固有不清晰度</td><td>$U_i$</td></tr>
<tr><td colspan="2">取决于:
a. 由缺陷造成的透照厚度差 ΔT(缺陷高度、形状、透照方向)
b. 射线的衰减系数 μ(或 λ, kVp, MeV)
c. 散射比 n ($n=\dfrac{I_a}{I_p}$)</td><td colspan="2">取决于:
a. 胶片类型 γ(或梯度 G)
b. 显影条件(配方、时间、活度、温度、搅动)
c. 底片黑度 D($\gamma \propto D$)</td><td colspan="2">取决于:
a. 焦点尺寸 d_f
b. 焦点至工件表面距离 L_1
c. 工件表面至胶片距离 L_2</td><td colspan="2">取决于:
a. 射线的质 μ(或 λ, kVp, MeV)
b. 增感屏种类(Pb, Au, Sb)
c. 屏-片贴紧程度</td><td>取决于:
a. 胶片类型 G_i
b. 射线的衰减系数 μ(或 λ, kVp, MeV)
c. 显影条件(配方、时间、温度)</td></tr>
</table>

3.3.3　射线检测工艺的选择

1. 射线源的选择

(1)射线能量。是指射线源的 kV、MeV 值或 γ 源的种类。射线能量越大,其穿透力越强,即可透照的工件厚度越大。选择射线源的首要因素是射线源所发出的射线对被检的试件具有足够的穿透力,但同时也带来由于线质硬而导致成像质量下降。所以在满足透照工件厚度条件下,应根据材质和成像要求,尽量选择较低的射线能量。尤其对线衰减系数较小的轻金属(如铝)薄件,最好选用软 X 射线机。

(2)射线强度。当管电压相同时,管电流越大,X 射线源的射线强度越大,则曝光时间可缩短,能显著提高检测生产率。

(3)焦点尺寸。由于焦点越小,照相灵敏度越高。因此,在可能的条件下应选择焦点小的射线源,同时还需按焦点尺寸核算最短透照距离。

(4)辐射角。射线束所能构成的角度称为辐射角。X 射线的辐射角分定向和周向,分别适用于定向分段曝光、周向曝光和全景曝光技术。

2. 像质计的选择

对给定工件进行射线照相法探伤时,应根据相关规程和标准要求选择像质等级与像质计。标准 GB 3323—2005《金属熔化焊接接头射线照相》中对射线检测技术本身的质量要求是以所规定的照相质量等级来体现的,见表 3.6。

表 3.6　射线检测质量要求与像质等级关系

像质等级	成像质量	适用范围
A	一般	承受负载较小的产品及部件
AB	较高	锅炉和压力容器产品及部件
B	最高	航天和核设备等级为重要的产品及部件

不同的像质等级,对射线底片的黑度、灵敏度均有不同的规定。为达到其要求,需从检验器材、方法、条件和程序等各方面预先进行正确选择和全面合理布置。

3. 几何参数的选择

(1)焦点大小。由于焦点不是光源,而有一定的几何尺寸,在检测中必然会产生几何

不清晰度 u_g。它使缺陷的边缘影像变得模糊，因而降低了射线照相清晰度。同时，当焦点尺寸 $d_1>d_2$ 时，由图 3.30 可明显看到 $u_{g1}>u_{g2}$。

(2)透照距离。透照距离是指焦点至胶片的距离 F(又称焦距)。图 3.31 表明，当焦距 $F_1>F_2$ 时，则有 $u_{g2}>u_{g1}$。

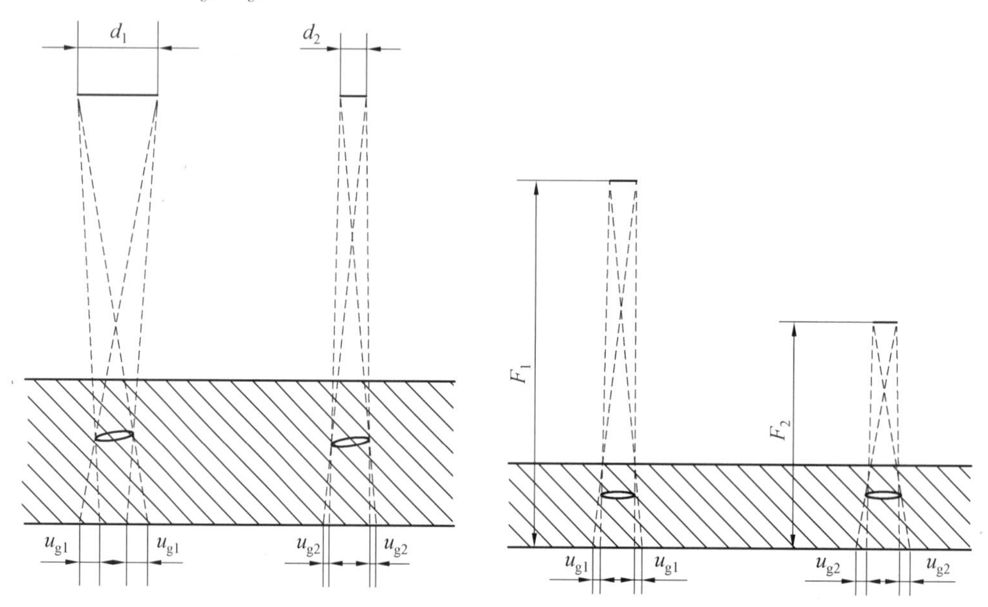

图 3.30　焦点尺寸对几何不清晰度的影响　　图 3.31　透照距离对几何不清晰度的影响

(3)缺陷至胶片距离。当缺陷至胶片的距离 $b_1<b_2$ 时，则有 $u_{g1}<u_{g2}$，如图 3.32 所示。显然，当缺陷位于工件表面时几何不清晰度将最大。

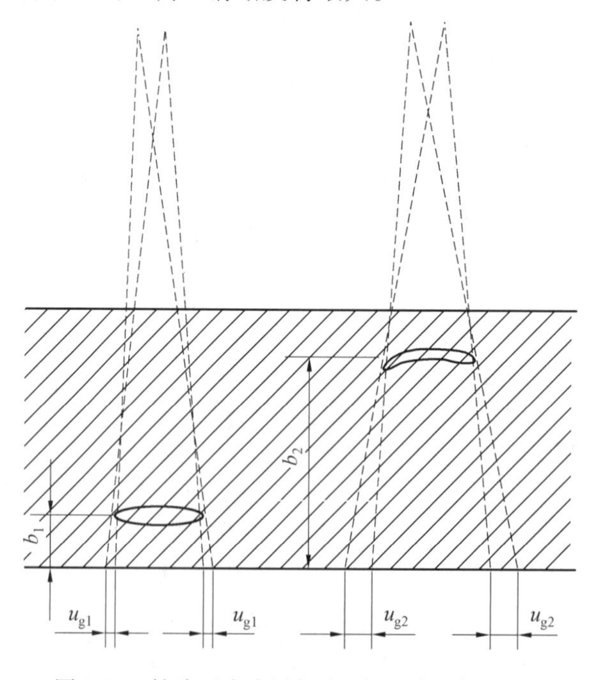

图 3.32　缺陷至胶片距离对几何不清晰度的影响

综上所述，目前在射线检测的国内外标准中，均依几何不清晰度原理推荐使用诺模图（图 3.33）来确定透照距离。

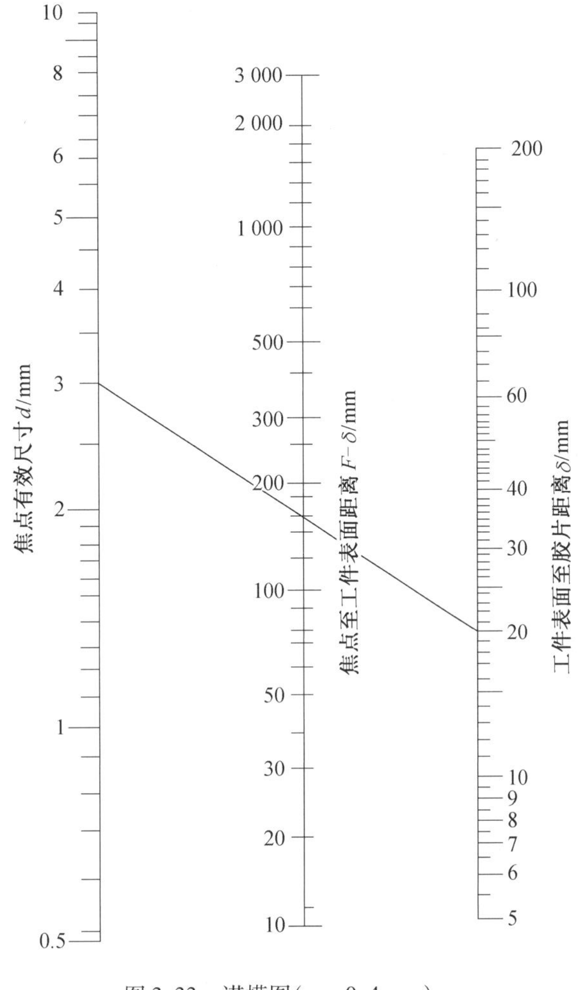

图 3.33　诺模图（$\mu_g = 0.4$ mm）

例 3.1　已知 $d = 3$ mm，$\delta = 20$ mm，$u_g = 0.4$ mm。试通过诺模图决定最小透照距离。

解　在图 3.33 中 d 标尺上找到“3”刻度，在 δ 标尺上找到“20”刻度，连接此两点交于中间标尺 $F-\delta$ 的“150”刻度处。即射线源焦点距工件表面距离最小应为 150 mm，因此最小透照距离（最小焦距）$F_{min} = (150+20)$ mm $= 170$ mm，这时才能满足规定的几何不清晰度 $u_g = 0.4$ mm 的要求。

4. 曝光曲线

影响透照灵敏度的因素很多，主要有 X 射线探伤机的性能，胶片质量及其暗室处理条件，增感屏的选用，散射线的防护，被检部件的材质、形状与几何尺寸，缺陷的尺寸、方位、形状和性质，X 射线探伤机的管电压、管电流，检测过程中曝光时间和焦距等参数的选择等。

在上述诸因素中，通常只选择工件厚度、管电压、管电流和曝光量作为可变参量，其他条件则应相对固定。根据具体条件所作出的工件厚度、管电压和曝光量之间的相互关系曲线，是正确制定射线检测工艺的依据，这种关系曲线称为曝光曲线。曝光曲线有多种形式，常用的是工件厚度和管电压曲线。如图 3.34 所示为钢的曝光曲线，这种曲线是通过改变曝光参量，透照由不同厚度组成的阶梯试块，根据给定的冲洗条件洗出的底片所达到的基准黑度值来制作的。

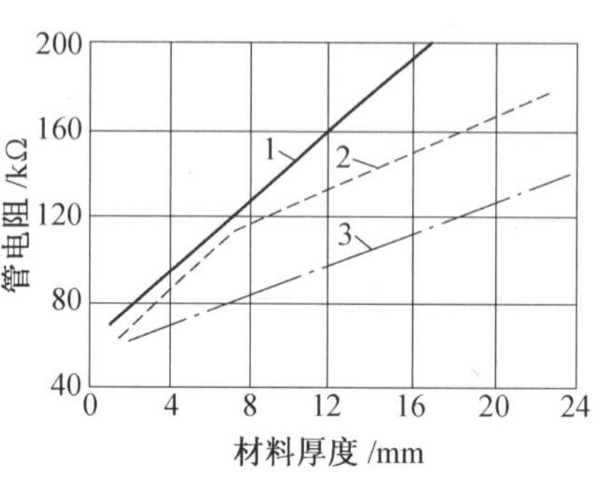

图 3.34　钢的曝光曲线

焦距：1 m；管电流：13 mA；曝光时间：13 min

1—无增感；2—铅增感；3—荧光增感

5. 散射线的控制

射线检测时，凡是受到射线照射的物体，不论是工件、暗盒、墙壁、地面甚至空气等，都会成为散射源。散射线会使射线底片灰雾度增大，降低对比度和清晰度，其影响程度与散射比（指的是散射线强度与直接透射线强度的比值）有关。散射比与射线能量和工件厚度有关，射线能量越小、工件厚度越大，散射比随之越大。

实际检测时，由于余高使透过母材的射线强度大于透过焊缝的射线强度，而且穿透母材的射线产生的散射线要比焊缝部分强得多。因此焊缝附近母材区产生的散射线与透过焊缝的射线叠加在一起，使焊缝中心的散射比显著增大，余高越大越严重，这样使得底片的成像质量下降。

为了减少散射线，在检测系统中可设置增感屏、铅罩、铅光阑、铅遮板、底部铅板和滤板等，其中增感屏至关重要。

6. 射线透照工艺

按射线源、工件和胶片之间的相互位置关系，透照方式分为纵缝透照法、环缝外透法、环缝内透法、双壁单影法和双壁双影法五种。

考虑透照布置的基本原则是使透照区的透照厚度小，从而使射线照相能更有效地对缺陷进行检验。在具体进行透照布置时主要应考虑的方面有：射线源、工件、胶片的相对位置，射线中心束的方向，有效透照区（一次透照区）。此外，还包括散射措施、像质计和标记系的使用等方面的内容。表 3.7 是焊缝的典型透照方式。

7. 暗室处理技术

暗室处理是射线照相检验的一道重要工序，被射线曝光的带有潜影的胶片经过暗室处理后变为带有可见影像的底片。暗室常用的设备器材包括安全灯、温度计、天平、洗片槽、烘片箱等，有的还配有自动洗片机。

胶片手工处理可分为盘式和槽式两种方式。其中盘式处理易产生伪缺陷，所以目前多采用槽式处理。洗片槽用不锈钢或塑料制成，其深度应超过底片长度的 20% 以上，使用时应将药液装满槽，并随时用盖将槽盖好，以减少药液氧化。槽应定期清洗，保持清洁。

胶片手工处理过程可分为显影、停显、定影、水洗、干燥五个步骤，各个步骤的标准操作如下：

表3.7　焊缝的典型透照方式

焊缝典型	透照方式	焊缝典型	透照方式
纵缝透照法	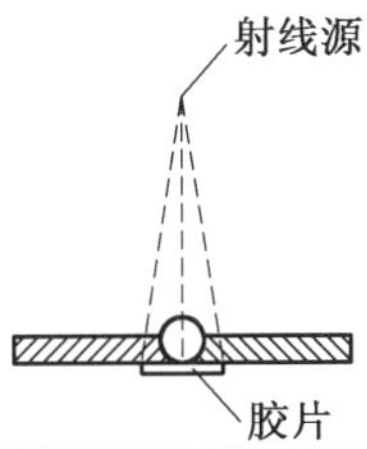 射线源 胶片	T形接头角焊缝	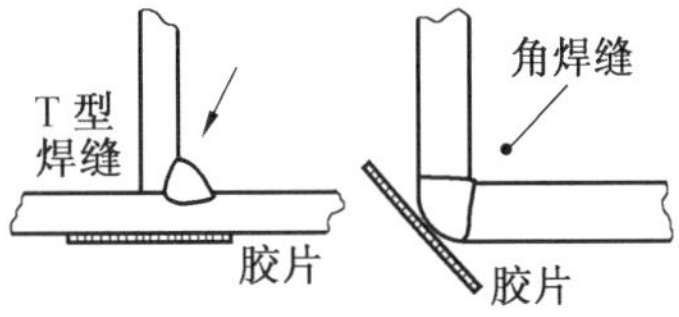 T型焊缝 角焊缝 胶片 胶片
环焊缝外透法	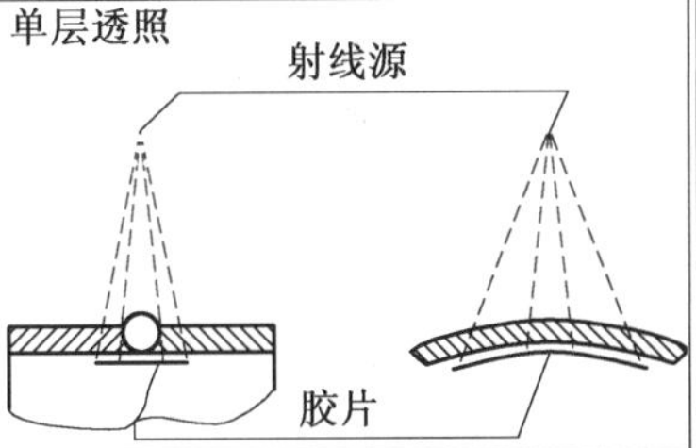 单层透照 射线源 胶片	对接和搭接焊缝	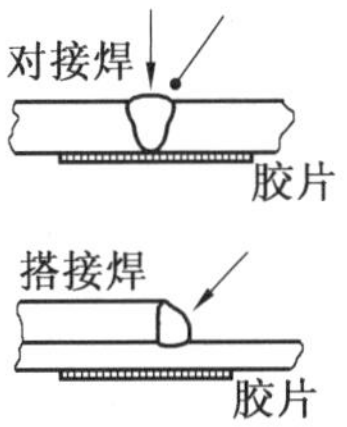 对接焊 胶片 搭接焊 胶片
环焊缝双壁单影法	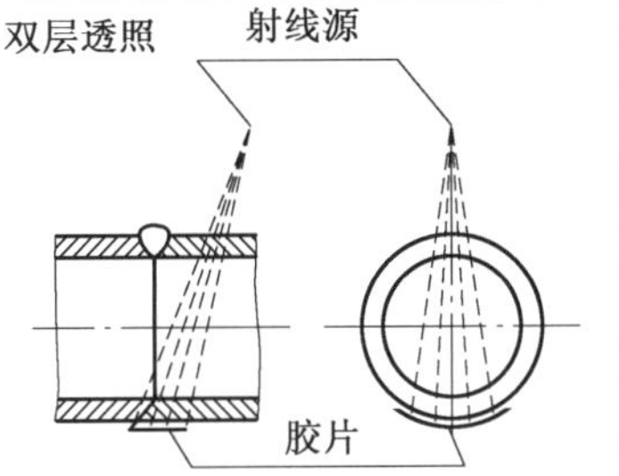 双层透照 射线源 胶片	管子插管	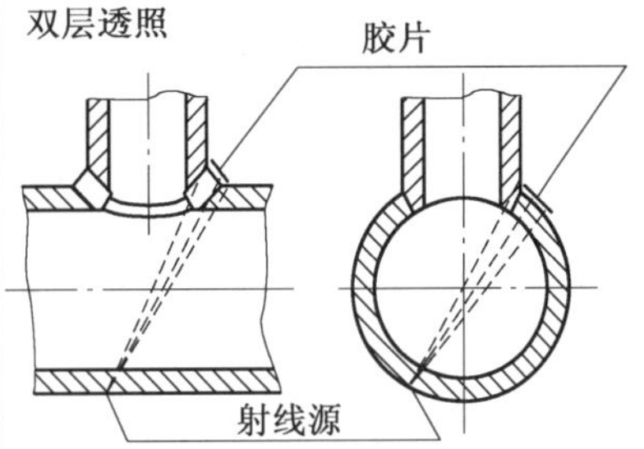 双层透照 胶片 射线源
环焊缝内透法	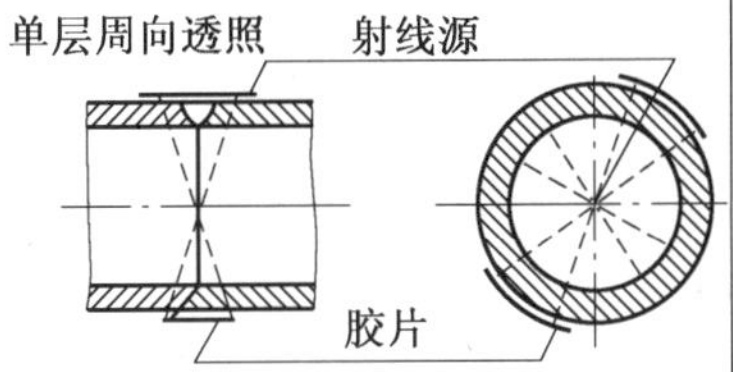 单层周向透照 射线源 胶片		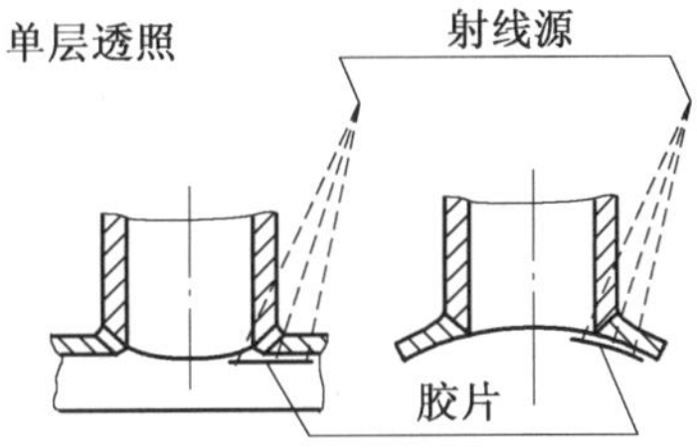 单层透照 射线源 胶片
环焊缝双壁双影法	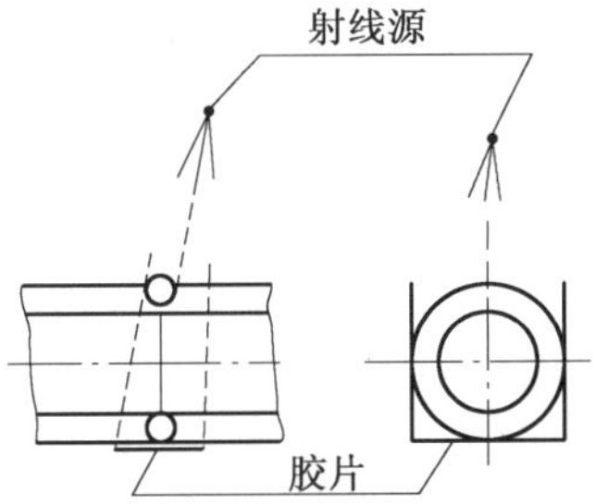 射线源 胶片		

(1)显影。显影在整个胶片处理过程中具有特别重要的意义。即使是同一种胶片，如果采用不同的显影配方和操作条件，所表现的感光性能也是不一样的，底片的主要质量指标，例如黑度、对比度、颗粒度等都受到显影的影响。

(2)停显。从显影液中取出胶片后，显影作用并不立即停止，胶片乳剂层中残留的显影液还在继续显影，此时将胶片直接放入定影液，容易产生不均匀的条纹和两色性雾翳，两色性雾翳是极细的银粒沉淀，在反射光下呈蓝绿色，在透射光下呈粉红色。另一方面，胶片上残留的碱性显影液如果带进酸性定影液，会污染定影液，并使 pH 值升高，将大大缩短定影液寿命。因此，显影之后必须进行停显处理，然后再进行定影。

(3)定影。显影后的胶片，其乳剂层中大约还有 70% 的卤化银未被还原成金属银。这些卤化银必须从乳剂层中除去，才能将显影形成的影像固定下来，这一过程称为定影。在定影过程中，定影剂与卤化银发生化学反应，生成溶于水的络合物，但对已还原的金属银则不发生作用。

(4)水洗和干燥。干燥的目的是去除膨胀的乳剂层中的水分，以便评定和保存底片。

为防止底片产生水迹，干燥前要进行润湿处理。润湿液可用 0.3% 的中性洗剂水溶液配制而成。将胶片放入润湿液浸润约 1 min 拿出进行干燥，即可有效防止底片产生水迹。

干燥分自然干燥和烘箱干燥两种。自然干燥是将底片悬挂在灰尘不多的场所自然晾干，也可用烘箱强迫干燥，但干燥温度不宜超过 50 ℃。

自动洗片机采用连续冲洗方式，能自动完成显影、定影、水洗、烘干等整个暗室处理过程，它与手工处理胶片相比有以下优点：

①速度快。自动洗片机能在约 12 min 内提供干燥好的可供评定的射线照相底片。

②效率高。每小时约可处理 360 mm×100 mm 胶片 100 张。

③质量好。只要摄片条件正确，通过自动洗片机处理的底片表面光洁、性能稳定、像质好。

④劳动强度低。操作者只需将胶片逐张输入自动洗片机即可，对操作者的技术熟练要求不高。

8. 评片

射线底片的评定工作简称评片。由Ⅱ级以上检测员在专用的评片室内利用观光灯、黑度计等仪器和工具进行该项工作。评片室的光线应稍暗一些，室内的照明不应在底片上产生反射光。评片室应安静、卫生、通风良好。

观片灯应有足够的光强度，且所用的漫射光亮度应可调，以便在观察低黑度区域时将光强减小，而在观察高黑度区域时将光强调大。遮光板用来观察底片局部区域或细节，要求灵活好用，散热良好，无噪声。放大镜用于观察影像细节，一般为 2～5 倍。按 JB/T 4730—2005《承压设备无损检测》标准，对观片灯的亮度有更高的要求，当黑度 $D \leqslant 2.5$ 时，透过底片评定区的亮度不应小于 30 cd/m^2；当黑度 $D>2.5$ 时，透过底片评定区的亮度不应小于10 cd/m^2。

在厚壁工件的射线探伤中，为了进一步判断焊缝中缺陷的大小和返修方便，往往需要知道缺陷的确切位置。缺陷在焊缝中的平面位置可在底片上直接测定，而其埋藏深度却必须采用特殊的透照方法，例如立体摄影法和断层摄影法等予以确定。这里介绍立体摄影法。立体摄影法是对立体射线照相法而言。该方法较为方便、实用，按其透照形式不同主要有以下两种方法。

(1)双重曝光法。

双重曝光法中移动射线源焦点与工件之间的相互位置，对同一张底片进行两次重复曝光，然后根据两次曝光所得缺陷位置的变化可计算出缺陷的埋藏深度，如图 3.35 所示。

$$h=\frac{s(L-l)-al}{a+s} \tag{3.9}$$

式中　h——缺陷距工件下表面的距离,mm;

s——二次曝光时缺陷在底片上的移动距离,mm;

L——焦距,mm;

l——工件与胶片的距离,mm;

a——射线源焦点从 A_1 到 A_2 的移动距离,mm。

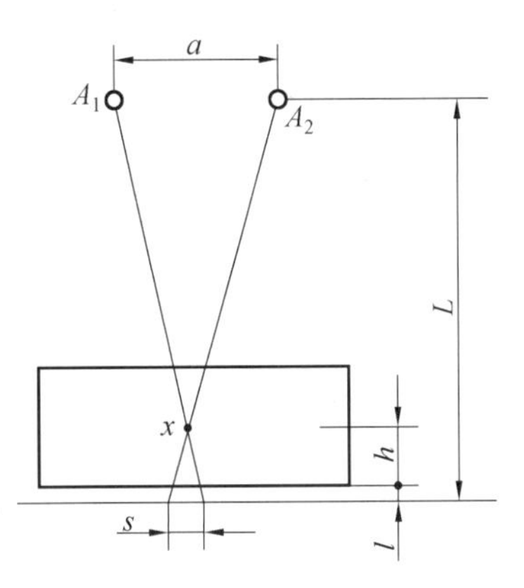

图 3.35　双重曝光法原理图

(2)放置标记的双重曝光法。

①在工件上表面放置标记 M(铅丝或钨丝),射线源焦点分别在 A_1 和 A_2 两位置各曝光一次,如图 3.36 所示,则有

$$h=\frac{(L-\delta-l)^2\Delta s}{aL-(L-\delta-l)\Delta s} \tag{3.10}$$

式中　h——缺陷距工件上表面的距离,mm;

δ——工件厚度,mm;

a——射线源焦点从 A_1 到 A_2 的移动距离,mm;

$\Delta s=|s_1-s_2|$,$s_1(\overline{M_1x_1})$、$s_2(\overline{M_2x_2})$可在底片上分别量出(单位为 mm)。

②在工件上、下表面分别放置标记 M、K,射线源焦点分别在 A_1 和 A_2 两位置各曝光一次(焦距和标记点位置固定),如图 3.37 所示,则有

$$h=\delta\frac{k_1x_1\pm k_2x_2}{k_1M_1\pm k_2M_2} \tag{3.11}$$

式中　h——缺陷距工件下表面的距离,mm;

k_1x_1、k_2x_2、k_1M_1、k_2M_2 均可在底片上分别量出,mm。

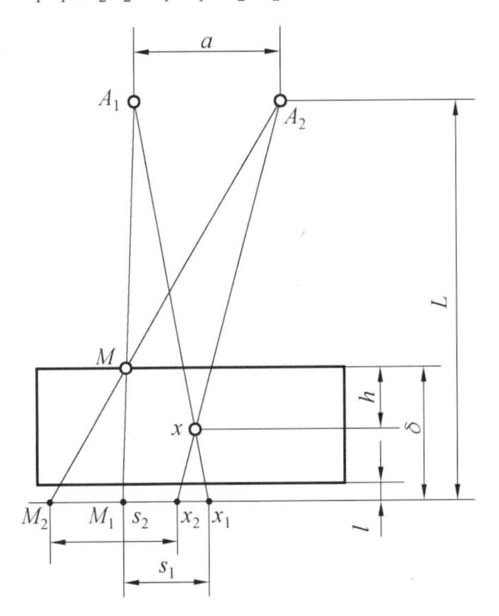

图 3.36　上表面放置标记双重曝光法原理图

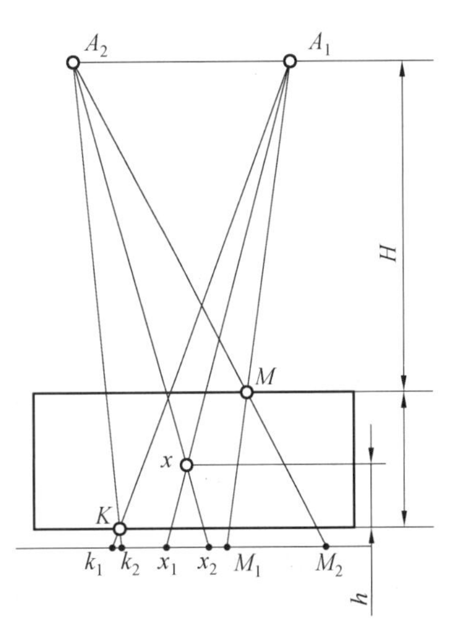

图 3.37　上、下表面放置标记双重曝光法原理图

当缺陷 x 上标记 M 两次透照的影像均处于下标记 K 影像的同一侧时,上式中取“-”号;若处于两侧时,则取“+”号。如果计算结果 h 为负数,则应取其绝对值。

这里应当注意,上式只有假设 X 射线束中的 X 射线平行于时才能成立,而实际射线束均呈圆锥形发散,因而将有测量误差:

$$\Delta h = h(\delta - h)/H \tag{3.12}$$

式中 H——射线源焦点到工件表面的距离,mm。

由此可见,当工件厚度不是很大,而采用焦距又较大时,该方法可行。由于它只需知道工件厚度及粗略测量底片上各影像距离,即可计算出缺陷埋藏深度,而省去测量射线源移动距离和焦距,因而操作与计算简便,应用较广。

底片上的缺陷被确认以后,下一步就是对照有关标准,评出焊接接头的质量等级。这在下一节将作详细介绍。

3.3.4 射线检测工艺规程和工艺卡的编制

编制工艺规程的目的是为了保证无损检测诊断结果的一致性和可靠性。所谓射线检测工艺实际上就是对射线检测的方案和要求作出一个统一的规定,以符合有关规范、规程,标准的要求,保证射线检测诊断结果的一致性和可靠性。

一般射线检测工艺分为"射线检测工艺规程"和"射线检测工艺卡"两种,它们是属于同一性质的工艺性文件。射线检测工艺规程是企业无损检测质量管理的一部分,它是保证符合有关规范、规程和标准以及获得检测结果一致性和可靠性的质量管理文件。

1. 射线检测工艺规程

射线检测工艺规程应包括一些必要的内容,遵循这些内容进行射线检测操作,才能保证检测的质量。一般应包括下列内容:

(1)适用范围(编制依据的标准;透照质量等级;透照母材厚度范围;工件种类,焊接方法和类型等);

(2)检测人员要求(资格,视力等);

(3)对工件的要求(工序,探伤时机,工件表面状况等);

(4)设备、器材(射线源和能量的选择,胶片牌号和类型,增感屏,像质计,暗盒,铅字等);

(5)透照方法及相关要求(100% 分段透照及要求,局部透照及扩透要求,焦距,划片长度,编号方法,像质计和标记的摆放,散射线的屏蔽等);

(6)钢印标记方法;

(7)曝光曲线(管电压,管电流,曝光时间等);

(8)暗室处理(洗片方法,胶片处理程序、条件及要求等);

(9)底片评定(评片条件,验收标准,像质鉴定,级别评定,返修规定);

(10)记录报告(记录报告内容及要求,资料,档案管理要求等),安全管理规定;

(11)其他必要的说明。

2. 射线检测工艺卡

"射线检测工艺卡"是针对产品具体结构检测操作的指导性工艺文件,它是工艺规程的"浓缩"。一般是用一张表或卡片来说明应当执行的各种工艺参数。通常包括以下内容:

(1)试件原始数据,包括试件名称、编号、类别、材质、规格尺寸、状态、焊接方法、坡口形式、透照焊缝及部位以及草图等。

(2)规范标准数据,包括试件质量验收标准和照相技术标准,照相质量等级,检查比例,底片质量要求等。

(3)透照技术数据,包括选定的设备、材料、透照方式,以及射线能量、焦距和其他曝光参数、一次透照长度、透照片数等。

(4)特殊的技术措施及说明。对复杂试件或特殊工作条件,有时需要增加一些措施或作说明。

(5)有关人员签字。

表3.8为透照工艺卡的一种形式。工艺卡一般是以卡片样式进行填写,并随委托单流程流动,最终进行存档。

表3.8 射线照相检验透照工艺卡

<table>
<tr><td rowspan="2">产品</td><td>名称</td><td>储罐</td><td>材料</td><td>16MnR</td><td>类别</td><td>Ⅲ</td><td>编号</td><td>RQ9702</td><td>工号</td><td>S</td></tr>
<tr><td>透照部位</td><td>纵缝试板</td><td>厚度</td><td>22</td><td>质量标准</td><td>GB 150—1998</td><td colspan="2">射线照相标准</td><td colspan="2">JB 4730—1991</td></tr>
<tr><td rowspan="2">设备器材</td><td>射线源</td><td>RX 300</td><td>焦点</td><td>2×2</td><td>像质计</td><td>Ⅱ</td><td>增感屏</td><td colspan="3">铅:前0.03 后0.03</td></tr>
<tr><td colspan="2">胶片型号</td><td>TJⅡ</td><td>尺寸</td><td colspan="2">360×80</td><td colspan="2">暗室处理方法</td><td colspan="2">手工</td></tr>
</table>

<table>
<tr><td colspan="2">透照参数</td><td>工件草图与透照部位编号</td><td colspan="2">透照布置示意图</td></tr>
<tr><td>U/kV</td><td>240</td><td rowspan="8">S₁ S₂
300 300</td><td colspan="2" rowspan="8">射线源
标记与像质计
试件
胶片
背防护铅板</td></tr>
<tr><td>F/mm</td><td>700</td></tr>
<tr><td>E/(mA · min)</td><td>20</td></tr>
<tr><td>T_A/mm</td><td>26</td></tr>
<tr><td>L/mm</td><td>300</td></tr>
<tr><td>N</td><td>2</td></tr>
<tr><td>像质指数</td><td>9</td></tr>
<tr><td>D</td><td>1.5~3.5</td></tr>
<tr><td colspan="2">辅助措施</td><td colspan="3">使用背防护铅板</td></tr>
<tr><td>备注</td><td colspan="3"></td><td rowspan="2">编制:
审核:
批准:
单位:
年 月 日</td></tr>
<tr><td colspan="4">更新记录</td></tr>
</table>

3.4 焊缝射线照相底片的评定

射线底片的评定工作简称评片,由Ⅱ级及其以上检测人员在评片室利用观片灯、黑度计等仪器和工具进行该项工作。对评片工作的基本要求可归纳为三个方面,即底片质量要求、设备环境条件要求和人员条件要求,其中通常对底片的质量检查包括以下项目:灵敏度检查、黑度检查、标记检查、伪缺陷检查、背散射检查等，这些均应符合相关标准。

在评片工作中，其重要环节是影像分析和识别。底片上的影像千变万化，形态各异，但按其来源大致可分为三类：由缺陷造成的缺陷影像；由试件外观形状造成的表面几何影像；由于材料、工艺条件或操作不当造成的伪缺陷影像。对于底片上的每个影像，评片人员都应能够作出正确解释，这也是评片人员的基本技能。

3.4.1 焊接缺陷影像

1. 裂纹

底片上裂纹的典型影像是轮廓分明的黑线或黑丝。其细节特征包括：裂纹线有微小的锯齿，有分叉，粗细和黑度有时有变化，有些裂纹影像呈较粗的黑线与较细的黑丝相互缠绕状；线的端部尖细，端头前方有时有丝状阴影延伸。

2. 未熔合

根部未熔合的典型影像是一条细直黑线，线的一侧轮廓整齐且黑度较大为坡口钝边痕迹，另一侧轮廓可能较规则也可能不规则。根部未熔合在底片上的位置应是焊缝根部的投影位置，一般在焊缝中间，因坡口形状或投影角度等原因也可能偏向一边。

坡口未熔合的典型影像是连续或断续的黑线，宽度不一，黑度不均匀，一侧轮廓较齐，黑度较大，另一侧轮廓不规则，黑度较小，在底片上的位置一般在焊缝中心至边缘的1/2处，沿焊缝纵向延伸。

层间未熔合的典型影像是黑度不大的块状阴影，形状不规则，如伴有夹渣时，夹渣部位的黑度较大。

3. 未焊透

末焊透的典型影像是细直黑线，两侧轮廓都很整齐，为坡口钝边痕迹，宽度恰好为钝边间隙宽度。

有时坡口钝边有部分熔化，影像轮廓就变得不很整齐，线宽度和黑度局部发生变化，但只要能判断是处于焊缝根部的线性缺陷，仍判定为未焊透。

未焊透在底片上处于焊缝根部的投影位置，一般在焊缝中部，因透照偏、焊偏等原因也可能偏向一侧。未焊透呈断续或连续分布，有时能贯穿整张底片。

4. 夹渣

非金属夹渣在底片上的影像是黑点、黑条或黑块，形状不规则，黑度变化无规律，轮廓不圆滑，有的带棱角。

非金属夹渣可能发生在焊缝中的任何位置，条状夹渣的延伸方向多与焊缝平行。

钨夹渣在底片上的影像是一个白点，由于钨对射线的吸收系数很大，因此白点的黑度极小（极亮），据此可将其与飞溅影像相区别，钨夹渣只产生在非熔化极氩弧焊焊缝中，该焊接方法多用于不锈钢薄板焊接和管子对接环焊缝的打底焊接。钨夹渣尺寸一般不大，形状不规则。大多数情况是以单个形式出现，少数情况是以弥散状态出现。

5. 气孔

气孔在底片上的影像是黑色圆点，也有呈黑线（线状气孔）或其他不规则形状的，气孔的轮廓比较圆滑，其黑度中心较大，至边缘稍减小。

气孔可以发生在焊缝中任何部位，手工单面焊根部线状气孔、双面焊根部链状气孔、焊缝中心线两侧的虫状气孔是发生部位与气孔形状有对应规律的例子。

“针孔”直径较小，但影像黑度很大，一般发生在焊缝中心。“夹珠”是另一类特殊的气孔缺陷，它是由前一道焊接生成的气孔，被后一道焊接熔穿，铁水流进气孔的空间而形成的，在底片上的影像为黑色气孔中间包含着一个白色圆珠。

图3.38为部分焊缝缺陷照片。

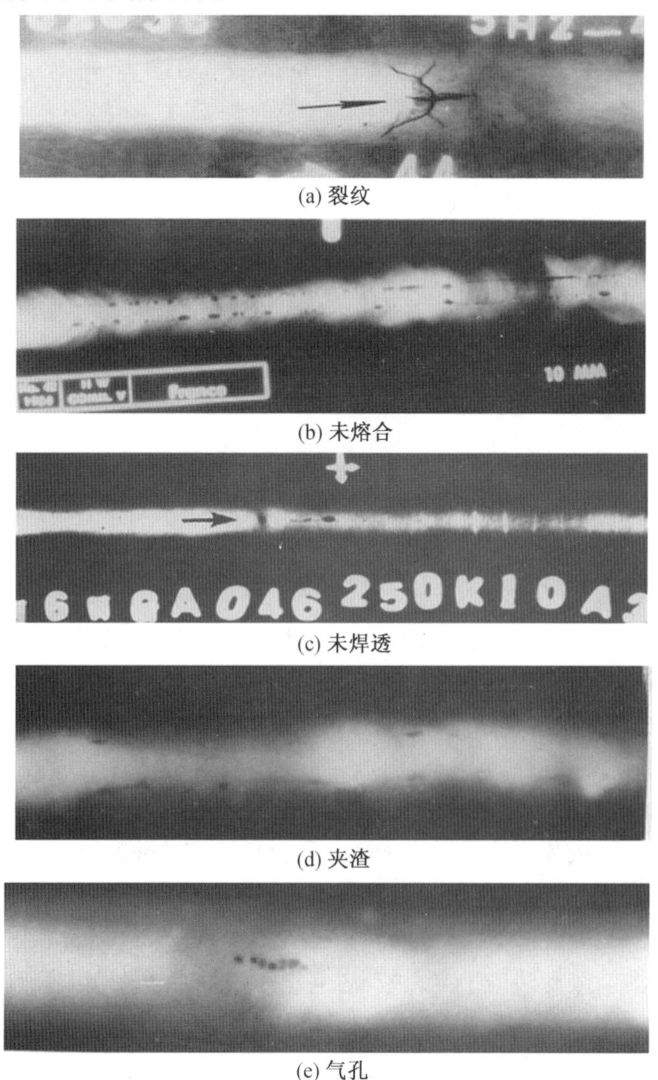

(a) 裂纹

(b) 未熔合

(c) 未焊透

(d) 夹渣

(e) 气孔

图3.38　焊缝缺陷照片

3.4.2　常见伪缺陷影像及识别方法

伪缺陷是指由于照相材料、工艺或操作不当在底片上留下的影像，常见的有以下几种。

1. 划痕

胶片被尖锐物体（指甲、器具尖角、胶片尖角、砂粒等）划过，在底片上留下的黑线。划痕细而光滑，十分清晰。识别方法主要是借助反射光观察，可以看到底片上药膜有划伤痕迹。

2. 压痕

胶片局部受压会引起局部感光，从而在底片上留下压痕。压痕是黑度很大的黑点，其大小与受压面积有关，借助反射光观察，可以看到底片上药膜有压伤痕迹。

3. 折痕

胶片受弯折，会发生减感或增感效应。曝光前受折，折痕为白色影像，曝光后受折，折痕为黑色影像，最常见的折痕形状呈月牙形。借助反射光观察，可以看到底片有折伤痕迹。

4. 水迹

由于水质不好或底片干燥处理不当，会在底片上出现水迹，水滴流过的痕迹是一条黑线或黑带，水滴最终停留的痕迹是黑色的点或弧线。

水迹可以发生在底片的任何部位，黑度一般不大。水流痕迹直而光滑，可以找到起点和终点；水珠痕迹形状与水滴一致；借助反射光观察有时可以看到底片上水迹处药膜有污物痕迹。

5. 静电感光

切装胶片时，因摩擦产生的静电发生放电现象使胶片感光，在底片上留下黑色影像。静电感光影像以树枝状为最常见，也有点状或冠状斑纹影像。静电感光影像比较特殊，易于识别。

6. 显影斑纹

由于曝光过度，显影液温度过高，浓度过大导致快速显影，或因显影时搅动不及时、均会造成显影不均匀，从而产生显影斑纹。

显影斑纹呈黑色条状或宽带状，在整张底片范围出现，影像对比度不大，轮廓模糊，一般不会与缺陷影像混淆。

7. 显影液沾染

显影操作开始前，胶片上沾染了显影液。沾上显影液的部位提前显影，黑度比其他部位大，影像可能是点、条或成片区域的黑影。

8. 定影液沾染

显影操作开始前，胶片沾染了定影液，沾上定影液的部位发生定影作用，使得该部位黑度小于其他部位，影像可能是点、条或成片区域的白影。

9. 增感屏伪缺陷

由于增感屏的损坏或污染使局部增感性能改变而在底片上留下的影像。如增感屏上的裂纹或划伤会在底片上造成黑色伪缺陷影像，而增感屏上的污物会在底片上造成白色影像。

增感屏引起的伪缺陷，在底片上的形状和部位与增感屏上完全一致。当增感屏重复使用时，伪缺陷会重复出现，避免此类伪缺陷的方法是经常检查增感屏，及时淘汰损坏的增感屏。

底片上其他伪缺陷还有：因胶片质量不好或暗室处理不当引起的药膜脱落、网纹、指印、污染等，因胶片保存或使用不当造成的跑光、霉点等。

3.4.3　焊接接头的质量等级评定

不同的射线照相标准关于质量分级的具体规定各不相同,但确定质量等级的原则和依据大体是一致的。缺陷的危害性、焊接接头的强度水平、制造要求的工艺水平是质量分级考虑的主要因素,缺陷性质、尺寸大小、数量、密集程度是划分质量等级的主要依据。

评片人员应熟悉标准中的有关内容,正确运用并严格执行评级规定。本节结合 GB 4730—2005《承压设备无损检测》标准,简单阐述质量分级的有关规定。

标准将焊缝质量划分为四个等级,Ⅰ级质量最好,Ⅳ级质量最差。标准正文中提到了五种焊接缺陷包括:裂纹、未熔合、未焊透、夹渣、气孔。

1. 缺陷性质与质量等级

对于小径管环焊缝评定增加了根部内凹和根部咬边内。至于其他焊接形状缺陷未提及,这是因为射线探伤应在焊缝外观检验合格后进行,形状缺陷应由外观目视检查发现,不属于无损探伤检出范畴,因此不作评级规定。但对于目视检查无法进行的场合或部位,例如小径管、小直径容器、钢瓶、锅炉联箱以及其他带垫板焊缝的根部缺陷,如内凹、烧穿、内咬边等应由射线照相检出并作评级规定。

裂纹、未熔合、双面焊和加垫板单面焊的未焊透属于不允许存在的缺陷,只要发生即评为Ⅳ级。

不加垫板单面焊允许未焊透存在(这取决于焊缝系数),但最高只能评Ⅲ级,其允许长度按条状夹渣Ⅲ级的有关规定。

对夹渣和气孔按长宽比重新分类:长宽比大于 3 的定义为条状夹渣,长宽比小于或等于 3 的定义为圆形缺陷,对两者分别制订控制指标,其中Ⅰ级焊缝不允许条状夹渣存在。

2. 缺陷数量与质量等级

缺陷数量包括单个尺寸、总量和密集程度三个方面。定量的依据(包括缺陷长度和宽度尺寸以及间距)是底片上量得的尺寸,不考虑投影放大或畸变造成的影响。黑度不作为缺陷定级依据,特殊情况下需要考虑缺陷高度和黑度对焊缝质量影响时应另作规定。

标准允许圆形缺陷存在,根据母材厚度对缺陷数量加以限制。规定单个缺陷尺寸不得超过母材厚度的 1/2;对缺陷总量采用点数换算,对缺陷密集程度采用评定区控制。各质量等级允许的缺陷点数都有明确规定。

标准对于条状夹渣,也是根据母材厚度来限制的,以单个条渣长度、条渣总长和间距三项指标分别对单个缺陷尺寸、总量、密集程度作出限制。此外,如果在圆形缺陷评定区内同时存在圆形缺陷和条状夹渣,则需要进行综合评级,这也属于对缺陷密集程度限制的规定。

标准关于缺陷定量和评级的各种规定甚多,应在具体检测工作时对标准进行逐条详细理解,本节不作赘述。

在长期的实践工作中,射线检测人员整理了一套较适用的 16 句探伤口诀,其内容为:

探伤人员要评片,四项指标放在先①,底片标记齐又正,铅字压缝为废片。

评片开始第一件,先找四条熔合线,小口径管照椭圆,根部都在圈里面。

气孔形象最明显,中心浓黑边缘浅,夹渣属于非金属,杂乱无章有棱边。

咬边成线亦成点,似断似续常相见,这个缺陷最好定,位置就在熔合线。

未焊透是大缺陷,典型图像成直线,间隙太小钝边厚,投影部位靠中间。

内凹只在仰焊面，间隙太大是关键，内凹未透要分清，内凹透度成弧线。
未熔合它斜又扁，常规透照难发现，它的位置有规律，都在坡口与层间。
横裂纵裂都危险，横裂多数在表面，纵裂分布范围广，中间稍宽两端尖。
还有一种冷裂纹，热影响区常发现，冷裂具有延迟性，焊完两天再拍片。
有了裂纹很危险，斩草除根保安全，裂纹不论长和短，全部都是Ⅳ级片。
未熔合也很危险，黑度有深亦有浅，一旦判定就是它，亦是全部Ⅳ级片。
危害缺陷未焊透，Ⅱ级焊缝不能有，管线根据深和长，容器跟着条渣走[②]。
夹渣评定莫着忙，分清圆形和条状，长宽相比 3 为界，大于 3 倍是条状。
气孔危害并不大，标准对它很宽大，长径折点套厚度，中间厚度插入法。
多种缺陷大会合，分门别类先评级，2 类相加减去Ⅰ，3 类相加减Ⅱ级。
评片要想快又准，下拜焊工当先生，要问诀窍有哪些，焊接工艺和投影。
注：①四项指标系底片的黑度、灵敏度、清晰度、灰雾度必须符合标准的要求。
②指单面焊的管线焊缝和双面焊的容器焊缝内未焊透的判定标准。

3.4.4 射线照相检验记录与报告

评片人员应对射线照相检验结果及有关事项进行详细记录并出具报告，其主要内容包括：

(1)产品情况：工程名称、试件名程、规格尺寸、材质、设计制造规范、探伤比例部位、执行标准、验收、合格级别。

(2)透照工艺条件：射源种类、胶片型号、增感方式、透照布置、有效透照长度、曝光参数(管电压、管电流、焦距、时间)、显影条件(温度、时间)。

(3)底片评定结果：底片编号、像质情况(黑度、像质指数、标记、伪缺陷)。

(4)缺陷情况(缺陷性质、尺寸、数量、位置)、焊缝级别、返修情况、最终结论。

(5)评片人签字、日期。

(6)照相位置布片图。

3.4.5 焊缝射线检测的一般程序

焊缝射线照相法检测的一般流程如图 3.39 所示。

(1)焊缝表面质量检查。检测前，应将在底片上易形成与焊缝内部缺陷影像相混淆形状缺陷等予以清除，选择 B 级成像质量时，焊缝余高要磨平。

(2)委托单项目。射线检测委托单由焊接检验员填写，主要内容有工件编号、厚度、简图(焊缝位置及数量)、焊缝分段号(透照区段号俗称探伤线)等。核对程序由射线检验员完成。

(3)贴片。将胶片暗盒固定在被检焊缝的相应位置上的操作。

(4)对位。将射线束对准被检区段的操作。

(5)检验报告。射线照相检验报告由评片人员填写，主要内容应包括产品名称、检验部位、检验方法、透照规范、缺陷名称、评片等级、返修情况和透照日期等。

(6)存档。将一套完整无缺的射线底片(含返修缺陷片)和文字资料(射线照相检验委托单、原始透照检验记录、底片评定记录、射线照相检验报告)一起存档备查，保存期为 5~8 年。

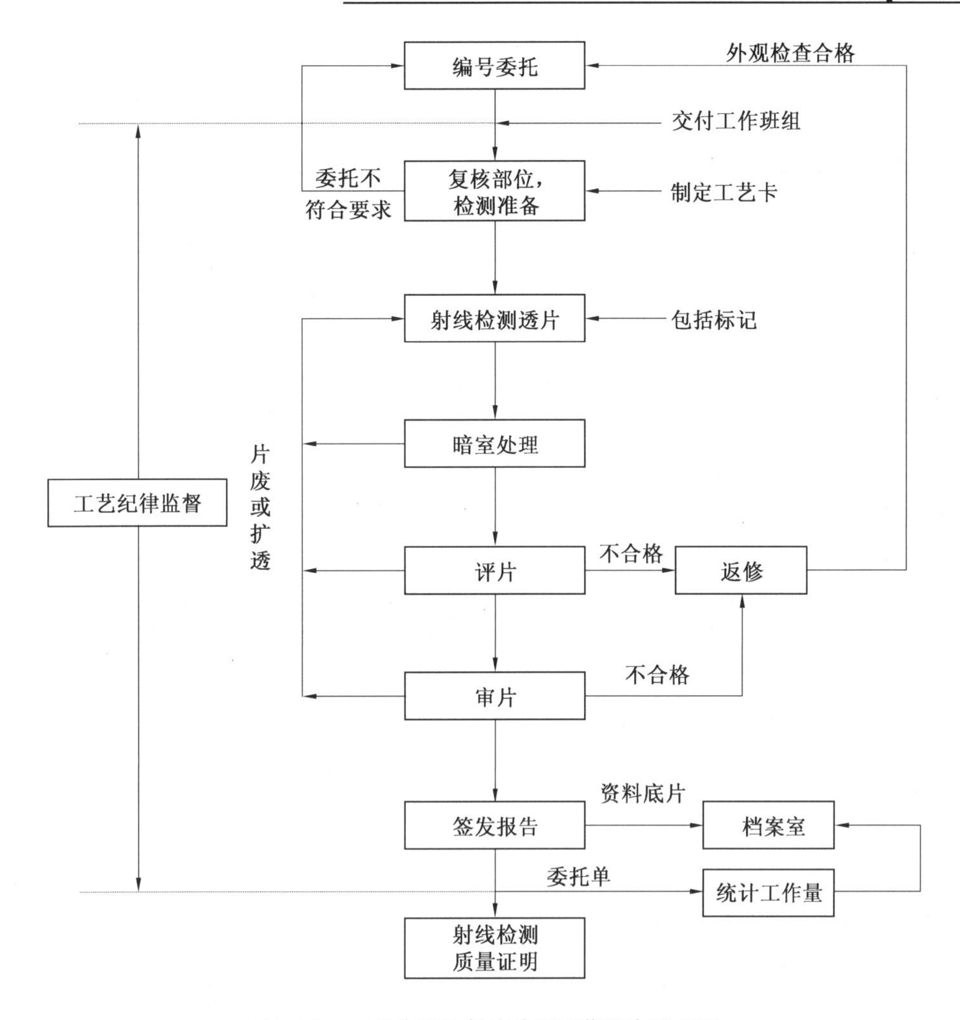

图 3.39　一种典型的射线检测工作程序流程图

3.5　典型焊接产品射线检测实例

某水电站引水压力钢管共 4 条,直径为 7.5 ~ 9.5 m,材料为 SM58Q、16Mn,材料厚度为30 ~ 50 mm,钢管纵、环焊缝坡口形式为 X 形,焊接材料为 J507R。焊接方式为焊条电弧焊,焊缝总长为 12 116.06 m。为保证质量,用射线对钢管纵、环焊缝进行检测。

1. 使用的主要设备与器材

(1)设备

EG-S2-3005 型 X 射线机;QXX-3005 型 X 射线机;XPG-103 型恒温洗片机;XMD-5 数字式黑白密度计。

(2)主要器材。

①胶片,工业 X 射线胶片,天津Ⅲ型,规格 14×17;

②增感屏,铅箔增感屏,规格为 360 mm×100 mm×0.03 mm;

③各种铅制标记及铅字码;

④暗袋、屏蔽铅板及贴片夹。

2. 检测工艺技术条件及措施

(1)暗室处理技术及要求。

显影、定影液配方应使用胶片推荐的配方,并严格按照显影、定影液配制说明书中规定的顺序配置、使用。显影、定影时间按制作曝光曲线预定时间,流水冲洗不少于30 min。显影液温度应控制在18～20 ℃范围内,并在每次使用前检验药液显影效果。暗室处理过程中,红灯不可太亮,观片时尽可能远离红光,并尽量减少观片次数,以免胶片再次感光,增加底片灰雾度,降低对比。使用的增感屏应清洁、平整、粒度均匀。每次使用前均应将其表面擦拭干净,对有划痕、折痕、破损、污染的增感屏需及时更换。

(2)透照部位及底片布置与标记。

纵缝透照部位可根据管节放置的相对位置确定投射部位。环缝透照部位,可根据现场情况选择透照部位,但尽可能将丁字接头置于透照部位中,同时应考虑在难以施焊部位布片。

现场透照布置时,应注意每张底片上的各种标记必须齐全,布置图如图3.40、图3.41所示。现场透照中,应对每张底片在工件上的位置作出永久性标记,同时绘制出与工件相对应的透照布片部位图。

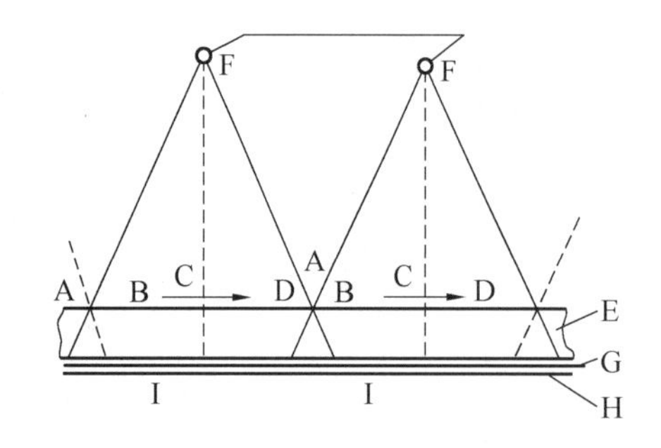

图3.40 焊缝透照布置图

A—置搭接标记;B—置像质计;C—置中心标记;D—置工件、焊缝底片编号;E—工件;F—射线源;G—胶片、暗盒;H—铅板;I—置铅字

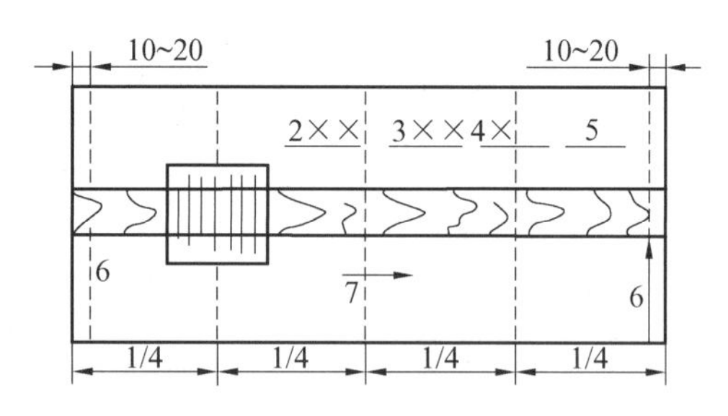

图3.41 底片标记摆放示意图

1—像质计,置于透照有效部位1/4处,且细丝向外,并垂直于焊缝,置于射线源侧;2—透照时间;3—工件编号;4—工件;焊缝编号;5—底片编号;6—焊缝标记或区段标记;7—中心标记

(3)安全与防护。

在射线透照过程中,应在工作场地设置明显的警告标志,以防工作人员和非工作人员误入透照场内,受到射线伤害。若现场工作条件差,应拉开射线源与操作人员的距离,并应根据现场具体条件、依靠各类障碍物进行屏蔽,可利用个人音响计量仪测出安全范围。

(4)射线检验的资料管理。

射线检验后,应对检验结果及有关事项进行详细记录,并出具检验报告。报告的内容主要包括产品名称、检验部位、检验方法、透射规范、缺陷名称、评定等级、返修情况、透照日期、布片部位图等。

底片评定后,其评定记录报告需经评片人员签字,复评人员签字后整理归档,原始记录及检验报告须妥善保存归档,以备随时查实。

3.结果分析

检测结果表明,采用上述仪器设备、工艺方法对4条引水压力钢管纵、环焊缝的射线检测是有效的,符合国家有关焊缝质量检测规定。

由于在检测中,对于钢管上纵、环焊缝及热影响区的表面质量和探伤时机,提出了明确要求,即焊接完成24 h后,并经表面外观检查合格,方可进行检测。避免了表面的不规则状态在底片上的图像与焊缝中缺陷相混淆。另外,在实施投射时,为防止散乱射线对胶片的影响,采取在胶片暗袋背后使用了3 mm铅板做屏蔽保护等措施,为保证检测质量起到了很好作用。

3.6　中子射线检测简介

中子射线即中子流,中子是原子核的基本粒子之一,不带电荷。在放射性物质裂变时,有时会放射出中子而形成中子射线。

中子射线照相检测的基本原理也和X射线照相检测相同,但是其射线源(中子源)是来自核反应堆、加速器或放射性同位素(例如锎252)的热中子。热中子又称慢中子,是与周围物质处于热平衡状态的中子,多用于轻水反应堆中,反应堆内的中子在减速剂中反复碰撞逐渐减低速度而成为热中子。

X射线与γ射线在透视工件中的吸收是随透视材料的原子量增加而均匀增大的,但是中子射线有以下特点:在重元素中衰减小,在轻元素中衰减大,在空气中电离能力弱,不能直接使胶片感光。它能被原子量小的材料,如锂、硼、镉、铀、钐、钚、铕、钆、镝以及碳、氢、氧等强烈吸收和散射,即它们有高的中子吸收能力。大多数的金属,特别像铁、铜、铅、钨等重金属对中子射线的衰减能力很低(对X射线与γ射线则相反),因此可以用于检测有缺陷或装载不当的烟火装置,组装不当的金属-非金属组合件、生物试样、核反应堆的燃料元件与控制棒、胶接结构,以及探测例如钛或锆合金的氢污染,产品的腐蚀等,并且可用做X、γ射线照相检测的补充。

中子射线照相检测设备主要包括中子源、慢化剂、准直器和像探测器。中子射线照相检测由于需要核反应堆或加速器而使设备价格非常昂贵,有辐射危害,并且设备庞大,需要有经过培训的物理学专业人员操作。此外,中子射线的照相作用小,不能直接在胶片上形成图像记录,需要使用铟或钆荧光屏作为转换屏,在中子撞击该屏时产生γ射线或电子束再与感光胶片作用才能形成中子射线照相图像,因此属于间接照相检测法。

除了应用热中子以外,还有利用快中子(fast neutron)的,这是在低能核物理范围内能量较大的中子,也多应用在核反应堆中。

由于中子射线的独特性能,使得它成为X射线和γ射线的补充。中子射线照相一般应用于核工业中检验高辐射性材料的核燃料、爆炸装置、蜡膜铸造制成的汽轮机叶片、电子器件、航空结构件(包括金属蜂窝结构和组件)等。

3.7 辐射防护

辐射防护是通过采取适当措施,减少射线对工作人员和其他人员的照射剂量。从各方面把射线剂量控制在国家规定的允许剂量标准(1×10^{-3}Sv/周)以下,以避免超剂量照射和减少射线对人体的影响。射线防护主要有屏蔽防护、距离防护和时间防护三种防护方法。

3.7.1 屏蔽防护法

屏蔽防护法是利用各种屏蔽物体吸收射线,以减少射线对人体的伤害,这是外照射防护的主要方法。一般根据X射线、γ射线与屏蔽物的相互作用来选择防护材料,屏蔽X射线和γ射线以密度大的物质为好,如贫化铀、铅、铁、重混凝土,铅玻璃等都可以用做防护材料。但从经济、方便出发,也可采用普通材料如混凝土、岩石、砖、土、水等。对于中子屏蔽除防护γ射线之外,还以特别选取含氢元素多的物质为宜。

探伤室的门缝及孔道的泄漏,是实际工作中比较普遍存在的问题,按照具体情况要进行妥善处理。在处理上述问题时,原则上不留直缝、直孔。防护时,采用的阶梯不宜太多,一般采用二阶即可,阶梯的阶宽不得小于孔径的2倍,但也不必太大。若采用迷宫式防护,亦可照此原则处理。如果采用砖做屏蔽材料,往往由于施工质量不好而产生泄漏。凡用来屏蔽直接射线的砖墙,砌砖时一定要用水泥砂浆将砖缝填满,砖墙两侧要有2 cm的70~100号水泥砂浆抹面。

3.7.2 距离防护法

距离防护在进行野外或流动性射线检测时是非常经济有效的方法。这是因为射线的剂量率与距离的平方成反比,增加距离可显著地降低射线的剂量率。若离放射源的距离为R_1处的剂量率为P_1,在另一径向距离为R_2处的剂量率为P_2,则它们的关系为

$$P_2=P_1\frac{R_1^2}{R_2^2}$$

显见,增大R_2时可有效地降低剂量率P_2,在无防护或防护层不够时,这是一种特别有用的防护方法。

3.7.3 时间防护法

时间防护是指让工作人员尽可能地减少接触射线的时间,以保证检测人员在任一天都不超过国家规定的最大允许剂量当量(17 mrem)。

$$D=Pt$$

式中 P——在人体上接收到的射线剂量率;

t——接触射线的时间。

从上式可看出,缩短与射线接触时间t亦可达到防护目的。如每周每人控制在最大容许剂量0.1 rem以内时,则应有$Pt\leqslant0.1$ rem;如果人体在每透照一次时所接收到的射线剂量为P'时,则控制每周内的透照次数$N\leqslant0.1/P'$,亦可以达到防护的目的。

3.7.4　中子防护

中子对人体危害很大,所以特别要注意防护。中子防护的特点可归结为快中子的减速和热中子的吸收两个问题,在选择屏蔽材料时要考虑。

1. 减速剂的选择

快中子减速作用,主要依靠中子和原子核的弹性碰撞,因此较好的中子减速剂是原子序数低的元素,如氢、水、石蜡等含氢多的物质,它们作为减速剂使用减速效果好,价格便宜,是比较理想的防护材料。

2. 吸收剂的选择

对于吸收剂要求它在俘获慢中子时放出来的 γ 射线能量要小,而且对中子是易吸收的。锂和硼较为适合,因为它们对热中子吸收截面大,分别为 71 barn(靶)和 759 barn,锂俘获中子时放出 γ 射线很少,可以忽略,而硼俘获的中子 95% 放出 0.7 MeV 的软 γ 射线,比较易吸收,因此常选含硼物或硼砂、硼酸做吸收剂。

在设置中子防护层时,总是把减速剂和吸收剂同时考虑;如含 2% 的硼砂(质量分数,下同)、石蜡、砖或装有 2% 硼酸水溶液的玻璃(或有机玻璃)水箱堆置即可,特别要注意防止中子产生泄漏。

第 4 章　超声检测

声波是指人耳能感受到的一种纵波，其频率范围为 16 Hz ~ 2 kHz。当声波的频率低于 16 Hz 时就称为次声波，高于 2 kHz 则称为超声波，如图 4.1 所示。即一般把频率在 2 kHz 到25 MHz 范围的声波称为超声波，实际上，超声波是一种机械波，是机械振动在弹性介质中的传播过程，广泛用于无损检测中。超声探伤所用的频率一般在 0.5 ~ 10 MHz 之间，对钢等金属材料的检验，常用的频率为 1 ~ 5 MHz。超声波波长很短，由此决定了超声波具有一些重要特性，使其能广泛用于无损探伤。

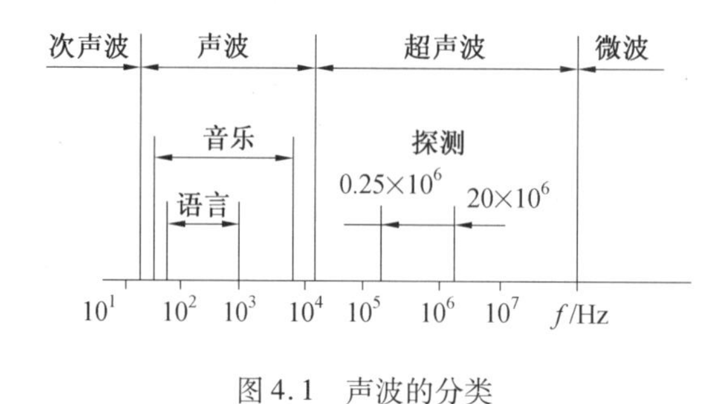

图 4.1　声波的分类

4.1　超声检测的物理基础

超声波检测是利用超声波在物体中的传播、反射和衰减等物理特性来发现缺陷的一种检验方法。检测中常用的超声波频率为 0.5 ~ 10 MHz。

4.1.1　超声波的分类

1. 按质点的振动方向和波动传播方向的关系

(1)纵波。当弹性介质受到交替变化的正弦拉压应力作用时，质点产生疏密相间的纵向振动，并作用于相邻质点而在介质中向前传播。此时介质中质点的振动方向与波的传播方向一致，这种波称为纵波，也称压缩波或疏密波，如图 4.2 所示。纵波常用符号“L”表示。它使介质各部分改变体积而不产生转动。任何弹性介质(固、液体和气体)中都能传播纵波。因此固体、液体和气体都能传播纵波。钢中纵波声速一般为 5 960 m/s。纵波一般应用于钢板、锻件探伤。目前使用中的探头所产生的波型一般是纵波形式。

(2)横波。当弹性介质受到交替变化的正弦剪切应力作用时，质点产生具有波峰与波谷的横向振动，并在介质中传播，它的振动方向与波的传播方向相垂直，这种波称为横波，也称为切变波，如图 4.3 所示，常用“T”或“S”表示。它在介质中传播时，仅使介质各部分产生形变而不改变体积。因此横波只能在固体介质中传播，不能在液体和气体介质中传播。钢中横波声速一般为 3 230 m/s。横波一般应用于焊缝、钢管探伤。通常由纵波通过波型转换器转化而来。相同工作频率下,横波探伤的分辨率要比纵波几乎高 1 倍。

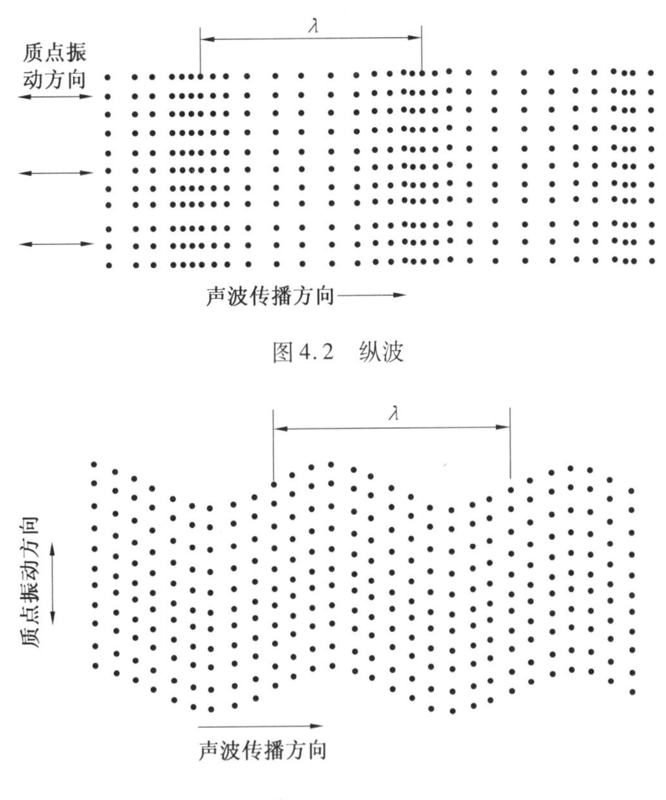

图 4.2　纵波

图 4.3　横波

(3)表面波(瑞利波)。当固体在无限弹性介质表面受到交替变化的表面张力作用时,介质表面的质点就产生相应纵向振动和横向振动。其结果将导致质点做这两种振动的合成振动,即绕其平衡位置做椭圆轨迹的振动,并作用于相邻的质点而在介质表面传播,这种波称为表面波。通常说的表面波,一般是指瑞利波,以符号“R”表示,如图 4.4 所示。图中表示的是瞬时的质点位移状态,左侧的椭圆表示质点振动的轨迹。实际检测中,表面波可用来检测零件表面的裂纹和缺陷。

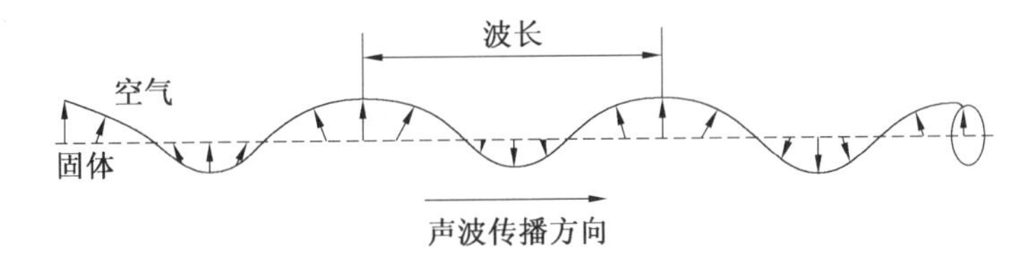

图 4.4　表面波

(4)板波(兰姆波)。当板状弹性介质受到交替变化的表面张力作用而且板厚与波长相当时,与表面波的形成过程相类似,介质质点产生相应的纵向和横向振动,质点的轨迹也是椭圆形,声场遍布整个板厚。这种波称为板波,也称兰姆波,常用符号“P”表示,如图 4.5 所示。利用板波可用于薄板、薄壁钢管检测。

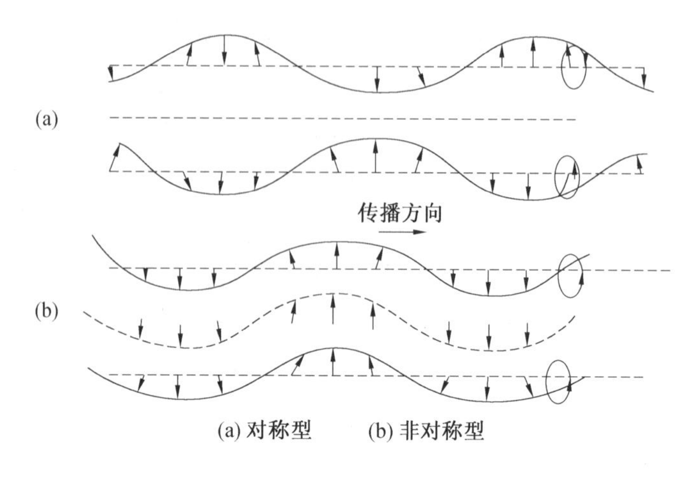

图 4.5 板波

与表面波不同之处是板波的传播要受到两个界面的束缚,从而形成对称型(S 型)和非对称型(A 型)两种情况。对称型板波传播中,质点的振动以板厚为中心面对称,即板的上下表面上质点振动的相位相反,中心面上质点的振动方式类似于纵波。非对称型板波在传播中,上下表面质点振动的相位相同,板中心面上质点的振动方式类似于横波。

2. 按波源振动的持续时间分

(1)连续波。波源持续不断地振动所辐射的波,频率一定,常用于穿透法检测和共振法测厚。

(2)脉冲波。波源振动持续时间很短,间歇辐射的波,频率有一定范围,广泛用于超声波无损检测中。

3. 按波阵面的形状分

波阵面是指波动传播过程中某一瞬时振动相位相同的所有质点连成的面。某一时刻,最前面的波阵面,也即该时刻波动到达的空间所有的点的集合称为“波前”,这是波阵面的特例。波动传播方向称为“波线”。若按波阵面的形状来区分可把不同波源激发的超声波分为平面波、球面波和柱面波等。

(1)平面波。具有相互平行平面状波阵面的超声波为平面波,如图 4.6(a)所示。

(2)球面波。具有同心球面状的波阵面的超声波称为球面波,如图 4.6(b)所示。

(3)柱面波。具有同轴圆柱面状的波阵面的超声波称为柱面波,如图 4.6(c)所示。

超声波检测的实际应用中,探头晶片一般是圆形的,晶片接于高频电源时,晶片两面便以相同的相位产生拉伸或压缩效应,发射超声波的晶片恰如活塞做往复运动一样辐射出声能。因此它相当于一个活塞声源,这种声源是有限尺寸的圆形平面,产生的波形既不是单纯的平面波,也不是单纯的球面波,而被认为是活塞波。理论上假定活塞声源是一个有限尺寸的平面,声源上各质点做相同频率、相位和振幅的谐振动。

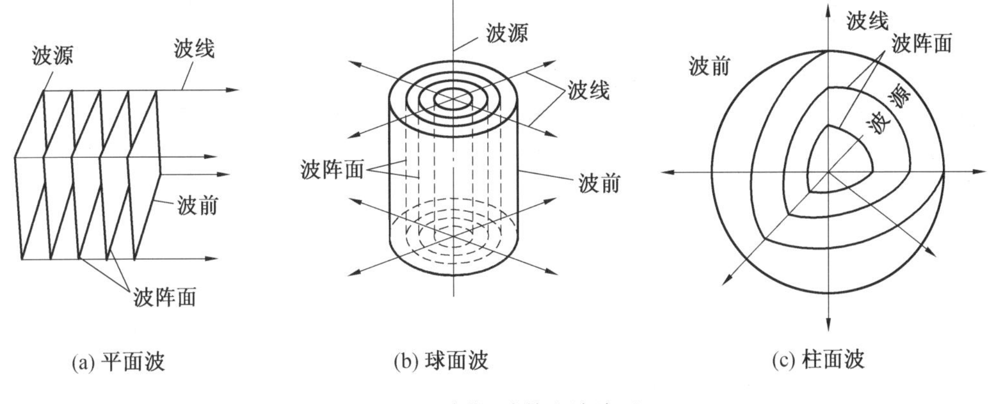

图4.6　波线、波前和波阵面

4.1.2　超声波的发生和接收

要使这些材料能发生超声波,可把它切成能够在一定频率下共振的片子,称为晶片,因其具有压电效应,也称之为压电晶片。压电材料主要采用水晶、钛酸钡、锆钛酸铅和硫酸锂等制成,同时在两面都镀上银,作为电极。

压电效应分为逆压电效应和正压电效应,逆压电效应指的是在电场的作用下(电能),晶体发生弹性形变的现象(机械振动),即在实际检测中,把高频电压加到晶片的电极时,晶片就在厚度方向产生伸缩,这样就把电振动转换成机械振动了,这种机械振动就是超声波,可传播到被检物中去。正压电效应指的是某些晶体材料或多晶陶瓷材料在应力作用下而产生变形时(机械振动),在晶体的界面上出现电荷的现象(电能),即高频机械振动(超声波)传到晶片上时,晶片就被振动,在晶片的两电极间就会产生频率与超声波相等、强度与超声波成正比的高频电压,这就是超声波的发生,如图4.7所示。

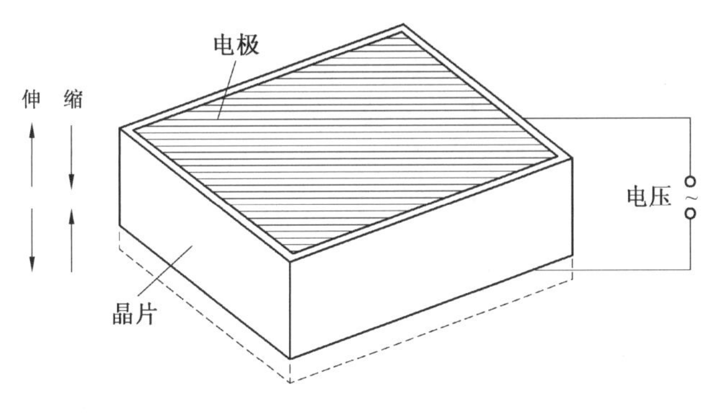

图4.7　超声波的发生

4.1.3　超声波的性质

超声波检测中所用超声波具有以下特性:

(1) 方向性好。超声波是频率很高、波长很短的机械波,在无损探伤中使用的波长为毫米级;超声波像光波一样具有良好的方向性,可以定向发射,易于在被检材料中发现缺陷。

(2) 能量高。由于能量(声强)与频率平方成正比,因此超声波的能量远大于一般声波的能量。

(3)能在界面上产生反射、折射和波型转换。超声波具有几何声学的上一些特点,如在介质中直线传播,遇界面产生反射、折射和波型转换等。

(4) 穿透能力强。超声波在大多数介质中传播时,传播能量损失小,传播距离大,穿透能力强,在一些金属材料中其穿透能力可达数米。

4.1.4 超声场

充满超声波的空间或超声振动所波及的部分介质,称为超声场,超声场具有一定的空间大小和形状,只有当缺陷位于超声场内时,才有可能被发现。描述超声场的特征值(即物理量)主要有声压、声强和声阻抗。

1. 声压 p

超声场中某一点在某一时刻所具有的压强 p_1 与没有超声波存在时的静态压强 p_0 之差,称为该点的声压,用 p 表示($p=p_1-p_0$)。

声压幅值

$$p=\rho cu=\rho c(2\pi fA) \tag{4.1}$$

其中 ρ——介质的密度;

c——波速;

u——质点的振动速度;

A——声压最大幅值;

f——频率。

超声场中某一点的声压的幅值与介质的密度、波速和频率成正比。在超声波探伤仪上,屏幕上显示的波高与声压成正比。

2. 声阻抗 Z

超声场中任一点的声压 p 与该处质点振动速度 u 之比称为声阻抗,常用 Z 表示。

$$Z=p/u=\rho cu/u=\rho c \tag{4.2}$$

由式(4.2)可知,声阻抗的大小等于介质的密度与波速的乘积。由 $u=p/Z$ 可知,在同一声压下,Z 增加,质点的振动速度下降。因此声阻抗 Z 可理解为介质对质点振动的阻碍作用,决定着超声波在通过不同介质的界面时能量的分配。

3. 声强 I

单位时间内垂直通过单位面积的声能称为声强,常用 I 表示。

$$I=Zu^2/2=p^2/(2Z) \tag{4.3}$$

当超声波传播到介质中某处时,该处原来静止不动的质点开始振动,因而具有动能;同时该处介质产生弹性变形,因而也具有弹性位能;声能为两者之和。

声波的声强与频率平方成正比,而超声波的频率远大于可闻声波。因此超声波的声强也远大于可闻声波的声强。这是超声波能用于探伤的重要原因。

在同一介质中,超声波的声强与声压的平方成正比。

4. 分贝的概念与应用

由于在生产和科学实验中,所遇到的声强数量级往往相差悬殊,如引起听觉的声强范

围为 $10^{-16} \sim 10^{-4}$ W/cm^2,最大值与最小值相差 12 个数量级。显然采用绝对量来度量不方便,但如果对其比值(相对量)取对数来比较计算则可大大简化运算。分贝就是两个同量纲的量之比取对数后的单位。

通常规定引起听觉的最弱声强为 $I_1 = 10^{-16}$ W/cm^2 作为声强的标准,另一声强 I_2 与标准声强 I_1 之比的常用对数表示,称为声强级,单位是贝尔(Bel)。实际应用时贝尔太大,故常取 1/10 贝尔即分贝(dB)来做单位。(如取自然对数,则单位为奈培 NP)

$$\Delta = \lg \frac{I_2}{I_1}(\text{Bel}) = 10\lg \frac{I_2}{I_1} = 20\ \lg \frac{p_2}{p_1} \quad (\text{dB}) \tag{4.4}$$

在超声波探伤中,当超声波探伤仪的垂直线性较好时,仪器屏幕上的波高与声压成正比。这时有

$$\Delta = 20\ \lg \frac{p_2}{p_1} = 20\ \lg \frac{H_2}{H_1} \quad (\text{dB}) \tag{4.5}$$

这时声压基准 p_1 或波高基准 H_1 可以任意选取。

分贝用于表示两个相差很大的量之比显得很方便,在声学和电学中都得到广泛的应用,特别是在超声波探伤中应用更为广泛。例如屏上两波高的比较就常常用 dB 表示。

例如,屏上一波高为 80%,另一波高为 20%,则前者比后者高:

$$\Delta = 20\ \lg \frac{H_2}{H_1} = 20\ \lg \frac{80}{20} = 12\ (\text{dB}) \tag{4.6}$$

用分贝值表示回波幅度的相互关系,不仅可以简化运算,而且在确定基准波高以后,可直接用仪器的增益值(数字机)或衰减值(模拟机)来表示缺陷波相对波高。

5. 近场区、远场区和超声波的指向性

在超声波检测中用压电晶片做振源,借助于晶片的振动向工件(弹性介质)中发射超声波,并以一定速度由近及远地传播,使工件中充满超声场。如果声源发出的波为连续简谐波,且不考虑衰减,则常用的圆盘形纵波声源在声束轴线上声压分布的表达式为

$$p = 2\rho c u_0 \sin\left[\frac{\pi}{\lambda}\left(\sqrt{a^2 + R^2} - a\right)\right] \tag{4.7}$$

式中　ρ——介质的密度;

c——介质的声速;

μ_0——源表面质点振动速度;

R——圆盘声源半径;

λ——声在介质中的波长;

a——声束轴线上一点与声源的距离。

声轴线上最后一个声压极大值点至声源的距离称为近场长度,如图 4.8 所示。近场区声压分布不均,是由于波源各点至轴线上某点的距离不同,存在波程差,互相叠加时存在位相差而互相干涉,使某些地方声压互相加强,另一些地方互相减弱,于是使近场区的声压分布十分复杂,出现很多声压极大极小值的点,因此在近场区内如有缺陷存在,其反射波极不规则,对缺陷的判断十分困难,通常需要采用参考对比试块。近场区长度,用 N 表示,其表达式为

$$N = (4R^2 - \lambda^2)/(4\lambda) \approx R^2/\lambda \quad (\text{当 } R >> \lambda \text{ 时}) \tag{4.8}$$

波源轴线上至波源的距离大于 N 的区域称为远场区。远场区轴线上的声压随距离增加单调减少。当 $a>3N$ 时,声压与距离成反比,近似球面波的规律。因为距离 a 足够大时,波源各点至轴线上某一点的波程差很小,引起的相位差也很小,这样干涉现象可以略去不计,所以远场区不会出现声压极大极小值。因此,只要可能,应尽可能使用远场区进行缺陷的评定。

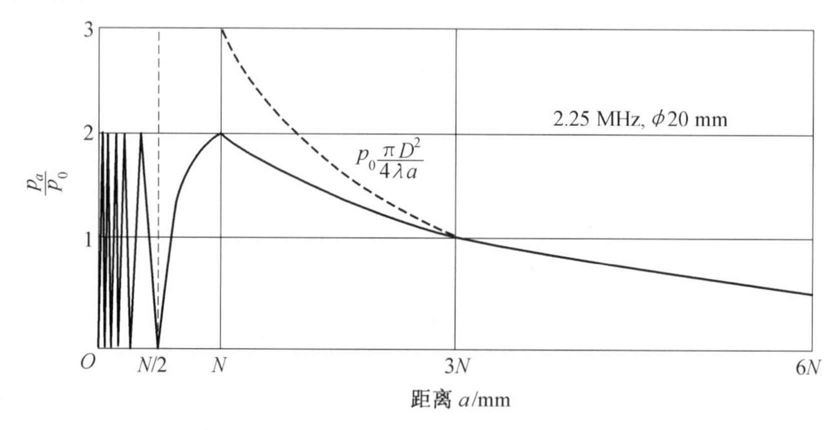

图 4.8　圆盘声源轴线上的声压

在近场区的超声波束呈收敛状态,在近场区末端,亦即从近场区进入远场区的过渡点上声束直径最小,故将此点称作自然焦点。进入远场区后声束将以一定角度发散。图4.9形象地说明声场内声压分布,超声场内有主声束和副瓣声束。超声波能量的主要部分集中在主声束内,这种声束集中向一个方向辐射的性质称为声场的指向性。声场的指向性好坏常用指向角 θ_0(又称扩散角)来进行衡量,其表达式为

$$\sin\ \theta_0 = k\lambda/(2R) \tag{4.9}$$

式中,k——与晶片形状有关的常数,对于源声源,$k=1.22$,对方声源 $k=1.0$。

一般情况下,希望 θ_0 尽量小,因为 θ_0 越小,指向性越好,可以提高对缺陷的检测灵敏度和定位精度。即实际检测中,波长越短(或频率越高),压电晶片直径(声源尺寸)越大,θ_0 越小,声束指向性越好。但在检测形状复杂的工件时,有时希望 θ_0 大一些,以便利用扩散声束来检测某一区域的缺陷。

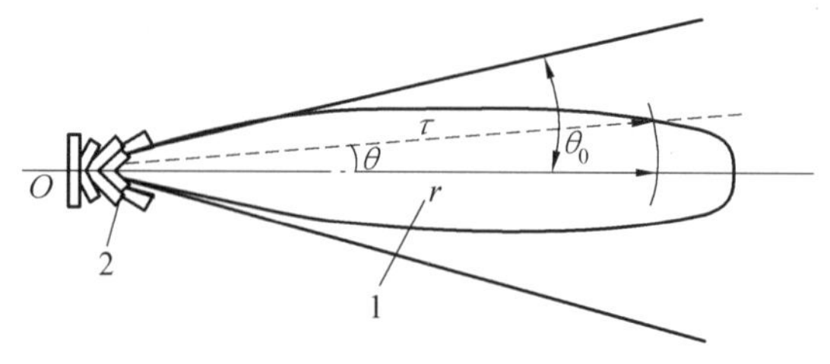

图 4.9　声场指向性示意图

1—主声束;2—副瓣声束

4.1.5　超声波在介质中的传播

超声波在传播过程中,在同一介质中将不改变其方向,一直向前传播,但当遇到异质界面时,将会发生反射、透射和折射等现象。

1. 垂直入射时的反射和透射

当超声波垂直地传到异质界面上时，一部分超声波被反射，而剩余的部分就穿透过去，如图4.10所示，这两部分的比率决定于接界的两种介质的密度和声速，即与声阻抗密切相关。

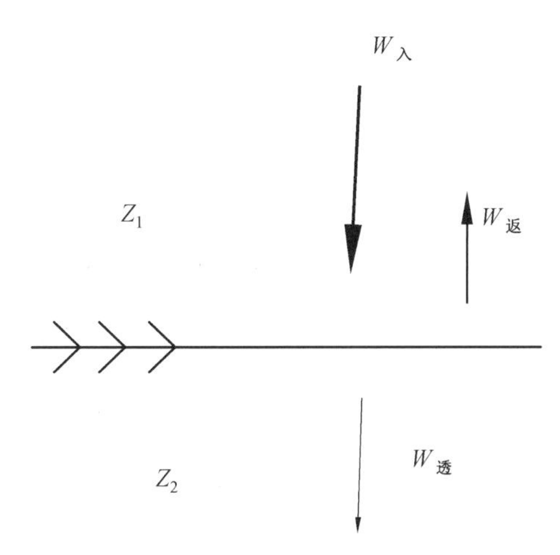

图4.10　超声波垂直入射异质界面的反射和透射

超声波从一种介质垂直入射到第二介质上时，其能量一部分反射形成与入射波方向相同的反射波，其余能量则透过界面产生与入射波方向相同的透射波。超声波反射能量 $W_{反}$ 与超声波入射能量 $W_{入}$ 之比称为超声波能量反射系数 K，即 $K=W_{反}/W_{入}$，K 值见表4.1。

表4.1　异质界面反射系数 K

界面	钢-钢	钢-有机玻璃	钢-变压器油	钢-水	钢-空气	有机玻璃-变压器油	有机玻璃-空气
K	0	77	81	88	100	17	100

利用超声波检测金属材料时，由于钢与空气 Z 相差大，入射超声波几乎被完全反射，声波不能从固体介质进入气体介质，反之也如此，因此在检测前，要在界面上涂油或甘油等液体（耦合剂），使超声波能够很好地传播。否则由于空气的存在，影响超声能量的进入。

当超声波遇到耦合剂和缺陷薄层时，会引起多次反射和透射，该层越薄，透射率越大。

2. 斜入射时的反射和透射

当超声波斜射到界面上时，在界面上会产生反射和折射。假如介质为液体时，反射波和折射波只有纵波，对固体来说，一般情况下反射波和折射波都分成两种波型。如图4.11所示。

入射的纵波（L）除产生反射纵波（L_1）和折射纵波（L_2）外，还产生反射横波（S_1）和折射横波（S_2），它们与法线的夹角分别为 α_L，α_{L1}，α_{S1}，β_{L1}，β_{S2}。这些角度与波速之间的关系符合反射和折射定理，如下式即斯涅耳公式：

$$\frac{C_L}{\sin\alpha_L}=\frac{C_{L1}}{\sin\alpha_{L1}}=\frac{C_{L2}}{\sin\beta_{L2}}=\frac{C_{S1}}{\sin\alpha_{S1}}=\frac{C_{S2}}{\sin\beta_{S2}}\tag{4.10}$$

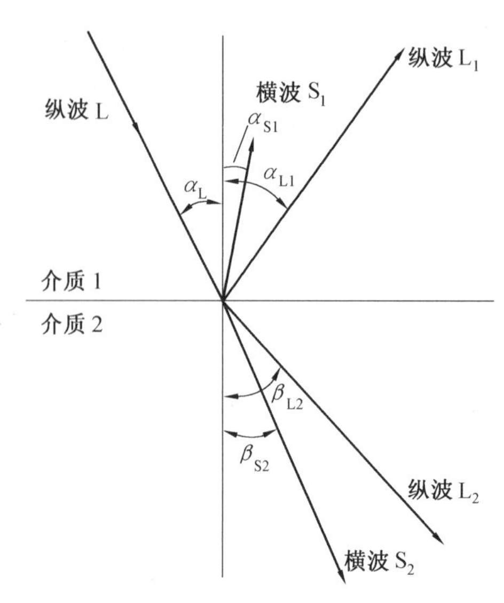

图 4.11 在固体和固体界面处的波型转换(纵波斜入射)

由于 $C_L=C_{L1}$,所以 $\alpha_L=\alpha_{L1}$。对同一介质,$C_L>C_S$所以 $\alpha_{L1}>\alpha_{S1}$,$\beta_{L2}>\beta_{S2}$。当声波从波速小的介质入射到波速大的介质时,折射角大于入射角,随入射角的增大,折射角也增大,当 α_L增大到 α_{1m}时,$\beta_{L2}=90°$,α_L继续增大时,纵波在界面被完全反射,介质Ⅱ中只存在横波,此时的纵波入射角 α_{1m}称为第一临界角。当 α_L继续增大到 α_{2m}时,$\beta_{S2}=90°$,再增大时横波也被完全反射,此时的纵波入射角 α_{LK2}称为第二临界角。第一临界角和第二临界角的计算公式如下:

$$\alpha_{1m}=\arcsin\left(\frac{C_{L1}}{C_{L2}}\right) \tag{4.11}$$

$$\alpha_{2m}=\arcsin^{-1}\left(\frac{C_{L1}}{C_{S2}}\right) \tag{4.12}$$

控制入射角的大小在实际检测中很有必要。

由第一、第二临界角的物理意义可知:

(1)当 $\alpha<\alpha_{1m}$时,第Ⅱ介质中既存在折射纵波又存在折射横波,这种情况在探伤中不采用。

(2)当 $\alpha=\alpha_{1m}-\alpha_{2m}$时,第Ⅱ介质中只存在折射横波。这是常用的斜探头的设计原理和依据,也是横波探伤的基本条件。

(3)当 $\alpha>\alpha_{2m}$时,第Ⅱ介质中既无折射纵波又无折射横波,但这时在第Ⅱ介质表面形成表面波,这是常用表面波探头的设计原理和依据。

因为超声波进入介质后有产生折射的性质,所以如同光线一样,可利用透镜产生聚焦性能。聚焦所用声透镜可用液体、金属、有机玻璃和环氧树脂等材料制作。通常作成点聚焦(球凹面)和线聚焦(柱凹面)声透镜。同理,对于曲面工件的探伤,由于曲面的凹向亦将产生聚焦和发散的问题,对探伤产生影响。

4.1.6 超声波的衰减

超声波在介质中传播时,随着距离增加,超声波能量逐渐减弱的现象称为超声波衰减。引起超声波衰减的主要原因是波束扩散、晶粒散射和介质吸收。

1. 扩散衰减

超声波在传播过程中，由于波束的扩散，使超声波的能量随距离增加而逐渐减弱的现象称为扩散衰减。超声波的扩散衰减仅取决于波阵面的形状，与介质的性质无关。散射衰减系数 α 与频率 f、晶粒平均直径 d 及各向异性系数有关，且当 $d<<\lambda$ 时，α 与 f_4、d_3 成正比。因此，探伤晶粒较粗大工件时，为减少散射衰减而常选用较低的工作频率，而可淬硬钢的焊缝亦建议在其调质热处理晶粒得到细化后再进行超声波检测。

2. 散射衰减

超声波在介质中传播时，遇到声阻抗不同的界面产生散乱反射引起衰减的现象，称为散射衰减。散射衰减与材质的晶粒密切相关，当材质晶粒粗大时，散射衰减严重，被散射的超声波沿着复杂的路径传播到探头，在屏上引起林状回波（又称草波），如图 4.12 所示，使信噪比下降，严重时噪声会湮没缺陷波，如奥氏体钢焊缝的超声波检测。

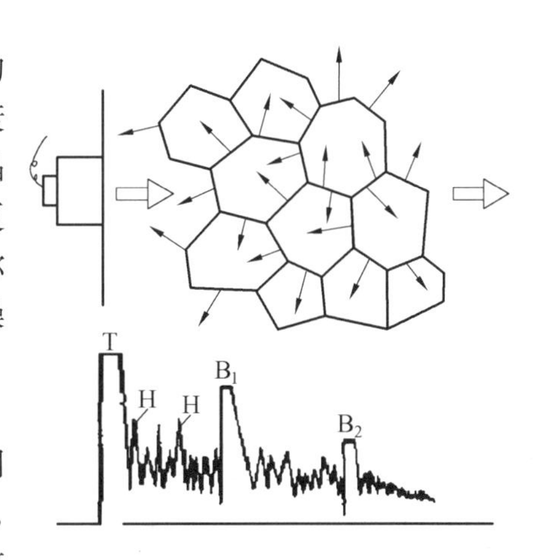

图 4.12　粗晶引起的草状回波

T—始波；B1——一次底波；B2—二次底波

3. 吸收衰减

超声波在介质中传播时，由于介质中质点间内摩擦（即黏滞性）和热传导引起超声波的衰减，称为吸收衰减或黏滞衰减。对于金属介质的吸收衰减与散射衰减相比，几乎可略去不计，但对于液体介质吸收衰减则是主要的。

通常所说的介质衰减是指吸收衰减与散射衰减，不包括扩散衰减。

4.1.7　超声波探伤的基本原理

超声波探伤方法按原理分类，可分为脉冲反射法、穿透法和共振法。

1. 脉冲反射法

（1）脉冲反射法的基本原理。

脉冲反射法是应用最广泛的一种超声检测方法。在实际检测中，直接接触式脉冲反射法最为常用。该法按照检测时所使用的波型大致可分为：纵波法、横波法、表面波法、板波法。在某些特殊情况下，有的是用两个探头来进行的，有的则必须在液浸的情况下才能进行检测。

脉冲反射法的工作原理是利用超声波脉冲在试件内传播的过程中，遇有声阻抗相差较大的两种介质的界面时，将发生反射的原理进行检测的方法，如图 4.13 所示。采用一个探头兼做发射和接收器件，接收信号在探伤仪的荧光屏上显示，并根据缺陷及底面反射波的有无、大小及其在时基轴上的位置来判断缺陷的有无、大小及其方位。根据回波的表示方式不同，该方法又可分为 A 型显示、B 型显示、C 型显示和 3D 显示法等，图 4.14 是 A 型、B 型和 C 型显示图。其中 A 型显示脉冲反射法超声波探伤目前应用最广。

A 型显示是一种波形显示，检测仪示波屏的横坐标代表声波的传播时间或距离，纵坐标代表反射波的幅度。A 型脉冲反射式超声波探伤仪工作原理如图 4.15 所示，接通电源

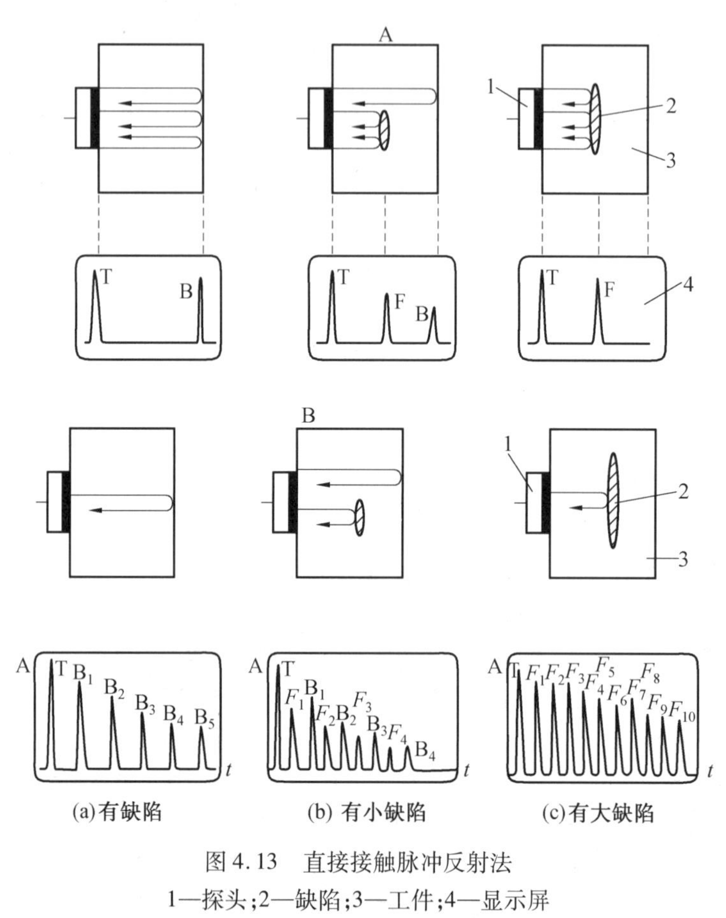

(a)有缺陷　(b) 有小缺陷　(c)有大缺陷

图 4.13　直接接触脉冲反射法

1—探头;2—缺陷;3—工件;4—显示屏

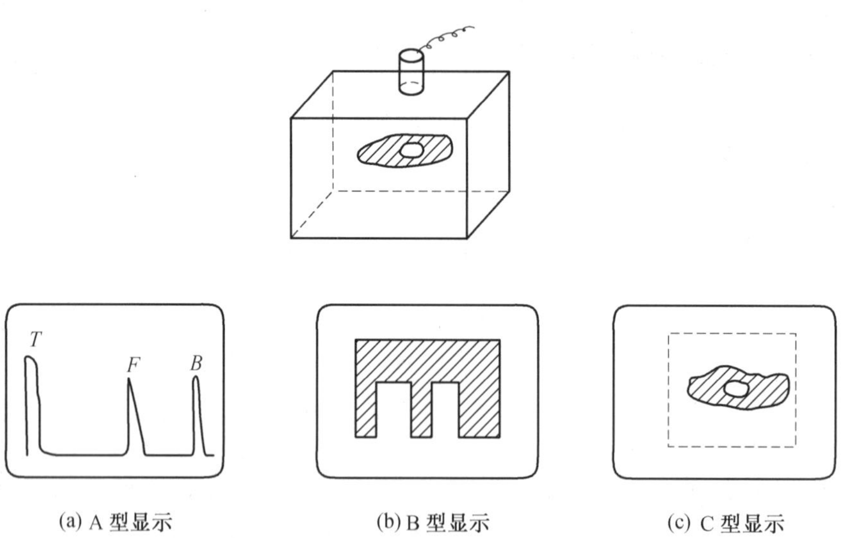

(a) A 型显示　(b) B 型显示　(c) C 型显示

图 4.14　超声波检测显示方式

后,同步电路产生的触发脉冲同时加至扫描电路和发射电路。扫描电路受触发开始产生水平偏转,在示波屏产生一条水平扫描线(又称时间基线)。与此同时,发射电路受触发产生高频窄脉冲加至探头,激励压电晶片振动,在工件中产生超声波。超声波在工件中传

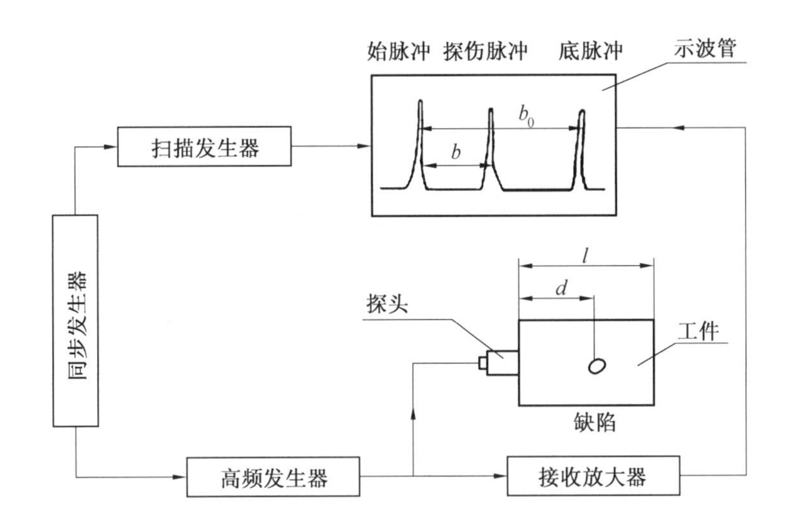

图 4.15　A 型脉冲反射法超声波检测原理示意图

播遇到缺陷和底面发射反射,回波被同一探头或接收探头所接收并被转变为电信号,经接收电路放大和检波,加至示波管垂直偏转板上,使电子束发生垂直偏转,在水平扫描线的相应位置上产生缺陷波 F、底波 B。

由于仪器水平扫描线的长短与扫描电压有关,而扫描电压与时间成正比,因此反射波的位置能反映声波传播的时间,即反映声波传播的距离,故由此可以对缺陷定位。又由于反射波幅度的高低和接收的电信号大小有关,电信号的大小取决于接收反射声能多少,而反射声能又与缺陷反射面的形状和尺寸有一定关系,因此反射波幅度的高低将间接地反映出缺陷的大小,故由此可以对缺陷定量和评价。

B 型显示是脉冲回波超声波平面成像的一种。它是以亮点显示接收信号,以示波屏面代表被探伤对象由探头移动线和声束决定的截面。纵坐标代表声波的传播时间,横坐标代表探头的水平位置,它可以显示出缺陷在横截面上的二维特征。完成这种显示的探头动作方式称为 B 扫描。当探头在工件上沿一直线移动时,则示波屏上就以探头在被检材料表面上的位置和声波传播时间为直角坐标系显示出图像。对于 B 型显示,探头只需实现一维扫描即可成像。

C 型显示是脉冲回波超声波平面成像的一种,它是以亮点或暗点显示接收信号。示波屏面所表示的是被探伤对象某一定深度上与声束相垂直的一个平面投影像,一幅图像只能显示同一深度上不同位置的缺陷。完成这种显示的探头动作方式称为 C 扫描。为保证成像精确度,一般都采用液浸法探伤。

液浸法(见图 4.16)是探头与试件之间填充一定厚度的液体介质做耦合剂,使声波首先经过液体耦合剂,而后再入射到试件中去,探头与试件并不直接接触。直接接触纵波脉冲反射法是使探头与试件之间直接接触,接触情况取决于探测表面的平行度、平整度和粗糙度,但良好的接触状态一般很难实现,若在二者之间填充很薄的一层耦合剂,则可保持二者之间良好的声耦合,当然耦合剂的性能将直接影响声耦合的效果。液浸法可以克服直接接触法的上述缺点。同时,液浸法中,探头角度可任意调整,声波的发射、接收也比较稳定,便于实现检测自动化,大大提高了检测速度,液浸法检测时的灵敏度比直接接触法提高约 10 dB。缺点是当耦合层较厚时，声能损失较大。另外，自动化检测还需要相应的辅助设备，有时是复杂的机械设备和电子设备，它们对单一产品（或几种产品）往往具有很高的检测能力，但缺乏灵活性。

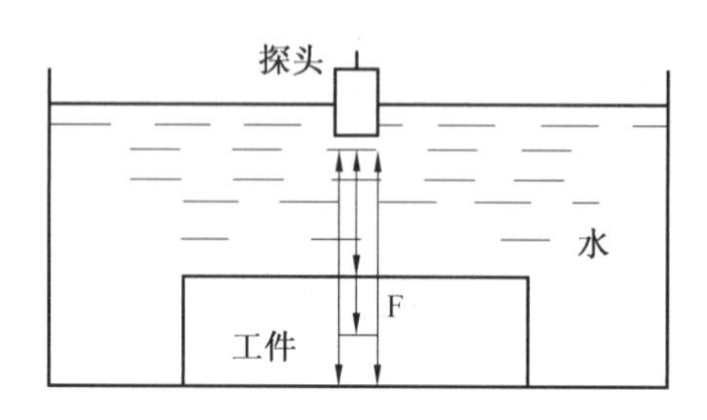

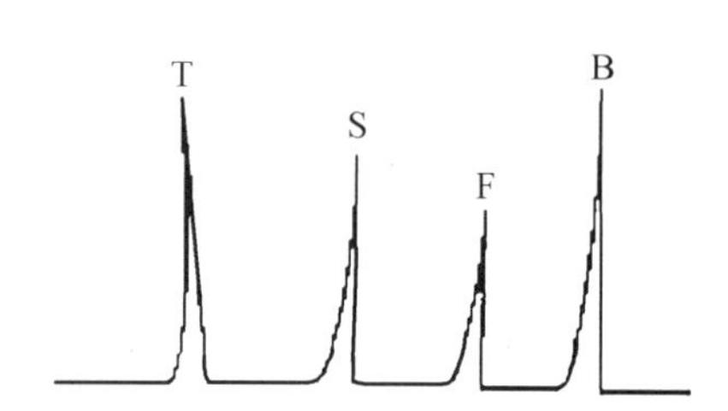

图 4.16　液浸法检测

T—发射波；S—界面波；F—缺陷波；B—底波

B 型显示和 C 型显示的不足之处是对于缺陷的深度和空间分布不能一次记录成像，而 3D 显示技术能把 B、C 显示相结合产生一个准三维的投影图像，同时能表示出缺陷在空间的特征。

（2）脉冲反射法的特点。

①脉冲反射法的优点：

a. 检测灵敏度高，能发现较小的缺陷；

b. 当调整好仪器的垂直线性和水平线性后，可得到较高的检测精度；

c. 适用范围广，适当改变耦合方式，选择一定的探头以实现预期的探测波型和检测灵敏度，或者说，可采用多种不同的方式对试件进行检测；

d. 操作简单、方便、容易实施。

②脉冲反射法的缺点：

a. 单探头检测往往在试件上留有一定盲区；

b. 由于探头的近场效应，故不适用于薄壁试件和近表面缺陷的检测；

c. 缺陷波的大小与被检缺陷的取向关系密切，容易有漏检现象发生；

d. 因声波往返传播，故不适用于衰减太大的材料。

2. 穿透法检测

（1）穿透法检测的基本原理。

如图 4.17 所示，由探头 1 专门向工件内发射超声束，由探头 2 专门接收透过工件的声信号，这种方法称为穿透法探伤。当工件完好时，声波正常透过工件，探头 2 接收到较强的信号，如图 4.17(a) 所示；当工件内部有小缺陷时，它会遮挡一部分声能透过，在接收探头 2 一侧会造成声阴影，只能接收到较弱的信号，如图 4.17(b) 所示；若工件中缺陷面积大于声束截面时，全部声束被缺陷遮挡，探头 2 完全收不到发射声波信号，如图 4.17(c) 所示。这种检测法为穿透法。

（2）穿透法检测的特点

①穿透法检测的优点：

a. 它几乎不存在盲区，因而对表面缺陷和近表面缺陷，以及对薄壁工件比较适用；

b. 不管缺陷取向如何，只要缺陷遮挡了声束的直线传播，接收探头就能发现；

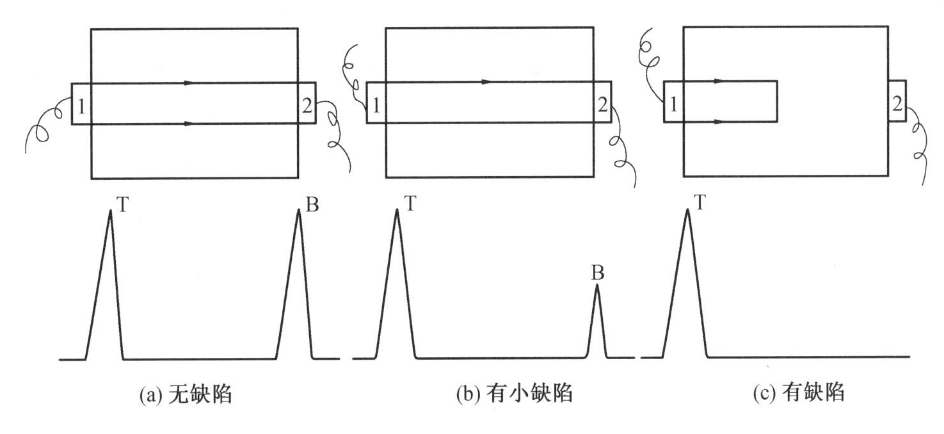

图 4.17　穿透法探伤原理和波形

c. 在穿透法中，声波走过的是单声程，可以减少声程衰减，对于高衰减材料的探测比较有利。

②穿透法检测的缺点：

a. 灵敏度低。由于声波衍射现象的存在，因而只有当入射声压的变化达到 20% 以上时，才能反映出透射声压的变化，也就是说，才能被接收探头检出。这时缺陷面积相对于声束截面已经很大了，所以，穿透法对小缺陷的灵敏度很低。

b. 不能对缺陷定位。穿透法只能按接收探头所收到的声压信号的大小来判断缺陷大小，根本不具备从声程上确定缺陷位置的功能。

c. 往往需要专门的扫查装置。采用穿透法时，必须保持发射探头和接收探头始终处于相对固定的位置关系。因而必须有专门的探头夹持装置，这对现场操作很不方便，没有灵活性。

穿透法主要用于以下几种情况：一是用于薄板探伤，这时一般采用水浸法；二是用于复合材料探伤，主要探测两种材料复合面的密合程度。

3. 共振法

当发射到物体内的超声波的频率等于物体的固有频率时，就会产生共振现象。利用共振现象检测物体缺陷的方法称为共振法。探头把超声波辐射到试件后，通过连续调整声波的频率以改变其波长，当试件的厚度为声波半波长的整数倍时，则在试件中产生驻波，且驻波的波腹正好落在试件的表面上。用共振法检测工件厚度时，在测得超声波的频率和共振次数后，可用下列公式计算试件的厚度。

$$\delta = n \cdot \frac{\lambda}{2} = \frac{nc}{2f} \tag{4.13}$$

式中　c——超声波在试件中的传播速度；

λ——波长。

当在试件中有较大缺陷或壁厚改变时，将使共振点偏移乃至共振现象消失，所以共振法常用于壁厚的测量，以及复合材料的胶合质量、板材点焊质量、均匀腐蚀和金属板材内部夹层等缺陷的超声波检测。

4.2 超声检测设备和器材

一个超声检测系统必须具有的组件为:超声检测仪(其中包括脉冲发射源、接收信号的放大装置、信号的显示装置等)、探头和对比试块。了解其原理、构造、主要性能及用途,是正确选择和有效进行探伤工作的保证。

4.2.1 超声检测仪

超声波检测仪是探伤的主体设备,主要功能是产生超声频率电振荡,并以此来激励探头发射超声波。同时,它又将探头送回的电信号予以放大、处理,并通过一定方式显示出来。

1. 超声波检测仪分类

按超声波的连续性分,超声波检测仪可分为脉冲波检测仪、连续波检测仪和调频波检测仪;按缺陷的显示方式分,超声波检测仪可分为 A 型显示检测仪、B 型显示检测仪和 C 型显示检测仪;按超声波的通道数分单通道型和多通道型;按信号输出的方式分模拟式和数字式两大类。图 4.18 是一种典型的 A 型脉冲反射式超声波检测仪。

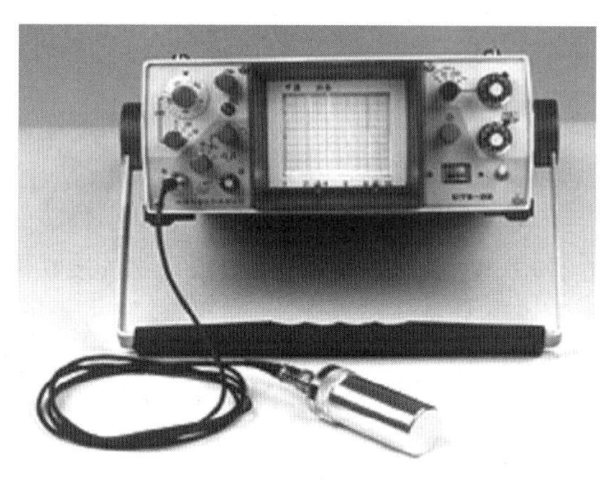

图 4.18 CTS-22A 超声检测仪

A 型显示脉冲反射式超声波检测仪相当于一种专用示波器,尽管型号、性能有所不同,但其基本结构、工作原理均相似。检测仪电路原理框图参见图 4.15,主要由同步电路、扫描电路、发射电路、接收电路、显示电路、电源电路和辅助电路等单元电路组成。

2. 检测仪主要性能

仪器的性能将直接影响探伤结果的正确性。主要性能如下:

(1)水平线性,又称时基线性或扫描线性。是指扫描线上显示的反射波距离与反射体距离成正比的程度,它关系到缺陷定位是否准确。

(2)垂直线性,又称放大线性。是指示波屏反射波幅与接收回波信号电压成正比关系的程度,它关系到缺陷定量是否准确。

(3)动态范围,是示波屏上回波高度从满幅降至消失时仪器衰减器的变化范围,其值越大可检出缺陷越小。

(4)衰减器精度,是衰减器上 dB 刻度指示脉冲下降幅度的正确程度,以及组成衰减器各同量级间可换性能。

(5)灵敏度余量,指组合灵敏度,并以灵敏度余量来表示。它是在规定条件下的探伤灵敏度至仪器最大灵敏度的富裕量(以 ΔdB 数表示)。目前,基于尽可能独立地检验仪器本身的性能,特引入时效稳定的石英标准探头,使其避免普通探头因其性能变化而造成的影响。

(6)分辨率,超声探伤系统能够区分两个相邻而不连续的缺陷能力。它有近场分辨率、远场分辨率、纵向分辨率和横向分辨率之分,一般是指远场纵向分辨率。

分辨率可用 CSK-IB 试块来测试,即首先调到试块上 85 mm、91 mm 两个底面回波高 $B_{85}=B_{91}$,并约等于垂直满幅度的 20% ~30%,然后减小衰减量,使二者的波谷上升到原来波峰的高度。这时衰减器变化的 dB 数即为系统的分辨率,一般要求不低于 15 dB。

(7)电噪声电平,表示系统的探头在直接对空辐射时,将探伤仪的灵敏度和扫描范围调至最大,在避免外界干扰条件下,读取时基线上的电噪声的平均幅度与垂直满幅度的百分比。

(8)盲区,是在规定探伤灵敏度下从探伤面至能够测出缺陷的最小距离。亦是仪器和探头的组合性能。表征着系统的近距离分辨能力,它是由于始脉冲具有一定宽度和放大器的阻塞现象造成的。随着探伤灵敏度的提高,盲区也随之增大。

4.2.2　探　头

超声波的发射和接收通过探头实现。超声波探头中的压电晶片具有压电效应,当高频电脉冲激励压电晶片时,发生逆压电效应,将电能转换为声能(机械能),探头发射超声波。当探头接收超声波时,发生正压电效应,将声能转换为电能。不难看出,超声波探头在工作时实现了电能和声能的相互转换,因此常把探头称为换能器。

1. 探头的组成

探头是超声波检测设备的重要组成部分,其主要由压电晶片、阻尼块、电缆线、接头、保护膜和外壳等组成。斜探头中通常还有使晶片与入射面成一定角度的斜楔。

(1)压电晶片。由压电材料切割成薄片。晶片的尺寸和谐振频率决定了发射声场的强度、距离幅度特性与指向性,制作质量的好坏关系到探头声场对称性、分辨力和信噪比等特性。同时,晶片的两侧表面均有镀银层(或金层)做电极,“-”极接发射端,“+”极接地。

(2)阻尼块。由环氧树脂、硬化剂、增塑剂、橡胶液和钨粉等按一定比例配成的阻尼材料。其主要作用是吸收杂波、减振等。

(3)保护膜。压电陶瓷晶片通常很脆,用直接接触检测法检测时,晶片很容易损坏,利用保护膜可使压电晶片免于和工件直接接触受磨损。保护膜分聚氨酯塑料制成的软膜和使用刚玉片、环氧树脂等制成的硬膜。软膜常用于粗糙表面,硬膜声能损失小,应用较广泛。

(4)斜楔。为了使超声波倾斜入射到检测面而装在晶片前面的楔块,与试件表面形成一个严格的夹角,以保证晶片发射的超声波按照设定的入射角倾斜入射到被检试件,在试件内形成特定波形和角度的声束。斜楔多用有机玻璃制成。一般情况下,有斜楔的探头无需保护膜。

2. 探头的分类和焊缝检测常用探头结构

超声波检测中,由于工件形状和材质、检测的目的及检测条件等不同,因而将使用不同形式的探头,图 4.19 是超声波探头的分类。其中用于焊接检验的常用探头有直探头、斜探头、双晶探头和水浸聚焦探头等,图 4.20 为部分超声波探头的实物图。

(1)直探头。声束垂直于被探工件表面入射的探头称为直探头,可发射和接收纵波。

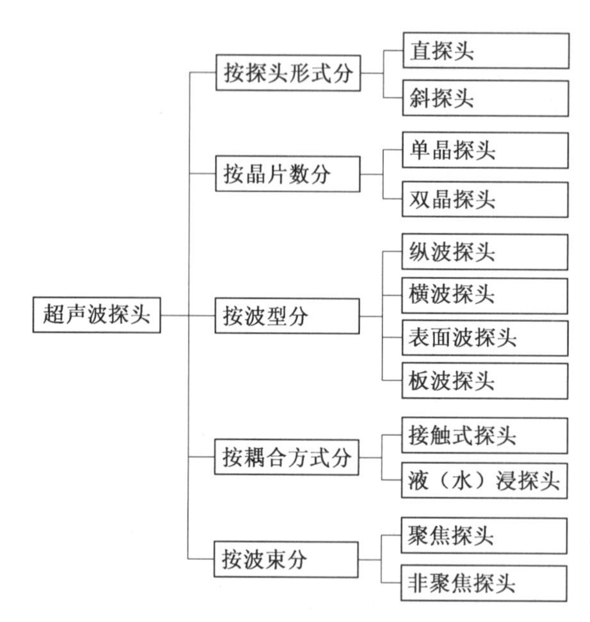

图 4.19　超声波探头的分类

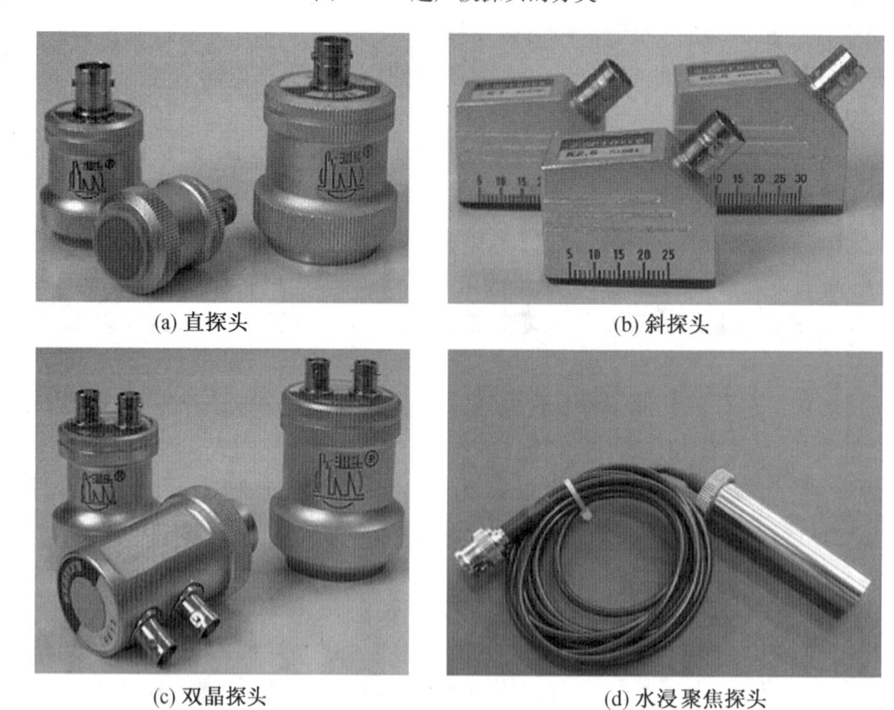

(a) 直探头　(b) 斜探头

(c) 双晶探头　(d) 水浸聚焦探头

图 4.20　部分超声波探头的实物图

典型结构如图 4.21(a)所示。主要用于探测与探测面平行的缺陷,如板材、锻件探伤等。

(2)斜探头。利用透声斜锲块使声束倾斜于工件表面射入工件的探头称为斜探头,典型结构如图 4.21(b)所示。图中斜锲块用有机玻璃制作,它与工件组成固定倾角的异质界面,使压电晶片发射的纵波通过波型转换,以折射横波在工件中传播。其他组成部分的材料和作用同直探头的相应部分。通常横波斜探头以钢中折射角标称:$\gamma=40°$、$45°$、

50°、60°、70°。有时也以折射角的正切值标称：$K=\tan\gamma=1.0$、1.5、2.0、2.5、3.0。

斜探头可分为纵波斜探头、横波斜探头和表面波斜探头，常用的是横波斜探头。横波斜探头主要用于探测与探测面垂直或成一定角度的缺陷，如焊缝、汽轮机叶轮等。

当斜探头的入射角大于或等于第二临界角时，在工件中产生表面波，表面波探头用于探测表面或近表面缺陷。

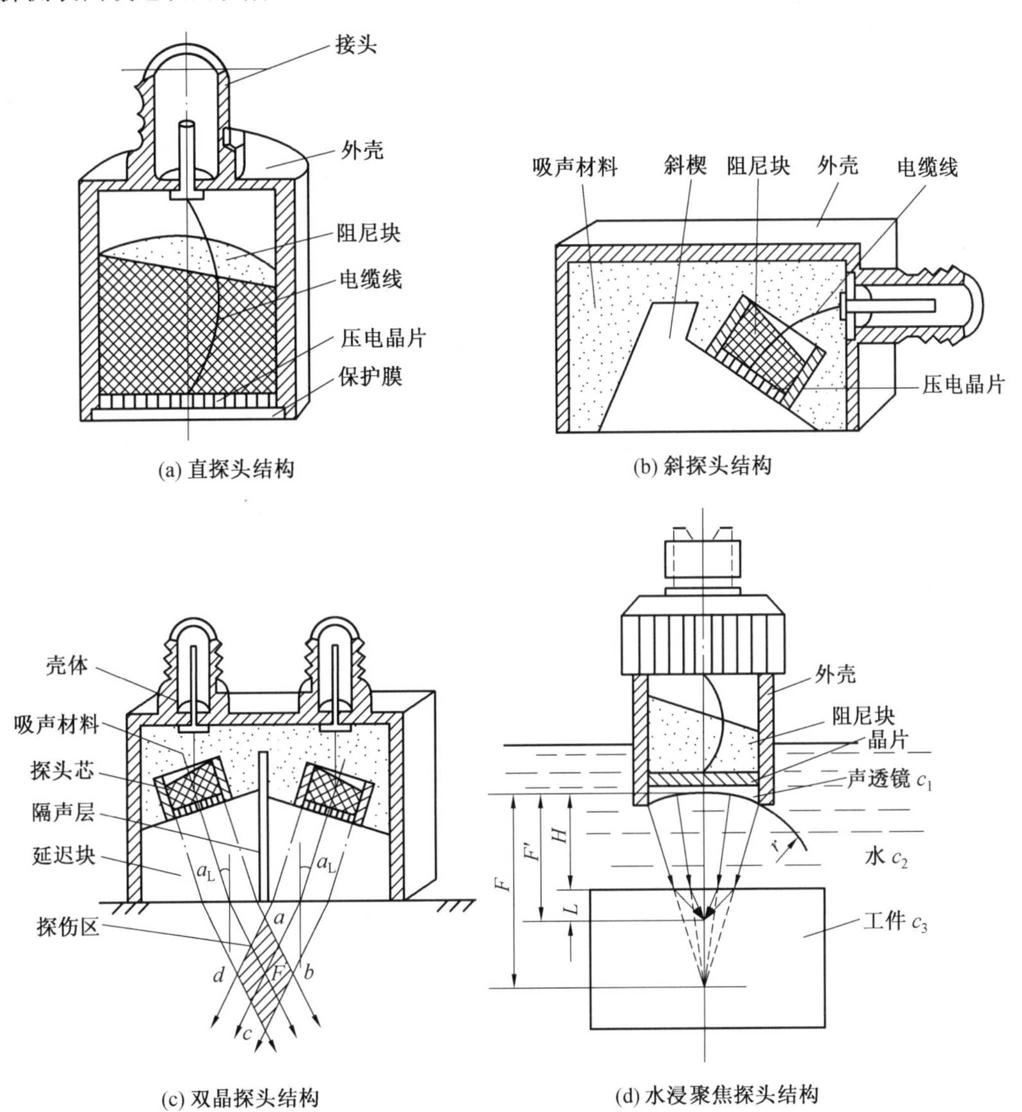

图 4.21　焊缝检测常用探头

(3)双晶探头。有两块压电晶片，如图 4.21(c)所示，一块用于发射超声波，另一块用于接收超声波。双晶探头主要用于探伤近表面缺陷和测厚。根据入射角不同，分为双晶纵波探头和双晶横波探头。双晶探头具有以下优点：

①灵敏度高；

②杂波少，盲区小；

③工件中近场区长度小；

④探测范围可调。

(4)水浸聚焦探头。其基本结构如图 4.21(d)所示，声透镜由环氧树脂浇铸成球形或圆柱形凹透镜，遵循折射定律可使声束会聚到一点或一条线，前者称点聚焦探头，后者称线聚焦探头。由于声束会聚区能量集中，声束尺寸小，因而可提高灵敏度和分辨率。

3. 探头的主要性能

探头性能的好坏，直接影响着探伤结果的可靠性和准确性。因此，对其有关指标均有一定的要求，并需通过测试以保证产品质量。

(1)折射角 γ(或探头 K 值)。γ 或 K 值大小决定了声束入射于工件的方向和声波传播途径，是为缺陷定位计算提供的一个有用数据。因此探头使用磨损后均需测量 γ 或 K 值。

(2)前沿长度。声束入射点至探头前端面的距离称前沿长度，又称接近长度。它反映了探头对焊缝可接近的程度。入射点是探头声束轴线与锲块底面的交点，探头在使用前和使用过程中要经常测定入射点位置，以便对缺陷准确定位。

(3)声轴偏斜角。它反映了主声束中心轴线与晶片中心法线的重合程度，除直接影响缺陷定位和指示长度测量精度外，也会导致探伤者对缺陷方向性产生误判，从而影响对探伤结果的分析。GB 11345—89《钢焊缝手工超声波探伤方法和探伤结果分级》规定：主声束在水平方向上的偏离应限制在 2°范围内；主声束垂直方向的偏离，不应有明显的双峰。

4. 探头型号的组成项目

探头型号组成项目及排列顺序如图 4.22 所示。

基本频率	晶片材料	晶片尺寸	探头种类	探头特征

图 4.22 探头型号组成项目及排列顺序

基本频率：用阿拉伯数字表示，单位为 MHz。

晶片材料：用化学元素缩写符号表示，见表 4.2。

晶片尺寸：用阿拉伯数字表示，单位为 mm。其中圆晶片用直径表示；方晶片用长×宽表示；分割探头晶片用分割前的尺寸表示。

探头种类：用汉语拼音缩写字母表示，见表 4.3。直探头也可不标出。

探头特征：斜探头为被探工件中折射角正切值(K 值)。分割探头为被探工件中声束交区深度，单位为 mm。水浸聚焦探头为水中焦距，单位为 mm。DJ 表示点聚焦，XJ 表示线聚焦。

表 4.2 晶片材料代号

压电材料	代号
钴钛酸铅陶瓷	P
钛酸钡陶瓷	B
钛酸铅陶瓷	T
铌酸锂单晶	L
碳酸锂单晶	I
石英单晶	Q
其他压电材料	N

表4.3 探头种类代号

种类	代号
直探头	Z
斜探头(用 *K* 值表示)	K
斜探头(用折射角表示)	X
分割探头	FG
水浸探头	SJ
表面波探头	BM
可变角探头	KB

图4.23为某一具体探头型号的举例。

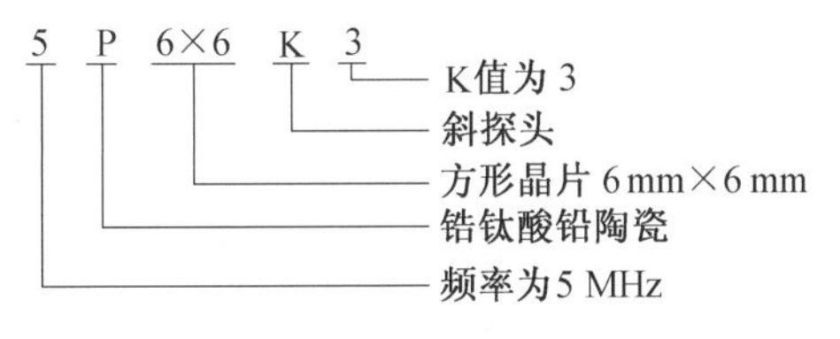

图4.23 探头型号举例

4.2.3 试 块

按一定用途设计制作的具有简单几何形状人工反射体的试样,通常称为试块。试块和仪器、探头一样,是超声波探伤中的重要工具。

1. 试块的作用

(1)确定探伤灵敏度。超声波探伤灵敏度太高或太低都不好,太高杂波多,判伤困难,太低会引起漏检。因此在超声波探伤前,常用试块上某一特定的人工反射体来调整探伤灵敏度。

(2)测试探头的性能。超声波探伤仪和探头的一些重要性能,如放大线性、水平线性、动态范围、灵敏度余量、分辨力、盲区、探头的入射点、*K* 值等都是利用试块来测试的。

(3)调整扫描速度。利用试块可以调整仪器屏幕上水平刻度值与实际声程之间的比例关系,即扫描速度,以便对缺陷进行定位。

(4)评判缺陷的大小。利用某些试块绘出的距离-波幅-当量曲线(即实用 AVG)来对缺陷定量是目前常用的定量方法之一。特别是3N以内的缺陷,采用试块比较法仍然是最有效的定量方法。此外还可利用试块来测量材料的声速、衰减性能等。

2. 试块的分类

根据使用目的和要求,通常将试块分成以下两大类:标准试块(校准试块)和对比试块(参考试块)。

标准试块是由法定机构对材质、形状、尺寸、性能等作出规定和检定的试块。标准试块可用于测试检测仪和探头的性能、调整探测范围和确定检测灵敏度。例如图4.24所示为JB/T 4730.3—2005《承压设备无损检测》标准采用的焊接接头用标准试块CSK-ⅠA、图4.25为国际标准试块IIW(该试块是国际焊接协会在1958年确定为用于焊缝超声检测用的试块)。

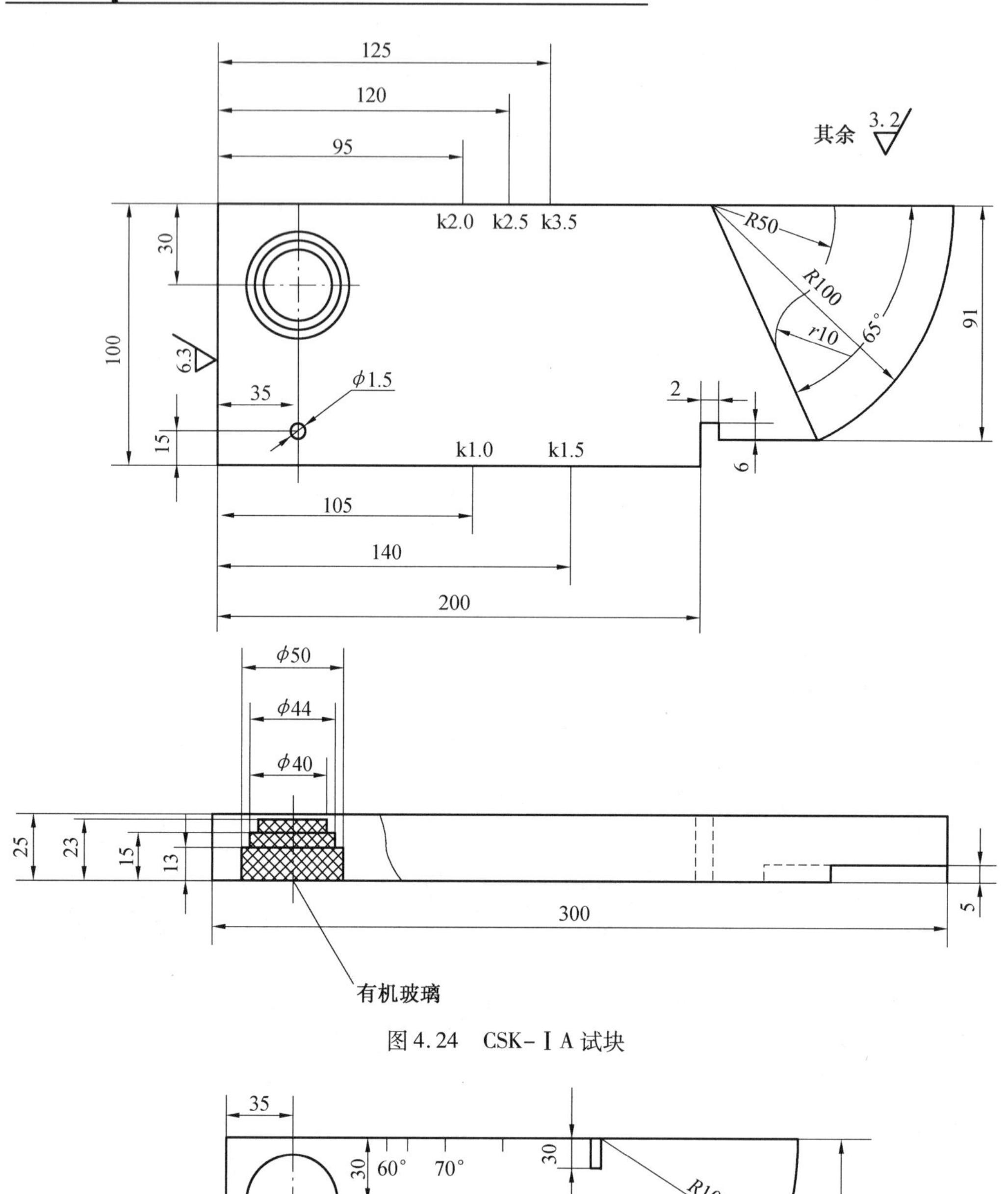

图 4.24　CSK-ⅠA 试块

图 4.25　IIW 试块

对比试块是由各专业部门按某些具体检测对象规定的试块，主要用于调整探测范围、确定检测灵敏度、评价缺陷大小和对工件进行评级判废等。如 GB 11345—89《钢焊缝手工超声波探伤方法和探伤结果分级》规定 RB-1、RB-2 和 RB-3 为焊缝探伤用对比试块，图 4.26 为 RB-2 试块。

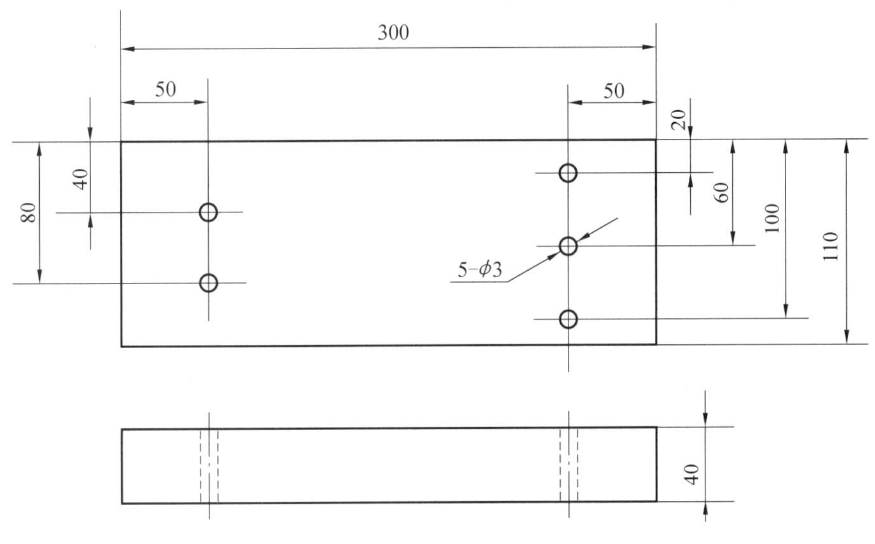

图 4.26　RB-2 试块

4.2.4　耦合剂

为了使探头有效地向试件中发射和接收超声波，必须保持探头与试件之间良好的声耦合，即在探头与工件表面之间施加的一层透声介质（称为耦合剂）。其作用在于排除探头与工件表面之间的空气，使超声波能有效地传入工件，达到探伤的目的，同时，耦合剂还有减少探头与工件间的摩擦，延长探头使用寿命的作用。常用的耦合剂有甘油、机油、硅油等。对耦合剂一般要求有：

①能润湿工件和探头表面，流动性、黏度和附着力适当，易于清洗；

②声阻抗大，透声性好；

③性能稳定、不易变质，能长期保存；

④对工件无腐蚀，对人体无害，不污染环境；

⑤来源广，价格便宜。

4.3　超声检测工艺

超声波检测方法可采用多种检测技术，每种检测技术在实施过程中都有需要考虑的特殊问题，检测过程也各有不同，但总体而言，超声波检测过程可归纳为六步：

①试件的准备；

②检测条件的确定，包括仪器、探头和试块等的选择；

③检测仪器的调整；

④扫查；

⑤缺陷的评定；

⑥结果记录与报告的编写。

4.3.1 检测条件的选择

超声波检测中，正确选择检测条件对于有效地发现缺陷并对其进行测量和评定是至关重要的。对于焊缝的检测，具体应根据材质、结构形式、焊接工艺、产品技术规程和检验标准等来选择适当的检测条件。

1. 检验等级

GB 11345—89《钢焊缝手工超声波探伤方法和探伤结果分级》规定，根据质量要求检验等级分为 A、B、C 三级。检验完善程度，A 级最低，适用于普通钢结构；B 级一般，适用于压力容器；C 级最高，适用于核容器与管道等。

2. 超声检测面的选择和准备

当超声束与工件中缺陷延伸方向垂直，或者说与缺陷面垂直时，能获得最佳反射，此时缺陷检出率最高。因此，在被检工件上应选择能使超声束尽量与可能存在的缺陷其延伸方向垂直的工件表面作为检测面，图 4.27 给出了常见工件的超声检测面示意图。

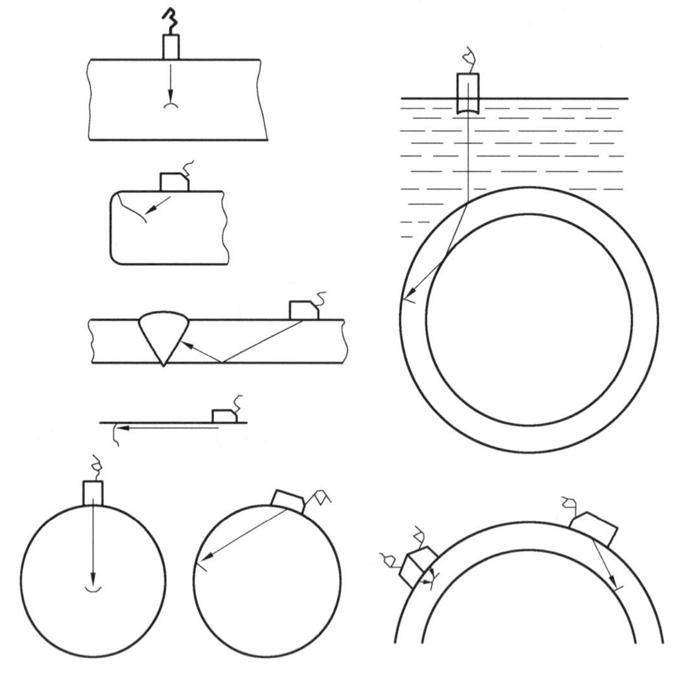

图 4.27 超声检测面示意图

检测区的宽度为焊缝本身，再加上焊缝两侧各相当于母材厚度 30% 的一段区域，该区域最小为 5 mm，最大为 10 mm，参见图 4.28。

(1)采用一次反射法检测时，探头移动区大于或等于 $1.25P$：

$$P=2TK \tag{4.14}$$

式中 P——跨距，mm；

T——母材厚度，mm；

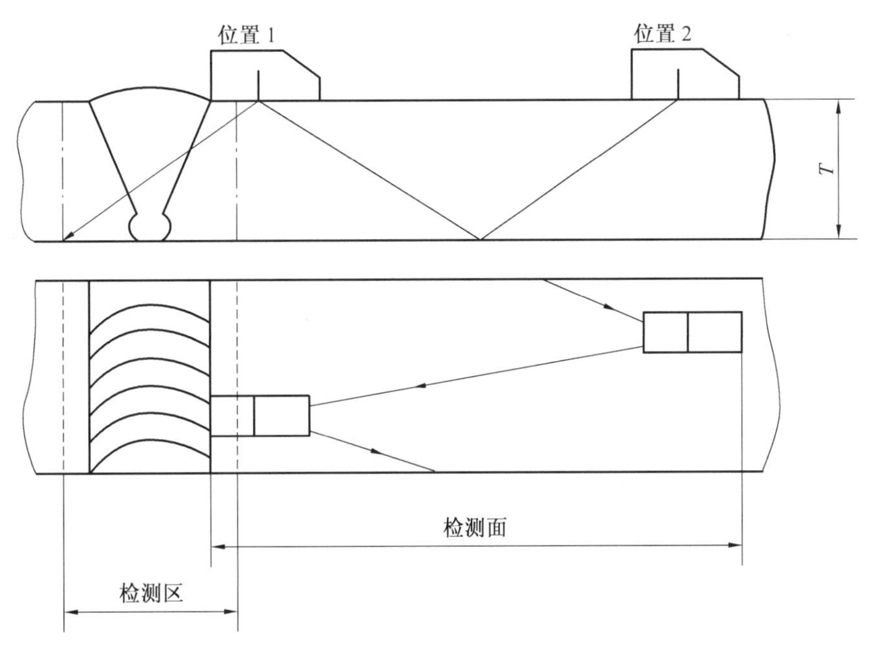

图4.28　检测和探头移动区

K——探头 K 值。

(2)采用直射法检测时,探头移动区应大于或等于0.75P。

检测面状况的好坏,直接影响检测结果,因此,应清除焊接试件表面的飞溅物、氧化皮、凹坑及锈蚀等。一般用砂轮机、锉刀、喷砂机、钢丝刷、磨石砂纸等对检测面进行修整,表面粗糙度 Ra 一般不大于6.3 μm。如果被检件表面光洁度不能满足检测要求时,应进行专门的表面加工制备,或采取特殊的补救措施(例如采用特殊的耦合方法或灵敏度补偿)。

去除余高的焊缝,应将余高打磨到与邻近母材平齐。保留余高的焊缝,如果焊缝表面有咬边、较大的隆起和凹陷等也应进行适当的修磨,并作圆滑过渡以免影响检测结果的评定。

4.3.2　仪器、探头的选择及耦合与补偿

1. 探伤仪的选择

选择检测仪时应根据探测要求和现场条件,并综合考虑以下几个方面的因素:

①定位要求高时,应选择水平线性好的仪器;

②定量要求高时,应选择垂直线性好、衰减器精度高的仪器;

③大型零件的检测应选择灵敏度余量高、信噪比高和功率大的仪器;

④为了有效地发现近表面缺陷和区分相邻缺陷,应选择盲区小、分辨率高的仪器;

⑤室外现场检测,应选择重量轻、示波屏亮度高、抗干扰能力强的便携式仪器。

2. 探头的选择

超声波探伤中,超声波的发射和接收都通过探头实现。探头的种类很多,结构型式也不一样。探伤前应根据被检对象的形状、衰减和技术要求选择探头,探头的选择包括探头

型式、频率、晶片尺寸和斜探头 K 值的选择等。

(1)探头型式的选择。

常用的探头型式有纵波直探头、横波斜探头、表面波探头、双晶探头,聚焦探头等。一般根据工件的形状和可能出现缺陷的部位、方向等条件来选择探头的型式,使声束轴线尽量与缺陷垂直。

(2)探头频率的选择。

超声波探伤频率在0.5～10 MHz之间,选择范围大。使超声波探伤灵敏度约为波长的一半,因此提高频率,有利于发现更小的缺陷和对缺陷的定位。但频率高,近场区长度大,对探伤不利,衰减急剧增加。实际探伤中要全面分析考虑各方面的因素,合理选择频率。一般在保证探伤灵敏度的前提下尽可能选用较低的频率。

对于晶粒较细的锻件、轧制件和焊接件等,一般选用较高的频率,常用2.5～5 MHz;对晶粒较粗大的铸件、奥氏体钢等宜选用较低的频率,常用0.5～2.5 MHz。如果频率过高,就会引起严重衰减,屏幕上出现林状回波,信噪比下降,甚至无法探伤。

(3)探头晶片尺寸的选择。

晶片尺寸要满足标准要求,如满足JB/T 4730—2005《承压设备无损检测》的要求,即晶片面积一般不应大于500 mm^2,且任一边长原则上不大于25 mm。选择晶片尺寸要考虑以下因素:

①晶片尺寸增加,半扩散角减少,波束指向性变好,超声波能量集中,对探伤有利。

②晶片尺寸增加,近场区长度迅速增加,对探伤不利。

③晶片尺寸大,辐射的超声波能量大,探头未扩散区扫查范围大,远距离扫查范围相对变小,发现远距离缺陷能力增强。

以上分析说明晶片大小对声束指向性、近场区长度、近距离扫查范围和远距离缺陷检出能力有较大的影响。实际探伤中,探伤面积范围大的工件时,为了提高探伤效率宜选用大晶片探头;探伤厚度大的工件时,为了有效地发现远距离的缺陷宜选用大晶片探头;探伤小型工件时,为了提高缺陷定位定量精度宜选用小晶片探头;探伤表面不太平整、曲率较低、较大的工件时,为了减少耦合损失宜选用小晶片探头。

(4)横波斜探头 K 值的选择。

在横波探伤中,探头的 K 值对探伤灵敏度、声束轴线的方向,一次波的声程(入射点至底面反射点的距离)有较大的影响。K 值大,一次波的声程大。因此在实际探伤中,当工件厚度较小时,应选用较大的 K 值,以便增加一次波的声程,避免近场区探伤;当工件厚度较大时,应选用较小的 K 值,以减少声程过大引起的衰减,便于发现深度较大处的缺陷。在焊缝探伤中,不仅要保证主声束能扫查整个焊缝截面;对于单面焊根未焊透,还要考虑端角反射问题,应使 $K=0.7\sim1.5$,因为 $K<0.7$ 或 $K>1.5$,端角反射很低,容易引起漏检。表4.4为JB 4730—2005《承压设备无损检测》标准中推荐采用的斜探头 K 值。

表 4.4　推荐采用的斜探头 K 值

板厚 T/m	K 值
6 ~ 25	3.0 ~ 2.0(72° ~ 60°)
>25 ~ 46	2.5 ~ 1.5(68° ~ 56°)
>46 ~ 120	2.0 ~ 1.0(60° ~ 45°)
>120 ~ 400	2.0 ~ 1.0(60° ~ 45°)

3. 耦合与补偿

为提高耦合效果,在探头与工件表面之间施加一层耦合剂。接触法超声检测时,以机油、变压器油、润滑脂、甘油、水玻璃(硅酸钠 Na_2SiO_3)或者工业胶水、化学糨糊等作为耦合剂。甘油的声阻抗高,耦合性能好,常用于一些重要工件的精确检测,但价格较贵,对工件有腐蚀作用。水玻璃的声阻抗较高,常用于表面粗糙的工件检测,但清洗不太方便,且对工件有腐蚀作用。水的来源广,价格低,常用于水浸检测,但使工件生锈。机油和变压器油黏度、流动性、附着力适当,对工件无腐蚀、价格也不贵,因此是目前应用最广的耦合剂。化学糨糊也常用作耦合剂,耦合效果比较好。

在实际探伤中,当调节探伤灵敏度用的试块与工件表面粗糙度、曲率半径不同时,往往由于工件耦合损耗大而使探伤灵敏度降低,为了弥补耦合损耗,必须增大仪器的输出来进行补偿。

4.3.3　仪器调节

在实际检测中,为了在确定的探测范围内发现规定大小的缺陷,并对缺陷定位和定量,必须在探测前调节好仪器。

1. 扫描速度的调节

仪器示波屏上时基扫描线的水平刻度值 τ 与实际声程 χ(单程)的比例关系,即 $\tau : \chi = 1 : n$,称为扫描速度或时基扫描线比例。它类似于地图比例尺,如扫描速度 1 : 2 表示仪器示波屏上水平刻度 1 mm 代表实际声程 2 mm。

探伤前应根据探测范围调节扫描速度,以便在规定的范围内发现缺陷并对缺陷定位。

调节扫描速度的一般方法是根据探测范围利用已知尺寸的试块或工件上的两次不同反射波的前沿分别对准相应的水平刻度值来实现。不能利用一次反射波和始波来调节,因为始波与一次反射波的距离包括超声波通过保护膜、耦合剂(直探头)或有机玻璃斜楔(斜探头)的时间,这样调节扫描速度误差大。

下面以纵波探伤时扫描速度的调节方法为例。纵波探伤一般按纵波声程来调节扫描速度。具体调节方法是:将纵波探头对准厚度适当的平底面或曲底面,使两次不同的底波分别对准相应的水平刻度值。

例如探测厚度为 400 mm 工件，扫描速度为 1 ∶ 4，现利用 IIW 试块来调节。将探头对准试块上厚为 100 mm 的底面，调节仪器上“深度微调”、“脉冲移位”等旋钮，使底波 B_2、B_4 分别对准水平刻度 50、100，这时扫描线水平刻度值与实际声程的比例正好为 1 ∶ 4，如图 4.29 所示。

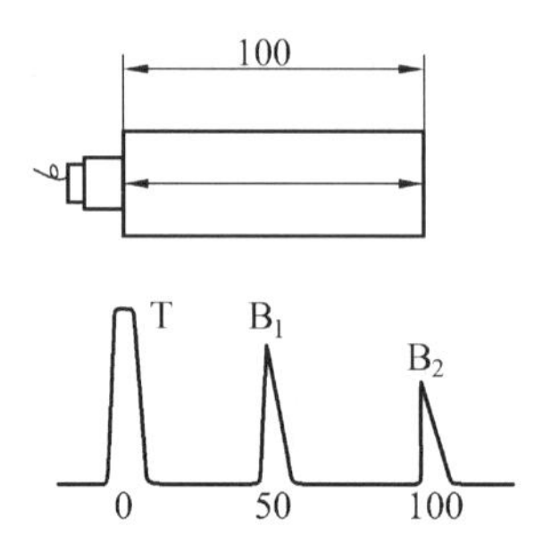

图 4.29　纵波扫描速度的调节

2. 距离-波幅（dB）曲线的绘制与检测灵敏度调节

缺陷波高与缺陷大小及距离有关，大小相同的缺陷由于距离不同，回波高度也不相同。描述某一确定反射体回波高度随距离变化的关系曲线称为距离-波幅曲线（简称 DAC 曲线），由判废线、定量线和评定线（又称测长线）组成。如图 4.30 所示，评定线与定量线之间（包括评定线）称为Ⅰ区，定量线与判废线之间（包括定量线）称为Ⅱ区，判废线及以上区域称为Ⅲ区。GB 11345—89《钢焊缝手工超声波探伤方法和探伤结果分级》中不同板厚范围的距离-波幅曲线的灵敏度见表4.5。

表 4.5　距离-波幅曲线的灵敏度

DAC（AVG） \ 板厚 δ/mm \ 检验等级	A	B	C
板厚 δ/mm	8 ~ 50	8 ~ 300	8 ~ 300
判废线（RL）	DAC	DAC-4 dB	DAC-2 dB
定量线（SL）	DAC-16 dB	DAC-10 dB	DAC-8 dB
评定线（EL）	DAC-16 dB	DAC-16 dB	DAC-14 dB

注：1. 表中 DAC 曲线是以 ϕ3 标准反射体绘制的距离-波幅曲线，即 DAC 基准线（图 4.30）。

2. 探测横向缺陷时，应将各线灵敏均提高 6dB。

3. 距离-波幅曲线的制作（设板厚 T=30）

（1）先测定好探头的入射点和 K 值，根据板厚将扫描线比例调整为深度 1 ∶ 1。

（2）将探头置于 CSK—IIIA 试块上，依次分别对准 10 ~ 70 mm 深的 ϕ1×6 短横孔，调节衰减器，使不同深度的孔的最高反射回波达到基准高度（一般定为满屏的 60%），记下不同孔深的相应 dB 值，依次填入表 4.6，并将该板厚对应的判废线、定量线和评定线灵敏度 dB 值再加上表面补偿-4 dB 一同分别依次填入表 4.6。

（3）利用表 4.6 中所列数据，以孔深为横坐标，以 dB 值为纵坐标，在坐标纸上依次描

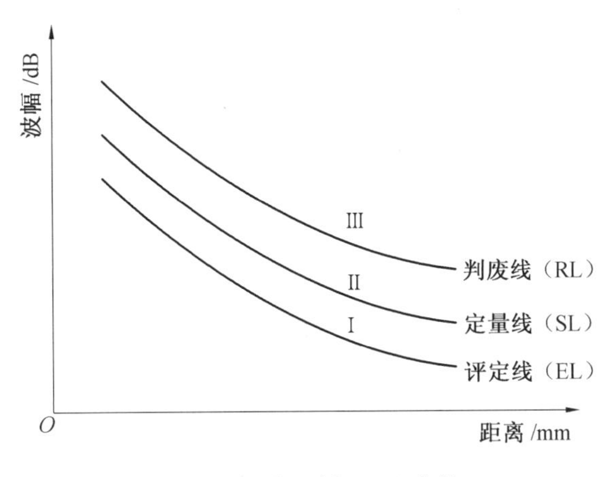

图 4.30　距离-波幅(dB)曲线

点连接分别绘出判废线、定量线和评定线，标出Ⅰ区、Ⅱ区和Ⅲ区，并注明所用探头的频率、晶片尺寸和实测 K 值等。

表 4.6　不同孔深对应的判废线、定量线和评定线灵敏度 dB 值(表面补偿-4 dB)

距离(孔深)/mm	10	20	30	40	50	60	70
波幅(dB)$\phi1\times6$	48	43	39	35.5	32	29	26.5
$\Phi1\times6+5-4$ dB(RL)	49	44	40	36.5	33	30	27.5
$\Phi1\times6-3-4$ dB(SL)	41	36	32	28.5	25	22	19.5
$\Phi1\times6-9-4$ dB(EL)	35	30	26	22.5	19	16	13.5

4. 距离-波幅(dB)曲线的作用

(1)调整检测灵敏度。

JB4730—2005《承压设备无损探测》标准要求检测扫查灵敏度不低于最大声程处的评定线灵敏度。这里 $T=30$，二次波扫查最大深度为 60，由表 4.6 可知深度 60 处的评定线灵敏度为 16 dB，因此将衰减器读数调至 16 dB，则扫查灵敏度调整完毕(同样用一次波扫查时可将衰减器读数调至 26 dB 即可)。

(2)比较缺陷大小。

例如探伤中发现两缺陷，缺陷 1：$d_1=10$ mm，波高为 44 dB；缺陷 2：$d_2=20$ mm，波高为 42 dB。试比较二者大小。

由表 4.6 可以看出，缺陷 1 波高 44 dB，比相同深度的定量线(SL)高 3 dB。缺陷 2 波高 42 dB，比相同深度的定量线(SL)高 6 dB，所以缺陷 2 比缺陷 1 波高还要高出 3 dB。因此缺陷 2 比缺陷 1 大。

(3)确定缺陷所在区域。

以上两缺陷均位于定量线(SL)以上，但没有超出判废线(RL)，因此两缺陷均位于Ⅱ区，应测定缺陷长度，再根据长度评定级别。

(4)测定缺陷指示长度。

以上述缺陷 1 为例，由表 4.6 或查曲线图可知，该深度位置的测长线（EL）灵敏度为 35 dB，则将仪器的衰减器调为 35 dB，将探头对准缺陷沿焊缝方向平行移动至波高降到基准高度即满屏的 60% 为止，该位置即缺陷指示长度的一端起点。然后将探头向相反方向平行移动，同样至波高降到基准高度即满屏的 60% 为止，该位置即缺陷指示长度另一端的起点。两点间的距离就是缺陷 1 的指示长度。

4.3.4 扫查方式

在中厚板焊缝检测中常用如下几种扫查方式。

1. 锯齿形扫查

如图 4.31 所示，探头以锯齿形的路线进行运动，每次前进的齿距不得超过探头晶片直径，间距过大会造成漏检。为发现与焊缝成一定角度的倾斜缺陷，探头在做前后锯齿运动时，可同时做 10° ~ 15°转动。

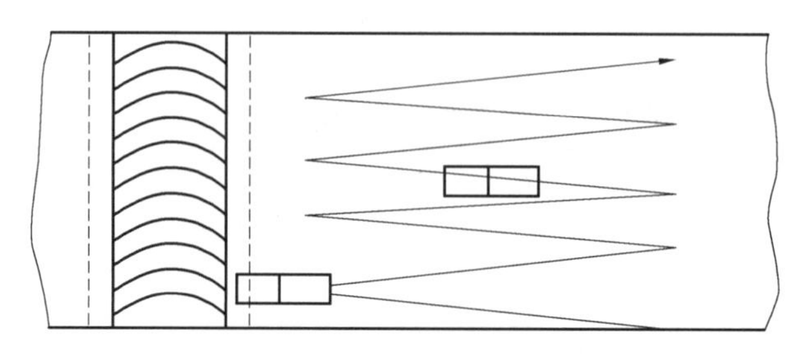

图 4.31　锯齿形扫查

2. 斜平行和平行扫查

为了发现并检出焊缝或热影响区的横向缺陷，可将探头沿焊缝两侧边缘与焊缝成一定角度（10° ~ 30°）做斜平行扫查，如图 4.32 所示。对于磨平的焊缝可直接在焊缝及热影响区做平行移动，如图 4.33 所示。

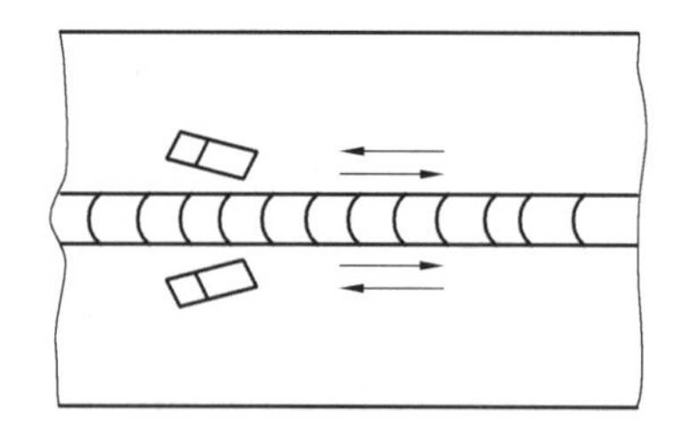

图 4.32　斜平行扫查

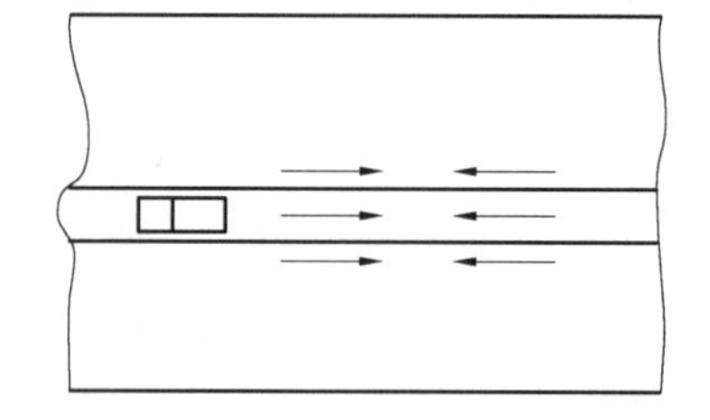

图 4.33　平行扫查

3. 四种基本扫查方式

如图 4.34 所示，当用锯齿形扫查发现缺陷后，可用左右扫查与前后扫查找到缺陷的最大回波，用左右扫查来确定缺陷沿焊缝方向的指示长度；用前后扫查来确定缺陷的水平距离或深度；发现缺陷后可用转角扫查大致推断缺陷的方向；用环绕扫查可以大致推断缺陷的形状。扫查时，如果单一回波的高度变化不大，则可判断为点状缺陷，如果回波的高度变化较大，则可判断为面积缺陷。

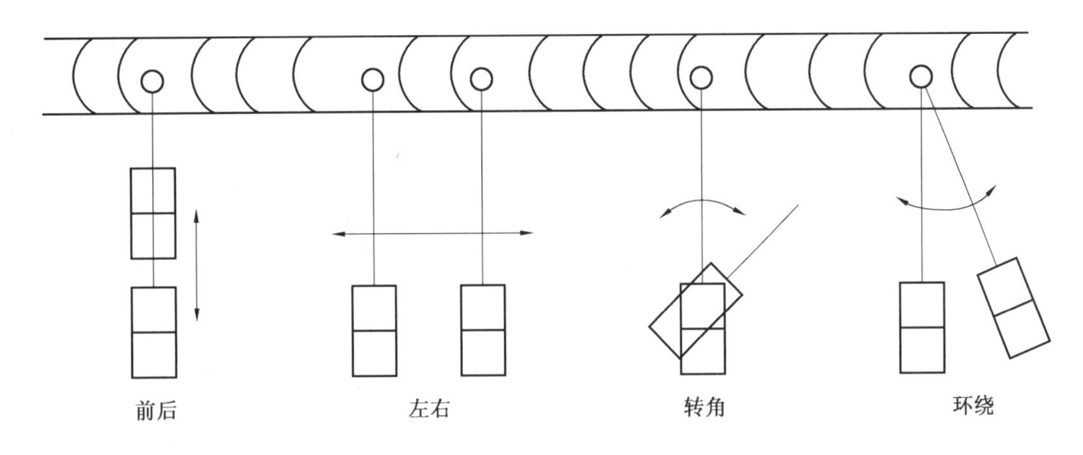

图4.34　四种基本扫查方式

4.3.5　缺陷定位和定量

1. 缺陷的定位

超声波检测中缺陷位置的测定是确定缺陷在工件中的位置,简称定位。一般可根据示波屏上缺陷波的水平刻度值与扫描速度来对缺陷定位。

(1) 纵波(直探头)检测时缺陷定位。

仪器按1∶n调节纵波扫描速度,缺陷波前沿所对的水平刻度值为τ_f、测缺陷至探头的距离x_f为

$$x_f = n\tau_f \tag{4.15}$$

若探头波束轴线不偏离,则缺陷正位于探头中心轴线上。

例如用纵波直探头检测某工件,仪器按1∶2调节纵波扫描速度,检测中示波屏上水平刻度值70处出现一缺陷波,那么此缺陷至探头的距离x_f/mm$=n\tau_f=2\times70=140$。

(2)表面波检测时缺陷定位。

表面波检测时,缺陷位置的确定方法基本同纵波。只是缺陷位于工件表面,并正对探头中心轴线。

例如表面波检测某工件,仪器按1∶1调节表面波扫描速度,检测中在示波屏水平刻度60处出现一缺陷波,则此缺陷至探头前沿距离x_f/mm$=n\tau_f=1\times60=60$。

(3)横波检测平面时缺陷定位。

横波斜探头检测平面时,波束轴线在探测面处发生折射,工件中缺陷的位置由探头的折射角和声程确定或由缺陷的水平和垂直方向的投影来确定。由于横波速度可按声程、水平、深度来调节,因此缺陷定位的方法也不一样。下面分别加以介绍。

①按声程调节扫描速度时,仪器按声程1∶n调节横波扫描速度,缺陷波水平刻度为τ_f。

一次波检测时,如图4.35(a)所示,缺陷至入射点的声程$x_f=n\tau_f$,如果忽略横线孔直径,则缺陷在工件中的水平距离l_f和深度d_f为

$$\begin{cases} l_f = x_f \sin\beta = n\tau_f \sin\beta \\ d_f = x_f \cos\beta = n\tau_f \cos\beta \end{cases} \tag{4.16}$$

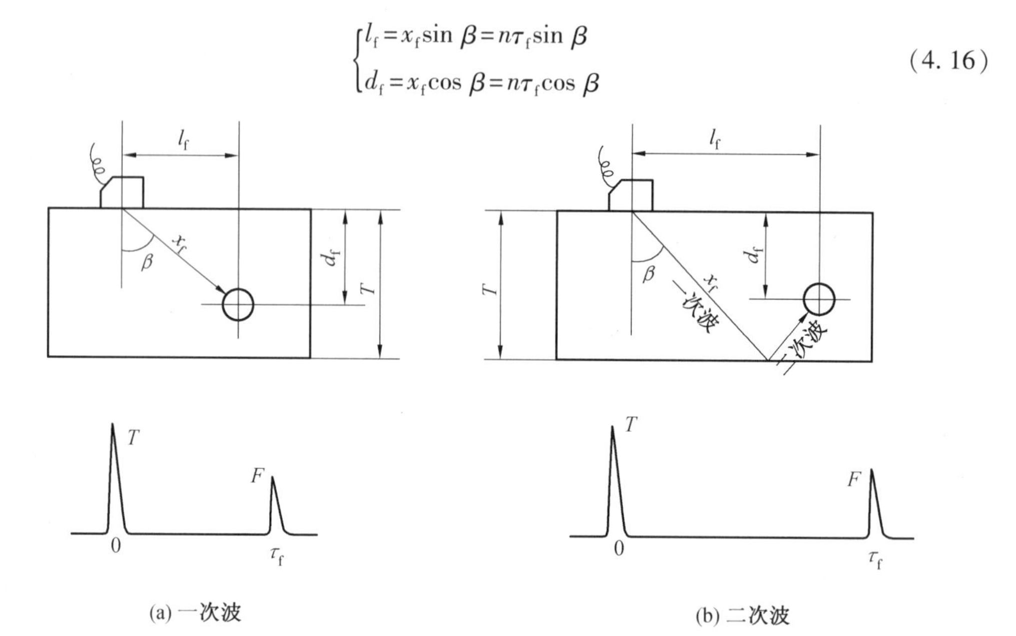

图 4.35 横波检测缺陷定位

二次波检测时，如图 4.35(b)所示，缺陷至入射点的声程 $x_f = n\tau_f$，则缺陷在工件中的水平距离 l_f 和深度 d_f 为

$$\begin{cases} l_f = x_f \sin\beta = n\tau_f \sin\beta \\ d_f = 2T - x_f \cos\beta = 2T - n\tau_f \cos\beta \end{cases} \tag{4.17}$$

式中 T——工件厚度；

β——探头横波折射角。

②按水平调节扫描速度时，仪器按水平距离 1 ∶ n 调节横波扫描速度，缺陷波的水平刻度值为 τ_f，采用 K 值探头检测。

一次波检测时，缺陷在工件中的水平距离 l_f 和深度 d_f 为

$$\begin{cases} l_f = n\tau_f \\ d_f = \dfrac{l_f}{K} = \dfrac{n\tau_f}{K} \end{cases} \tag{4.18}$$

二次波检测时，缺陷波在工件中的水平距离 l_f 和深度 d_f 为

$$\begin{cases} l_f = n\tau_f \\ d_f = 2T - \dfrac{l_f}{K} = 2T - \dfrac{n\tau_f}{K} \end{cases} \tag{4.19}$$

③按深度调节扫描速度时，仪器按深度 1 ∶ n 调节横波扫描速度，缺陷波的水平刻度值为 τ_f，采用 K 值探头检测。一次波检测时，缺陷在工件中的水平距离 l_f 和深度 d_f 为

$$\begin{cases} l_f = Kn\tau_f \\ d_{f0} = n\tau_f \end{cases} \tag{4.20}$$

二次波检测时，缺陷在工件中的水平距离 l_f 和深度 d_f 为

$$\begin{cases} l_f = Kn\tau_f \\ d_f = 2T - n\tau_f \end{cases} \tag{4.21}$$

(4) 横波周向探测圆柱曲面时缺陷定位

前面讨论的是横波检测中探测面为平面时的缺陷定位问题。当横波探测圆柱面时，若沿轴向探测，缺陷定位与平面相同；若沿周向探测，缺陷定位则与平面不同，经过几何计算后需进行相关修正。

2. 缺陷定量

缺陷定量包括确定缺陷的大小和数量，而缺陷的大小指缺陷的面积和长度。常用的定量方法有当量法、底波高度法和测长法三种。当量法和底波高度法用于缺陷尺寸小于声束截面的情况，测长法用于缺陷尺寸大于声束截面的情况。

(1) 当量法测缺陷大小。采用当量法确定的缺陷尺寸是缺陷的当量尺寸，常用的当量法有当量试块比较法、当量计算法和当量 AVG 曲线法。

(2) 当量试块比较法。当量试块比较法是将工件中的自然缺陷回波与试块上的人工缺陷回波进行比较来对缺陷定量的方法。此法的优点是直观易懂，当量概念明确，定量比较稳妥可靠。但成本高，操作也较烦琐，很不方便。所以此法应用不多，仅在 $x<3N$ 的情况下或特别重要零件的精确定量时应用。

(3) 当量计算法。当 $x>3N$ 时，规则反射体的回波声压变化规律基本符合理论回波声压公式，当量计算法就是根据探伤中测得的缺陷波高的 dB 值，利用各种规则反射体的理论回波声压公式进行计算来确定缺陷当量尺寸的定量方法。

(4) 当量 AVG 曲线法。当量 AVG 曲线法是利用 AVG 曲线来确定工件中缺陷的当量尺寸。

(5) 测长法测缺陷大小。当工件中缺陷尺寸大于声束截面时，一般采用测长法来确定缺陷的长度。测长法根据缺陷波高与探头移动距离来确定缺陷的尺寸，按规定的方法测定的缺陷长度称为缺陷的指示长度。由于实际工件中缺陷的取向、性质、表面状态等都会影响缺陷回波高度，因此缺陷的指示长度总是小于或等于缺陷的实际长度。根据测定缺陷长度时的基准不同将测长法分为相对灵敏度法、绝对灵敏度法和端点峰值法。

(6) 底波高度法测缺陷大小。底波高度法是利用缺陷波与底波的相对波高来衡量缺陷的相对大小。当工件中存在缺陷时，由于缺陷的反射，使工件底波下降。缺陷越大，缺陷波越高，底波就越低，缺陷波高与底波高之比就越大。

3. 影响缺陷定位、定量的主要因素

目前 A 型脉冲反射式超声波探伤仪根据屏幕上缺陷波的位置和高度来评价被检工件中缺陷的位置和大小，了解影响因素，对于提高定位、定量精度十分有益。

(1) 影响缺陷定位的主要因素。

①仪器的影响。仪器的水平线性的好坏对缺陷定位有一定的影响。

②探头的影响。探头的声束偏离、双峰、斜楔磨损、指向性等影响缺陷定位。

③工件的影响。工件的表面粗糙度、材质、表面形状、边界影响、温度及缺陷情况等影响缺陷定位。

④操作人员的影响。仪器调试时零点、K 值等参数存在误差或定位方法不当影响缺

陷定位。

(2)影响缺陷定量的主要因素。

①仪器及探头性能的影响。仪器的垂直线性、精度及探头频率、形式、晶片尺寸、折射角大小等都直接影响缺陷回波高度。

②耦合与衰减的影响。耦合剂的声阻抗和耦合层厚度对回波高有较大的影响;当探头与调节灵敏度用的试块和被探工件表面耦合状态不同时,且没有进行恰当的补偿,也会使定量误差增加,精度下降。

由于超声波在工件中存在衰减,当衰减系数较大或距离较大时,由此引起的衰减也较大,如不考虑介质衰减补偿,定量精度势必受到影响。因此在探伤晶粒较粗大和大型工件时,应测定材质的衰减系数,并在定量计算时考虑介质衰减的影响,以便减少定量误差。

③工件几何形状和尺寸的影响。工件底面形状不同,回波高度不一样,凸曲面使反射波发散,回波降低,凹曲面使反射波聚焦,回波升高;工件底面与探测面的平行度以及底面的光洁度、干净程度也对缺陷定量有较大的影响;由于侧壁干涉的原因,当探测工件侧壁附近的缺陷时,会产生定量不准,误差增加;工件尺寸的大小对定量也有一定的影响。

为减少侧壁的影响,宜选用频率高、晶片尺寸大且指向性好的探头探测或横波探测;必要时可采用试块比较法来定量。

④缺陷的影响。不同的缺陷形状对其回波高度有很大的影响,缺陷方位也会影响到回波高度,另外缺陷波的指向性与缺陷大小有关,而且差别较大;另外缺陷回波高度还对缺陷表面粗糙度、缺陷性质、缺陷位置等有影响。

4.3.6 缺陷性质分析

一般的焊缝中常见的缺陷有:气孔、夹渣、未焊透、未熔合和裂纹等。到目前为止还没有一个成熟的方法对缺陷的性质进行准确的评判,只是根据屏幕上得到的缺陷波的形状和反射波高度的变化结合缺陷的位置和焊接工艺对缺陷进行综合评估。

1. 缺陷波特征

(1)气孔。单个气孔回波高度低,波形为单缝,较稳定。从各个方向探测,反射波大体相同,但稍一动,探头就消失,密集气孔会出现一簇反射波,波高随气孔大小而不同,当探头做定点转动时,会出现此起彼落的现象。

(2)夹渣。点状夹渣回波信号与点状气孔相似,条状夹渣回波信号多呈锯齿状,波幅不高,波形多呈树枝状,主峰边上有小峰,探头平移波幅有变动,从各个方向探测时反射波幅不相同。

(3)未焊透。反射率高,波幅也较高,探头平移时,波形较稳定,在焊缝两侧探伤时均能得到大致相同的反射波幅。

(4)未熔合。探头平移时,波形较稳定,两侧探测时,反射波幅不同,有时只能从一侧探到。

(5)裂纹。回波高度较大,波幅宽,会出现多峰,探头平移时反射波连续出现波幅有变动,探头转时,波峰有上下错动现象。

超声波探伤还应尽可能判定缺陷的性质,不同性质的缺陷危害程度不同,例如裂纹就比气孔、夹渣大得多。但缺陷定性是一个很复杂的问题,实际探伤中常常根据经验结合工件的加工工艺、缺陷特征、缺陷波形和底波情况来分析估计缺陷的性质。

2. 伪缺陷的判断

(1)非缺陷回波的判别。超声波探伤中屏幕上常常除了始波、底波、和缺陷波外,还会出现一些其他的信号波,如迟到波、三角反射波、61°反射波以及其他原因引起的非缺陷回波,分析和了解常见非缺陷回波产生的原因和特点也是十分必要的。

(2)侧壁干涉。纵波探伤时,探头若靠近侧壁,则经侧壁反射的纵波或横波与直接传播的纵波相遇产生干涉,给探伤带来不利影响。一般脉冲持续的时间所对应的声程不大于4λ。因此只要侧壁反射波束与直接传播的波束声程差大于4λ就可以避免侧壁干射。

4.3.7　焊缝质量评级

缺陷的大小测定以后,要根据缺陷的当量和指示长度结合有关标准的规定评定焊缝的质量级别。JB 4730—2005《承压设备无损检测》标准将焊接接头质量级别分为Ⅰ、Ⅱ、Ⅲ等三级,其中Ⅰ级质量最高,Ⅲ级质量最低。具体分级规定见表4.7。

表4.7　焊接接头质量分级

<table>
<tr><th>等级</th><th>板厚 T/mm</th><th>反射波幅
(所在区域)</th><th>单个缺陷指示长度 L/mm</th><th>多个缺陷累计长度 L′/mm</th></tr>
<tr><td rowspan="3">Ⅰ</td><td>6~400</td><td>Ⅰ</td><td colspan="2">非裂纹类缺陷</td></tr>
<tr><td>6~120</td><td rowspan="2">Ⅱ</td><td>L=T/3,最小为10,最大不超过30</td><td rowspan="2">在任意9T焊缝长度范围内
L′不超过T</td></tr>
<tr><td>>120~400</td><td>L=T/3,最大不超过50</td></tr>
<tr><td rowspan="2">Ⅱ</td><td>6~120</td><td rowspan="2">Ⅱ</td><td>L=2T/3,最小为12,最大不超过40</td><td rowspan="2">在任意4.5T焊缝长度范围内
L′不超过T</td></tr>
<tr><td>>120~400</td><td>最大不超过75</td></tr>
<tr><td rowspan="3">Ⅲ</td><td rowspan="3">6~40</td><td>Ⅱ</td><td>超过Ⅱ级者</td><td>超过Ⅱ级者</td></tr>
<tr><td>Ⅲ</td><td colspan="2">所有缺陷</td></tr>
<tr><td>Ⅰ、Ⅱ、Ⅲ</td><td colspan="2">裂纹等危害性缺陷</td></tr>
</table>

注:1. 母材板厚不同时,取薄板侧厚度值;

2. 当焊缝长度不足9T(Ⅰ级)或4.5T(Ⅱ级)时,可按比例折算。当折算后的缺陷累计长度小于单个缺陷指示长度时,以单个缺陷指示长度为准。

4.3.8　超声波检测的一般程序

超声波检测的一般程序如图4.36所示。

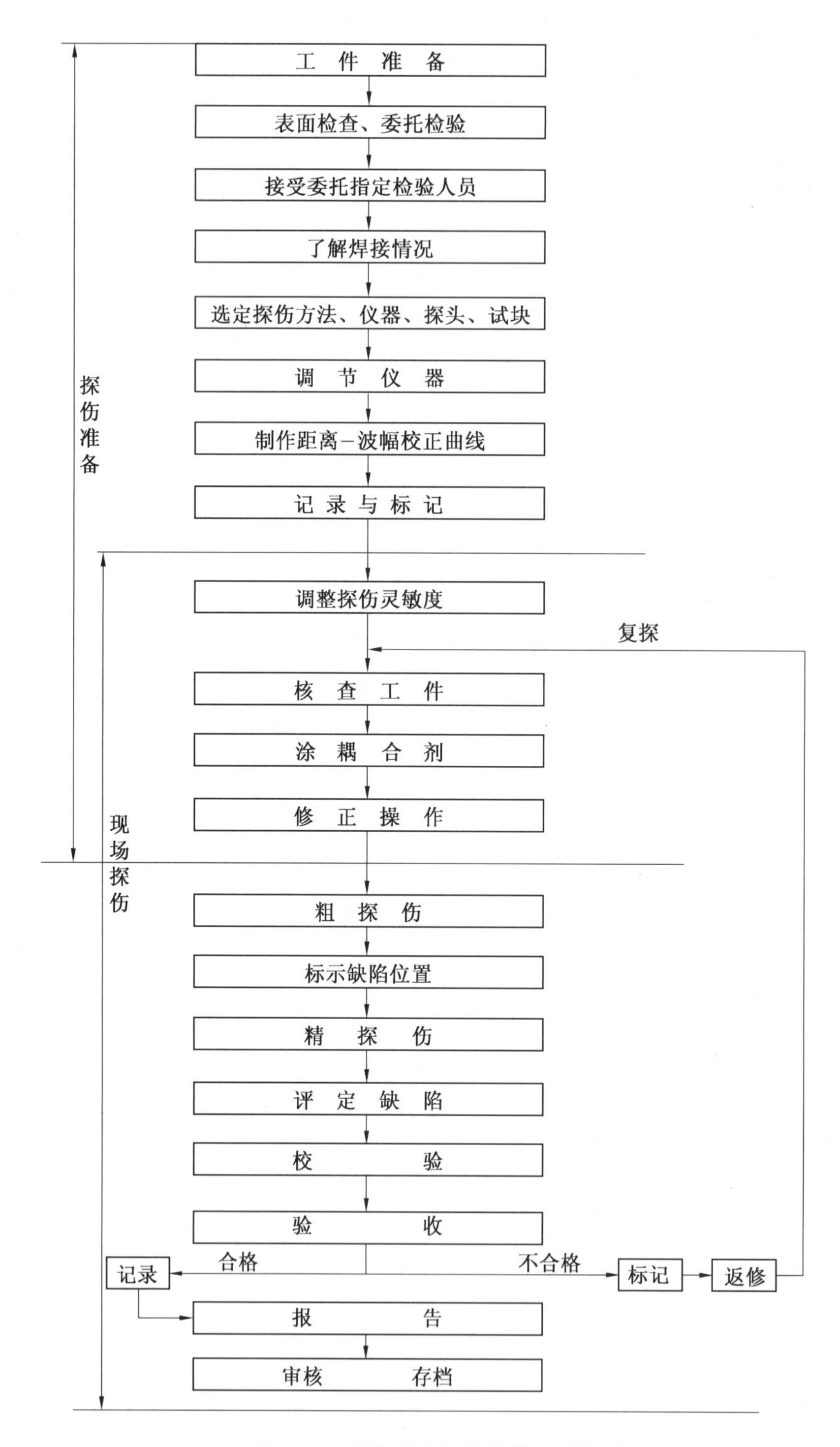

图 4.36 焊缝超声波检测的一般程序

4.4　超声检测的应用

在超声检测诊断中一般被检工件是由委托单位委托检验单位来进行检验。委托单位将被检工件的检验要求写在委托书中,提交给检验单位;检验单位根据委托书的要求编写检测诊断工艺规程,检验人员根据检测诊断工艺规程对工件进行具体检验;最后将检验结果写入检验报告。交给委托单位。

无损检测诊断工艺规程分检验规程和工艺卡两种。

4.4.1　检验规程

检验规程是检验单位根据委托书的要求,结合工件的结构特点及有关法规和标准等进行编制的。检验规程对委托书中的要求要一一明确解答。对于委托书中不够明确的地方和疑点,应向委托单位询问清楚,最后应征得委托单位的认可。

1. 检验规程的内容

(1)规程的适用范围,所用法规、标准的名称代号,对检验人员的要求。

(2)仪器、探头、试块和耦合剂。包括探伤仪的规格、型号、名称及主要性能指标,探头的类型、晶片的尺寸频率,标准试块及对比试块的型号、名称,耦合剂的型号、名称。

(3)被检工件。工件的材质,形状,尺寸,热处理状况,表面状况等。

(4)检验方法。检验时机,检测方法,探测方向,扫查方式,检验部位范围仪器时基线比例,探伤灵敏度调整等。

(5)缺陷的测定与评价。包括测定缺陷位置、当量和指示长度的方法,工件质量级别评定,工件是否合格,返修方法等。

2. 检验规程的编制

表 4.8 以焊缝超声检验规程为例进行说明。

表 4.8　焊缝超声检验规程

1. 总则

1.1 适用范围

本规程适用于××建设工程焊缝超声波检验。

1.2 依据

编制本规程的依据如下:

1.2.1 委托书及有关工程设计图。

1.2.2 JB/T 4730—2005 压力容器无损检测标准第三篇超声检测。

1.3 协商事项:委托书中未明确或需要变更的地方应与委托单位进行协商,得到承认后再执行,并将协商的意见记录成文。

1.4 检验人员:应是取得锅炉压力容器无损检测人员资格考核委员会颁发的超声Ⅱ级及Ⅱ级以上人员,对检查对象焊缝特性有足够认识。

2. 仪器、探头、试块与耦合剂

2.1 所用探伤仪器必须满足 JB/T 4730—2005《承压设备无损检测》标准中 7.3 条关于仪器的要求。

2.2 所用探头必须满足 JB/T 4730—2005《承压设备无损检测》标准 7.3 条中关于探头的要求。

续表 4.8

2.3 所用试块为 JB 4730—2005《承压设备无损检测》标准 5.1.3 条中 CSK-IIA 试块。
2.4 耦合剂为机油或糨糊。
3. 探伤
3.1 距离-波幅曲线:利用 CSK-IIA 试块测试距离-波幅曲线,评定线、定量线和判废线满足 JB 4730—2005《承压设备无损检测》标准中的要求。
3.2 探伤灵敏度:不低于评定线,扫查灵敏度在基准灵敏度的基础上提高 6 dB。
3.3 探伤时机:探测面经打磨外观检查合格后进行探伤。
3.4 探测方式与扫查方式:在焊缝单面双侧利用一、二次波探测,扫查方式有锯齿形扫查和前后、左右、环绕、转角扫查等几种方式。
3.5 检查部位与抽检率:检查全部焊缝,抽检率为 100%。
4. 缺陷的测定

扫查探测中发现缺陷时要根据缺陷反射波高度测定缺陷当量大小,根据探头的位置、声程测定缺陷的位置,根据探头移动距离测定缺陷的指示长度。具体方法见 JB/T 4730—2005《承压设备无损检测》标准。

5. 焊缝质量评级

根据 JB/T 4730—2005《承压设备无损检测》标准中对焊缝质量进行评级。

6. 合格判定

根据委托书和工程设计图要求,判定焊缝质量是否合格,这里规定焊缝质量级别不低于Ⅱ级为合格。

7. 返修

探伤中发现超过规定的缺陷时,要分析缺陷产生的原因,制定切实可行的返修方案,进行返修。补焊前,缺陷必须彻底清除干净。补焊后,24 h 后应重新进行超声波检查,要求焊后热处理的工件,补焊后要进行热处理。热处理后 24 h 才探伤,避免延迟裂纹的漏检。同一位置返修次数不超过三次。

8. 探伤报告

工件经探伤后,要如实认真填写探伤报告提交给委托单位。

4.4.2 焊缝超声波探伤工艺卡

现有一在用压力管道环向对接接头,尺寸为 ϕ133 mm(外径)×5 mm 与 ϕ159 mm(外径)×7 mm 变径连接,材料为 20 钢,焊缝宽度为 10 mm,其结构如图 4.37 所示。要求按 JB/T 4730—2005《承压设备无损检测》标准进行超声波检测,验收级别为Ⅱ级。

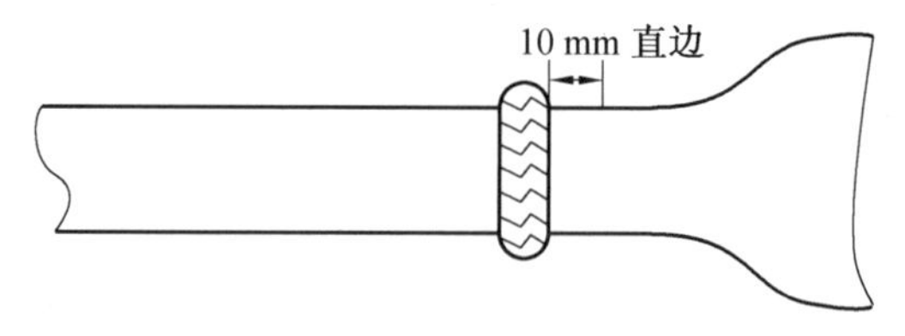

图 4.37 压力管道环向对接结构示意图

现有仪器、探头、试块、耦合剂:

(1)超声波检测仪:CTS-22。

(2)探头:5P9×9K2.5 前沿 11 mm、5P6×6K2.5 前沿 5 mm、5P6×6K3 前沿 6 mm、5P6×

6K2.7 前沿7 mm。

(3)试块:GS-1、GS-2、GS-3、GS-4。

(4)耦合剂:化学糨糊、机油、水。

请编制工艺卡。

工艺关键点分析:由于管道接头靠大径端只有10 mm直边,无法采用现有的超声探头进行检测,因此只能在直管段单侧进行检测,依据JB/T 4730—2005《承压设备无损检测》标准中规定:"一般要求从对接焊接接头两侧进行检测,确因条件限制只能从焊接接头一侧检测时,应采用两种或两种以上的不同*K*值探头进行检测",故需采用两种*K*值探头进行检测。

依据上述条件和分析,编制的超声波检测工艺卡见表4.9。

表4.9 超声波检测工艺卡

令号	/	试件名称	管件连接件
规格/mm	ϕ133(外径)/ϕ159(外径)	厚度/mm	5/7
材质	20	检测时机	在用检测
检测标准	JB/T4730—2005	合格级别	Ⅱ级
仪器型号	CTS-22	表面状态	打磨除漆
耦合剂	化学糨糊或机油	表面补偿/dB	3 dB
探头序号	1	2	
探头型号	5P6×6K2.5 前沿5 mm	5P6×6K3 前沿6 mm	
试块	GS-3	GS-3	
灵敏度调节说明	用GS-3试块制作距离-波幅曲线进行表面补偿	用GS-3试块制作距离-波幅曲线进行表面补偿	
扫查灵敏度	ϕ2×20—16 dB	ϕ2×20—16 dB	
评定线	ϕ2×20—16 dB	ϕ2×20—16 dB	
定量线	ϕ2×20—16 dB	ϕ2×20—16 dB	
判废线	ϕ2×20—10 dB	ϕ2×20—10 dB	

扫查示意图:(或文字叙述扫查内容)

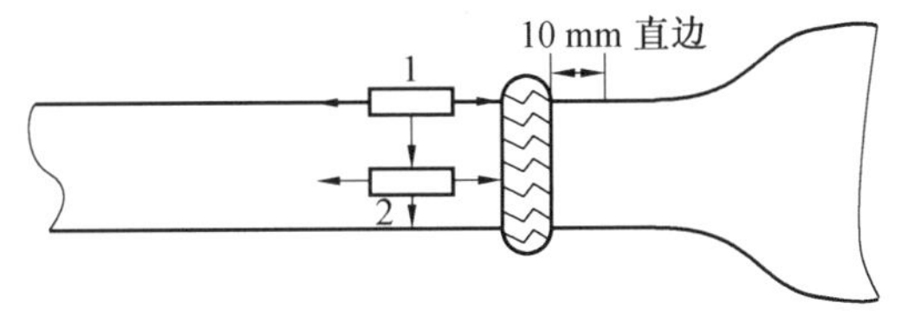

编制(资格)	×××(Ⅱ级)	审核(资格)	×××(Ⅲ级)
日期		日期	

4.4.3 超声波探伤一般程序

超声波探伤的一般程度参见图4.36。

第 5 章　涡流检测

涡流检测是以电磁感应为基础,通过测定被检工件内感生涡流的变化来无损地评定导电材料及其工件的某些性能,或发现缺陷的无损检测技术。主要应用于金属材料和少数非金属材料(如石墨、碳纤维复合材料等)及其产品的无损检测。与其他无损检测方法比较,涡流检测更容易实现自动化,尤其对于管、棒和线材等形状规则型材有很高的检测效率。

5.1　涡流检测的基本原理

5.1.1　涡流检测的基本原理

1. 涡流的产生与涡流检测原理

金属在变动着的磁场中或相对于磁场运动时,金属体内会感生出漩涡状流动的电流,称为涡流。涡流检测以电磁感应为基础,它的基本原理为:当载有交变电流的检测线圈靠近导电材料时,由线圈磁场的作用,材料中会感生出涡流,如图 5.1 所示。涡流的大小、相位及流动形式受到材料导电性能的影响,而涡流产生的反作用磁场又使检测线圈阻抗发生变化,因此,通过测定检测线圈阻抗的变化,可以得到被测试件的性能及有无缺陷等。如图 5.2 所示,将探头接近被检试件时,线圈阻抗将发生变化,在其他条件相同时,此变化基本上是一个恒定值,但若探头在试件表面经过缺陷时,试件中的涡流流动途径发生畸变,使得涡流磁场变化,检测线圈的阻抗也随之变化,根据这种变化的出现,即可检出缺陷。

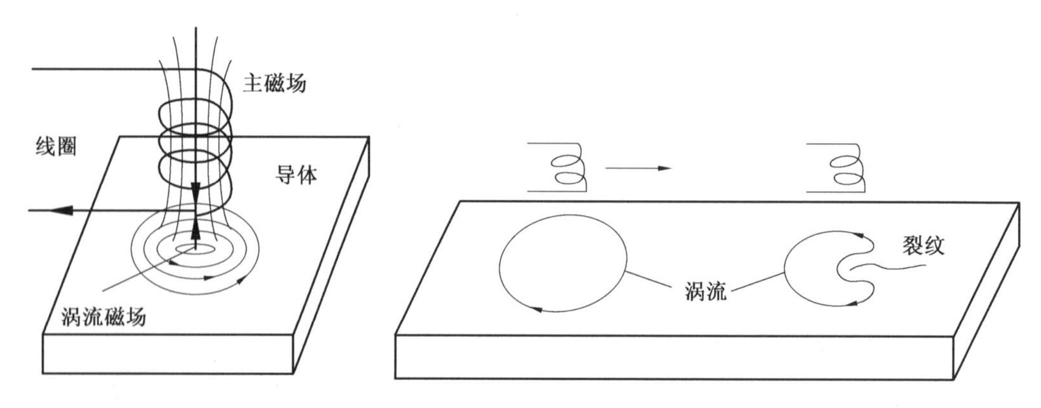

图 5.1　涡流的产生　　　　图 5.2　涡流检测的基本原理图

2. 涡流的集肤效应和透入深度

当直流电流通过导线时,横截面上的电流密度是均匀的。但交变电流通过导线时,导线周围变化的磁场也会在导线中产生感应电流，从而会使沿导线截面的电流分布不均匀，表面的电流密度较大，越往中心处越小，尤其是当频率较高时，电流几乎是在导线表面附近的薄层中流动，这种现象称为集肤效应（或称为趋肤效应）。

集肤效应的存在使感生涡流的密度从被检材料或工件的表面到其内部按指数分布规律递减。在涡流检测中，定义涡流密度衰减到其表面密度值的 1/e（36. 8%）时对应的深度为标准透入深度，也称集肤深度，用符号 δ 表示，其数学表达式为

$$\delta=\frac{1}{\sqrt{\pi f\mu\sigma}} \tag{5.1}$$

式中　f——交流电流的频率，Hz；

μ——材料的磁导率，H/m；

σ——材料的电导率，S/m。

由式(5. 1)可知，频率越高、电导率或磁导率越大，透入深度也就越小，即集肤效应越显著。图 5. 3 为几种不同材料的标准透入深度与频率的关系。

在实际工程应用中，通常定义 2. 6 倍的标准透入深度为涡流的有效透入深度，其意义是：将 2. 6 倍标准透入深度范围内 90% 的涡流视为对涡流检测线圈产生有效影响，而在 2. 6 倍标准透入深度以外的总量为 10% 的涡流对线圈产生的效应是可以忽略不计的。

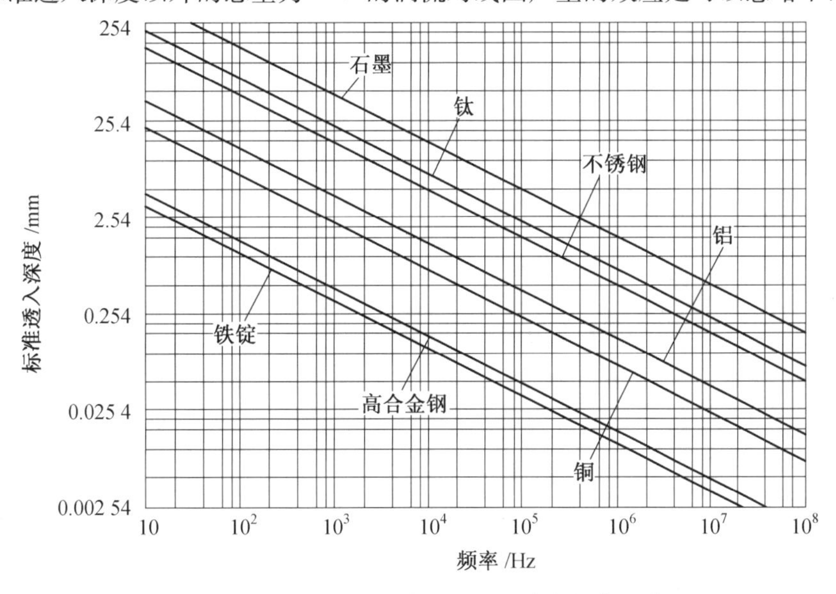

图 5. 3　几种不同材料的标准透入深度与频率的关系

5. 1. 2　涡流检测的阻抗分析法

1. 检测线圈的阻抗和阻抗归一化

(1) 检测线圈的阻抗。

设通以交变电流的检测线圈（初级线圈）的自身阻抗为 Z_0，其等效电路如图 5. 4 所示，其中忽略了容抗，则

$$Z_0=R_1+jX_1=R_1+j\omega L_1 \tag{5.2}$$

式中　R_1——初级线圈的电阻；

X_1——初级线圈的电抗。

当初级线圈与次级线圈(被检对象)相互耦合时,由于互感的作用,闭合的次级线圈中会产生感应电流,而这个电流反过来又会影响初级线圈中的电压和电流。这种影响可以用次级线圈电路阻抗通过互感 M 反映到初级线圈电路的折合阻抗来体现,其等效电路如图 5.5 所示,折合阻抗 Z_e 为

$$Z_e=R_e+jX_e=\frac{X_M^2}{R_2^2+X_2^2}R_2-j\frac{X_M^2}{R_2^2+X_2^2}X_2 \tag{5.3}$$

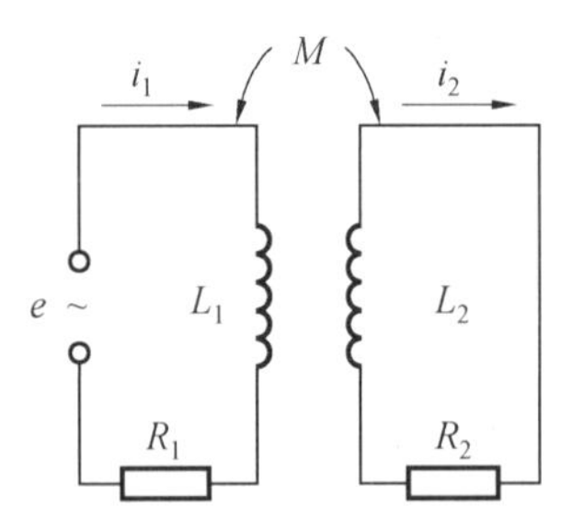

图 5.4 线圈耦合电路

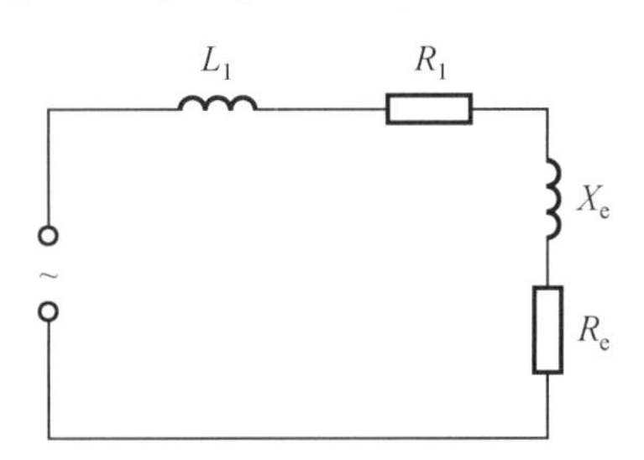

图 5.5 二次线圈折合到一次线圈的等效电路

式中 R_2——次级线圈的电阻;

X_2——次级线圈的电抗;

X_M——互感抗;

R_e——折合电阻;

X_e——折合电抗。

将次级线圈的折合阻抗与初级线圈自身的阻抗的和称为初级线圈的视在阻抗 Z_s,即

$$Z_s=R_s+jX_s=R_1+R_e+j(X_1+X_e) \tag{5.4}$$

式中 R_s——视在电阻;

X_s——视在电抗。

应用视在阻抗的概念,就可认为初级线圈电路中电流和电压的变化是由于它的视在阻抗的变化引起的,而据此就可以通过监测初级线圈(即检测线圈)视在阻抗的变化来推断被检对象(次级线圈)的阻抗是否发生了变化,进而判断被检对象的性能以及有无缺陷存在等,以此实现涡流检测的目的。

(2)阻抗平面图及其归一化。

检测线圈的视在阻抗受初级和次级线圈的电阻和电抗、激励频率、耦合状况等诸多因素的影响,其变化规律十分复杂。为直观起见,将初级线圈的视在阻抗的变化情况用横坐标为 R_s,纵坐标为 X_s 的平面坐标来描述,便可得到如图 5.6 所示的一条半径为 $\frac{K^2\omega L_1}{2}$ 的半圆形曲线,此即线圈的阻抗平面图,其中 K 为耦合系数,$K=M/\sqrt{L_1L_2}K$。

2. 有效磁导率和特征频率

(1) 有效磁导率。

阻抗平面图虽然比较直观,但半圆形曲线在阻抗平面图上的位置与初级线圈自身的阻抗以及两个线圈自身的电感和互感有关。另外,半圆的半径不仅受到上述因素的影响,还随频率的不同而变化。这样,如果要对每个阻抗值不同的初级线圈的视在阻抗,或对频率不同的初级线圈的视在阻抗,或对两线圈间耦合系数不同的初级线圈的视在阻抗作出

阻抗平面图时，就会得到半径不同、位置不一的许多半圆曲线，这不仅给作图带来不便，而且也不便于对不同情况下的曲线进行比较。为了消除初级线圈阻抗以及激励频率对曲线位置的影响，便于对不同情况下的曲线进行比较，通常要对阻抗进行归一化处理。其处理方法为：先将图 5.6 的坐标向右平移 R_1 距离，再用 ωL_1 去除其 X 和 R 坐标，从而得到图5.7所示的归一化阻抗平面图。归一化处理后得到的阻抗平面图具有统一形式，仅与耦合系数 K 有关。

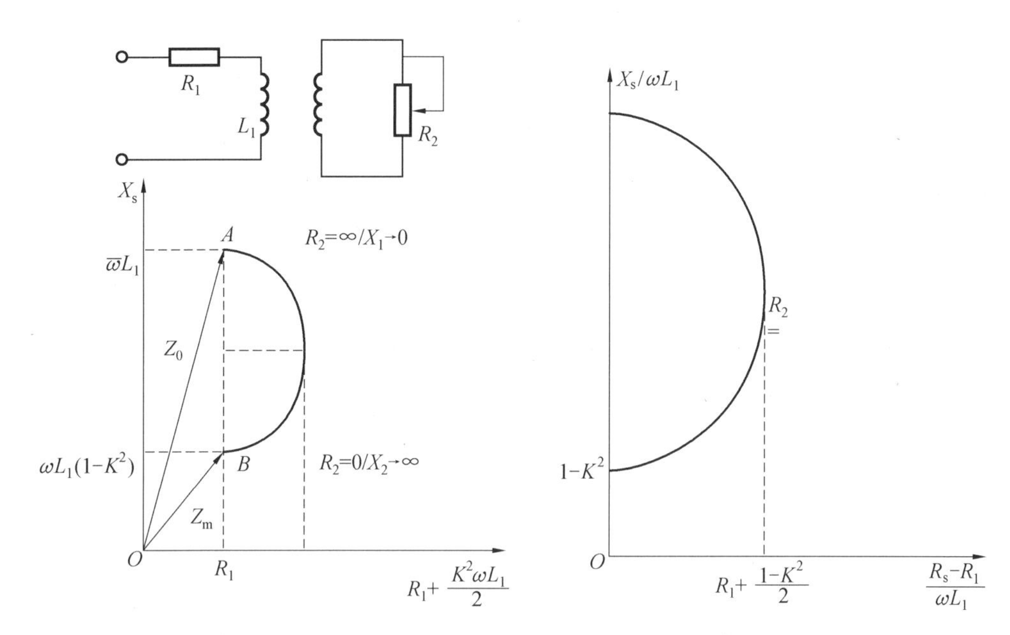

图 5.6　线圈耦合时原边线圈的阻抗平面图　　图 5.7　归一化阻抗平面图

涡流检测中的关键问题是对检测线圈阻抗的分析，这一分析的关键是线圈磁场的变化情况分析。但要从剖析线圈磁场变化的角度着手分析涡流检测中的具体问题则过于复杂。为了简化涡流检测中的阻抗分析问题，德国学者福斯特提出了有效磁导率的概念。

在半径为 r、磁导率为 μ、电导率为 γ 的长直圆柱导体上，紧贴密绕一螺线管线圈。在螺线管中通以交变电流，则圆柱导体中会产生一交变磁场，由于集肤效应，磁场在圆柱导体的横截面上的分布是不均匀的。于是人们提出了一个假想模型：圆柱导体的整个截面上有一个恒定不变的均匀磁场，而磁导率却在截面上沿径向变化，它所产生的磁通等于圆柱导体内真实的物理场所产生的磁通。这样，就用一个恒定的磁场和变化着的磁导率替代了实际上变化着的磁场和恒定的磁导率，这个变化着的磁导率便称为有效磁导率，用 μ_{eff} 表示，同时推导出它的表达式为

$$\mu_{\text{eff}}=\frac{2}{\sqrt{-\mathrm{j}}\,k\gamma}\cdot\frac{\mathrm{J}_1(\sqrt{-\mathrm{j}}\,kr)}{\mathrm{J}_0(\sqrt{-\mathrm{j}})\,kr} \tag{5.5}$$

式中
$$k=\sqrt{2\pi f\mu\gamma}$$

r——圆柱体半径；

J_0——零阶贝塞尔函数；

J_1——一阶贝塞尔函数。

在实际工件中，各点具有不同的磁场强度和相同磁导率，等效地假设成工件中各点具

有相同的磁场强度和不同的有效磁导率。

(2)特征频率。

μ_{eff}中使贝塞尔函数变量($\sqrt{-j}kr$)的模为1时对应的频率称为特征频率,用f_g表示:

$$f_g=\frac{1}{2\pi\mu_0\mu_r r^2} \tag{5.6}$$

式中 μ_0——真空磁导率;

μ_r——相对磁导率。

特征频率是工件的一个固有特性,取决于工件自身的电磁特性和几何尺寸。对于非磁性材料,$\mu\approx\mu_0=4\pi\times10^{-7}$ H/m,即$\mu_r=1$,可得特征频率$f_g=\frac{506\ 606}{\gamma d^2}$,$d$为圆柱导体的直径。

很显然,对于一般的试验频率f,它与贝塞尔函数的参数kr之间的关系为

$$kr=\sqrt{\frac{f}{f_g}} \tag{5.7}$$

因此,在分析检测线圈的阻抗时,常以f/f_g做参数,因为有效磁导率μ_{eff}可用频率比f/f_g作为变量。图5.8表示有效磁导率μ_{eff}与频率比f/f_g各点的关系曲线,曲线上各点不同的数值表示不同频率比的大小,由图可看出,随着f/f_g的增加(即参数f、μ、σ和a中任一个或几个增加),μ_{eff}将减小。

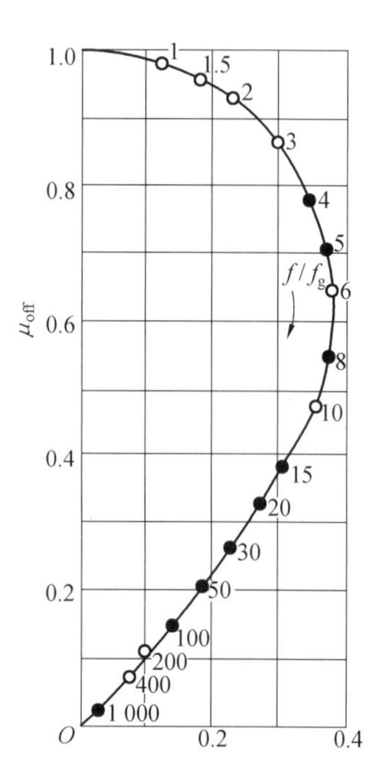

图5.8 μ_{eff}-f/f_g曲线

(3) 涡流试验相似律及模型实验。

有效磁导率是一个完全取决于频率比$\frac{f}{f_g}$大小的参数,同时有效磁导率的大小决定了涡流和磁场强度的分布,因此,试件内涡流和磁场的分布是随着$\frac{f}{f_g}$的变化而变化的。由此可得涡流试验的相似律:两个大小不同的被检物体,如果频率比相同,那么它们相同部位的有效磁导率μ_{eff}是相同的,而其场强和涡流分布也是相同的。其相似条件为

$$f_1\mu_{r1}\sigma_1 d_1^2=f_2\mu_{r2}\sigma_2 d_2^2 \tag{5.8}$$

式中,f_1、f_2分别为对试件1和试件2进行试验时所用的试验频率。

利用涡流检测的相似律,即可通过模型试验来推断实际检测结果,例如用模型试验测得的有效磁导率的变化与人工缺陷的深度、宽度及所处位置的依从关系可以用作实际涡流检测时评定缺陷的参考。

5.1.3 涡流检测适用范围及优缺点

1. 涡流检测的应用

涡流检测只适用于能够产生涡流的导电材料,同时,由于涡流是电磁感应产生的,所

以在检测时不必要求线圈与被检材料紧密接触,也不必在线圈和工件之间充填耦合剂,从而容易实现自动化检测。因此,对管、棒、丝材的表面缺陷,涡流检测法有很高的速度和效率。

对工件中涡流产生影响的因素主要有:电导率、磁导率、缺陷、工件的形状与尺寸以及线圈与工件之间的距离等。因此,涡流检测可以对材料和工件进行电导率测定、探伤、厚度测量以及尺寸和形状检查等。表5.1列举了涡流检测的几种用途。

表5.1 涡流检测用途举例

检测种类	影响涡流的因素	用途
探伤	缺陷(形状尺寸、位置)	导电材料(管、棒、丝材等零件)的缺陷检查
材质检验	电导率	非磁性材料的电导率测定及有关的材质试验
测厚	导体-线圈间距离	金属上膜层厚度的测量
	薄板厚度	金属薄板厚度的测量
尺寸检测	尺寸形状	尺寸、形状的控制
位移,振幅等测量	工件-线圈间距离	导电工件的径向振幅,轴向位移及运动轨迹的测量

应用涡流法还可以对高温状态下的导电材料进行涡流检测,如热丝、热线、热管、热板等。尤其重要的是加热到居里点温度以上的钢材,检测时不再受磁导率的影响,可以像非磁性金属那样用涡流法进行探伤,材质检验以及棒材直径、管材壁厚,板材厚度等测量。

2. 涡流检测的优缺点

与其他无损检测方法相比,涡流检测的主要优点如下:

(1)对导电材料的表面或近表面检测有良好的灵敏度;

(2)适用范围广,能对导电材料的缺陷和其他因素的影响提供检测的可能性;

(3)在一定条件下可提供裂纹深度的信息;

(4)不需要耦合剂;

(5)对管、棒、线材等便于实现高速、高效率的自动化检测;

(6)适用于高温及薄壁管,细线,内孔表面等其他检测方法比较难以进行的特殊场合下的检测。

涡流检测的主要缺点包括:

(1)只限于导电材料;

(2)只限于材料表面和近表面的检测;

(3)干扰因素多,需要特殊的信号处理;

(4)对形状复杂的工件进行全面检测时效率很低;

(5)检测时难以判断缺陷的种类和形状。

5.2 涡流检测的设备和器材

一般而言,涡流检测装置包括检测线圈、检测仪器、辅助装置,其中涡流检测仪器是涡流检测装置中最为核心的组成部分。

5.2.1 检测线圈

涡流检测线圈通常又称为探头,在涡流检测中起到的作用有:一方面在试件表面及近表面感生涡流;另一方面测量涡流磁场或合成磁场的变化;同时,要求具有抗干扰的功能,即要求检测线圈具有抑制各种不需要信号的能力,如探伤时要抑制直径、壁厚变化引起的信号,而测量壁厚时,要求抑制伤痕的信号等。检测线圈对缺陷的检出灵敏度及分辨率有很大的影响,是涡流检测装置中的重要组成部分。

1. 检测线圈的分类

检测线圈种类繁多,常见的分类方式有:

(1)按感应方式分类,可分为自感式和互感式两种(又称为参量式线圈和变压器式线圈),如图5.9所示。

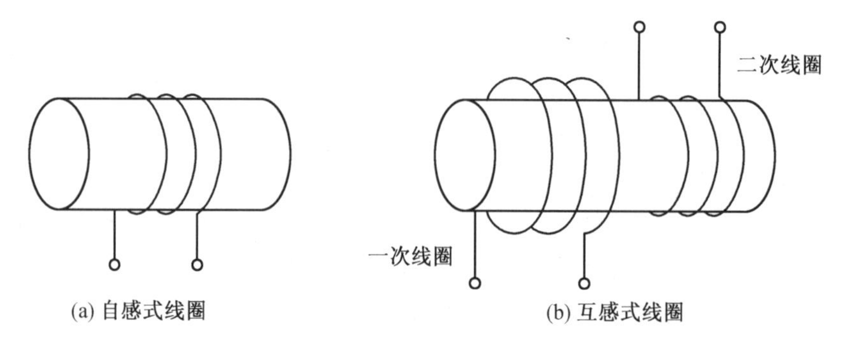

图5.9 不同感应方式的检测线圈

自感式线圈由单个线圈构成,该线圈产生激励磁场,在导电体中形成涡流,同时又是感应、接收导电体中涡流再生磁场信号的检测线圈,故名自感线圈。

互感线圈一般由两个或两组线圈构成,其中一个(组)是用于产生激励磁场在导电体中形成涡流的激励线圈(又称一次线圈),另一个(组)线圈是感应、接收导电体中涡流再生磁场信号的检测线圈(又称二次线圈)。

(2)按应用方式,即检测线圈和工件的相对位置分类,可分为外穿过式线圈、内穿过式线圈和放置式线圈三类。如图5.10所示。

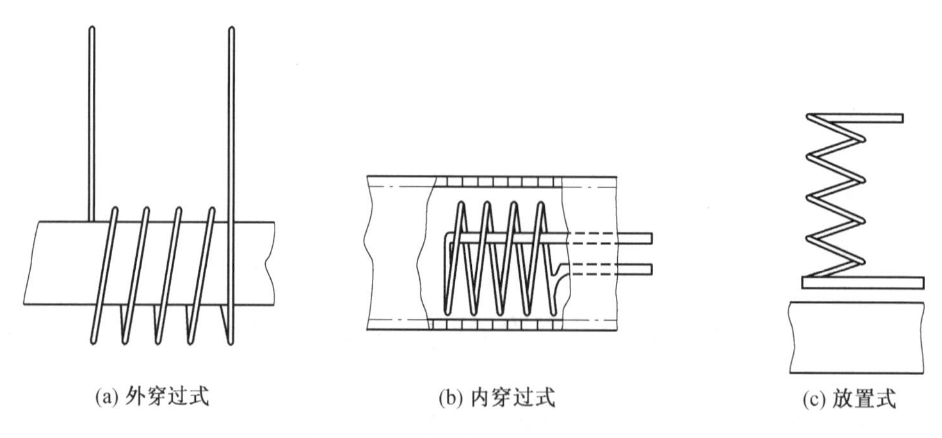

图5.10 不同应用方式的检测线圈

放置式线圈又称为探头式线圈。在应用过程中,外穿过式线圈和内穿过式线圈的轴线平行于被检工件的表面,而放置式线圈的轴线垂直于被检工件的表面。这种线圈可以设计、制作得很小,而且线圈中可以附加磁芯,具有增强磁场强度和聚焦磁场的特性,因此具有较高的检测灵敏度。

(3)按比较方式(即线圈的绕制方式)分类,可分为绝对式、标准比较式和自比较式三种,如图 5.11 所示。

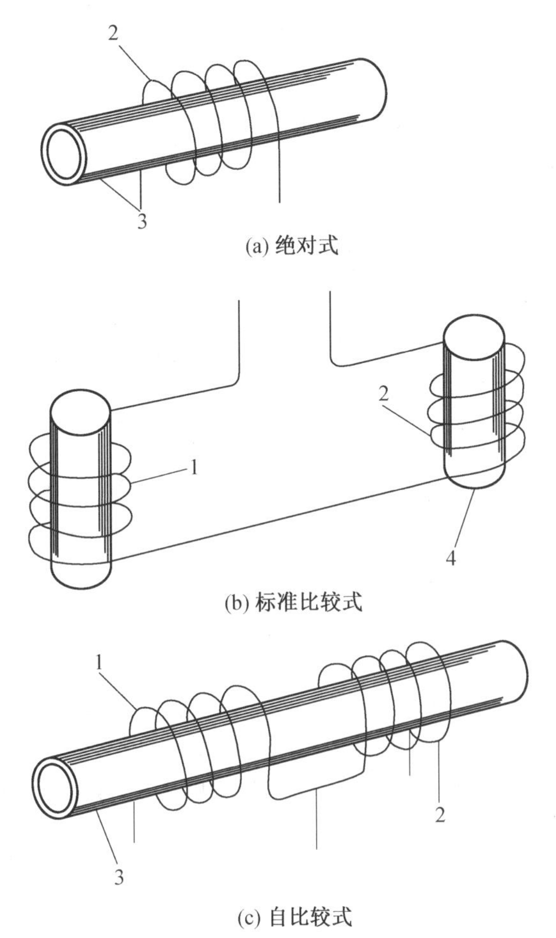

图 5.11　检测线圈的使用方式

1—参考线圈;2—检测线圈;3—管材;4—棒材

绝对式是指只用一个检测线圈进行涡流检测的方式。用这种方式进行检测时,要先将标准试样放入线圈,并调节仪器使线圈上的信号输出为零,然后再将被检工件或材料放入线圈,此时若有信号输出,再依据检测目的的不同判断线圈阻抗变化的原因。以这种方式工作的线圈既可用于材质分选和涂层测厚,又可用于材料探伤。

标准比较式是采用两个检测线圈连接成差动形式(即将两个检测线圈反接在一起进行工作的方式)。一个线圈中放置标准试件(与被测试件具有相同材质、形状、尺寸且质量完好),而另一个线圈中放置被检试件。由于这两个线圈接成差动形式,当被检试件质量不同于标准试件(如存在裂纹)时,检测线圈就有信号输出,实现对试件的检测。

自比较式是标准比较式的特例,比较的标准为同一被检工件或材料上的不同部分。用两个参数完全相同、差动连接的线圈同时对同一工件或材料的相邻部分进行检测时,被测部位材料的物理性能及工件几何参数的变化对线圈阻抗的影响通常较为微弱,而被检部位若存在裂纹,则线圈经过裂纹时会感应出急剧变化的信号。

标准比较式(或称他比式)和自比较式同属于差动式。表 5.2 是线圈绝对式和差动式使用方式的优缺点对比。

表 5.2　线圈绝对和差动工作方式的比较

	优点	缺点
绝对式	①对材料性能或形状的突变或缓变均能有所反应 ②较易区分混合信号 ③能显示缺陷的全长。	①有温度漂移 ②对探头颤动较敏感
差动式	①无温度漂移 ②对探头颤动的敏感性较绝对式探头低	①对缓变不敏感,即可能漏检长而缓变的缺陷 ②只能测出长缺陷的终点和始点 ③可能出现难以解释的信号

5.2.2 涡流检测仪

涡流检测仪是涡流检测系统的核心部分。根据检测对象和目的的不同,涡流检测仪一般可分为涡流探伤仪、涡流电导仪和涡流测厚仪三种。尽管各类仪器的电路组成和结构各不相同,但工作原理和基本结构是相同的。如图 5.12 所示,涡流检测仪的工作原理是:振荡器产生的各种频率的振荡电流流经检测线圈(如图 5.13 所示的桥式电路),线圈产生交变磁场并在试件中感生涡流,同时,受导电试件影响的涡流会使检测线圈的电性能发生变化,通常在调节涡流检测仪时将该桥式电路处于平衡状态,两个线圈之间无电位差,在试件的检测过程中,若线圈下的被检测零件中出现缺陷,检测线圈阻抗发生变化,两端电压就会发生变化,电压差不再为零,桥路失去平衡,此时会输出一微弱电信号,其大小取决于被检测零件的电磁特性,这一信号经放大器放大,放大倍数在涡流检测仪器中通常用增益 G 表示,$G=20\lg A$(其中,A=输出电压 U_o/输入电压 U_i)。放大后信号输入信号处理器消除各种干扰,识别和提取有用信号,然后输入显示器显示检测结果,目前显示单元较多地采用数码管、阴极射线管、液晶显示器等。

随着电子产品和计算机技术的发展,为了简化检测仪器调试、提高信号处理和分析能力,促进涡流检测获得更广泛的应用,智能化涡流检测仪应运而生。图 5.14 是 ARJ-737 智能数字涡流探伤仪,该仪器具有两个相对独立的测试通道,可驱动两只不同型号的检测探头,接绝对和差动探头。仪器可按用户需要预设参数和现场实时调整,操作简便,实现人机对话,体积小、重量轻,便于携带。其先进的数字调零功能,克服了检测中的漂移问题,满足更高的检测要求。仪器实时保存检测数据,并能回放整个检测过程。该仪器能够实时有效地检测金属材料构件缺陷,还可以区分合金种类和热处理状态,以及厚度变化,可用于各种金属零部件和铁磁性焊缝表面裂纹检测及内孔面的裂纹检测;检测在役铜、钛、铝、锆等各种非铁磁性热交换器管子。该仪器适用于航空、航天、电力和石化等领域的在役和役前检测。

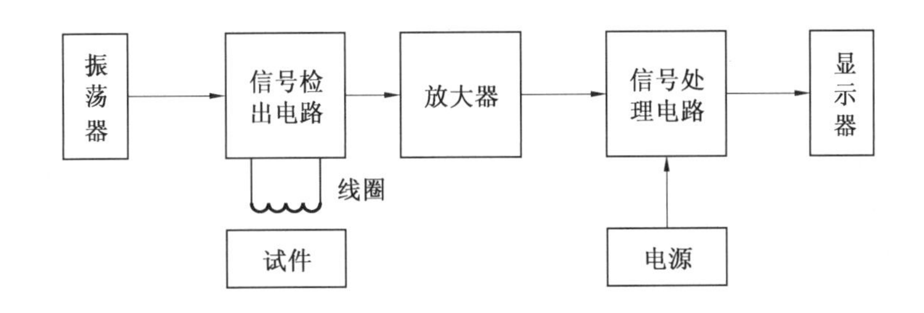

图5.12　涡流检测仪原理图

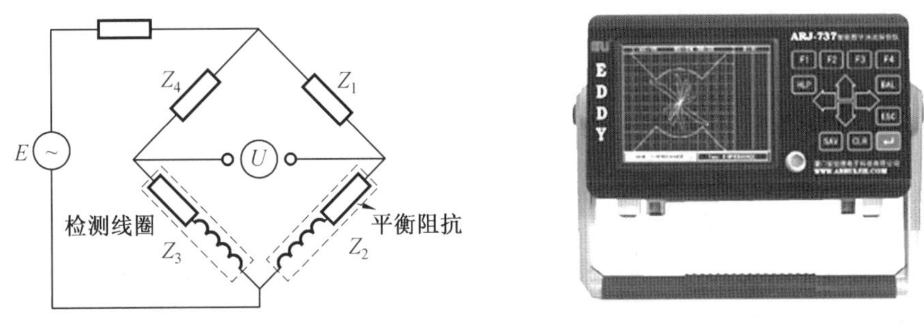

图5.13　桥式电路　　图5.14　焊缝裂纹探伤仪

5.2.3　辅助装置

要实现涡流检测对材料和零件实施可靠、高效检测,通常还需一些辅助装置,主要包括磁饱和装置、试样传动装置、探头驱动装置等。

1. 磁饱和装置

磁饱和装置主要用于铁磁性试件的涡流检测,是一种通过输入直流磁化电流对被检测的铁磁性材料或制件实施饱和磁化,以达到消除被检对象因磁导率不均匀而对检测结果产生干扰影响的专用装置,同时也是提高涡流透入深度的有效方法。还要说明的是,若被检件不允许存在剩磁,磁化装置还应配置退磁装置,该装置应能有效去除被检件的剩磁。

2. 试样传动装置

试样传动装置主要用于形状规则产品的自动化检测,如管材和棒材的自动化生产线。该装置在实现试样传送过程中,要求传送平稳、速度可调、不应对被检件表面造成损伤,同时要保持必要的位置精度。试样传动装置还可对按验收标准确定的不同等级的管材和棒材实施自动分离,分别送往不同分区,以便于质量管理。

3. 探头驱动装置

针对不同类型的检测对象和要求,采用的探头驱动方式各有不同。如当需要采用放置式线圈对管材和棒材实施周向扫查时,除了可通过试件传动装置驱动管材和棒材沿轴向做平移和转动两种复合运动予以实现外,还可以在管材和棒材做直线平移运动的同时,驱动放置式线圈沿管材和棒材做周向旋转。

5.2.4　标准试样与对比试样

标准试样是按相关标准规定的技术条件加工制作、并经被认可的技术机构认证的用于评价检测系统性能的试样。其本质用途是评价检测系统的性能,而不是用于产品的实际检验。

对比试样是针对被检测对象和检测要求按照相关标准规定的技术条件加工制作、并经相关部门确认的用于被检测对象质量符合性评价的试样。对比试样可用来设定(或调整)探伤装置的灵敏度,确定探伤仪上各旋钮的位置,或者用来定时地校核探伤装置的灵敏度,使其维持在规定的电平上。另外,还用作判废标准。但是对比试样上人工缺陷的大小不表示探伤仪可能检出的最小缺陷,所能检测到的最小缺陷能力取决于探伤装置的综合灵敏度。

用于制备对比试样的钢管应与被探件的公称尺寸相同,化学成分、表面状况及热处理状态相似,且具有相似的电磁特性。但对比试样上的人工缺陷形式不受统一的限定,它由产品制造或使用过程中最可能产生缺陷的性质、形态决定。

5.3 涡流检测技术

涡流检测的主要影响因素包括工作频率、电导率、磁导率、边缘效应(指由于被检测部位形状突变引起涡流响应变化的现象)、提离效应(指检测线圈离开被检测对象表面距离的变化而感应到涡流响应变化的现象)等,因此在检测过程中应采取相关措施避免或减少该类伪缺陷的出现以及提高对伪缺陷的分析判断能力。涡流检测的基本方法和操作程序如下:

5.3.1 检测前的准备工作

(1)根据试件的性质、形状、尺寸及欲检出缺陷种类和大小选择检测方法及设备。对小直径、大批量焊管或棒材的表面探伤,一般选用配有穿过式自比较线圈的自动探伤设备。

(2)对被检工件进行预处理,除去表面污物及吸附的铁屑等。

(3)根据相应的技术条件或标准来制备对比试样。

(4)对探伤装置进行预运行,稳定检测仪器。探伤仪通电后,必须稳定地运行10 min以上,同时检测仪器、探头所处的环境及在此环境中的试件应有一致的温度,否则会产生较大的检测误差。

(5)调整传送装置,使试件通过线圈时无偏心、无摆动。

5.3.2 确定检测规范

1. 检测频率的选择

涡流检测所用频率范围从200 Hz到6 MHz或更大。大多数非磁性材料的检查采用的频率是几千赫,检测磁性材料时采用较低频率,例如1 kHz。在任何具体的涡流检测中,实际所用的频率由被检材料的厚度、所希望的透入深度、要求达到的灵敏度或分辨力以及不同的检测目的等决定。

对透入深度来说,频率越低透入深度越大。但频率降低的同时检测灵敏度也随之下降,检测速度也可能降低。因此,在正常情况下,原则上频率要选得尽可能高,只要在此频率下仍能有必须的透入深度即可。若只是需要控测工件表面裂纹,则可采用高到几兆赫兹的频率。若需检测相当深度处的皮下缺陷,则必须牺牲灵敏度而采用非常低的频率,这样就不可能检测出细小的缺陷。

2. 确定工件的传送速度

工件或探头的送进、拉出可采用手动方式,也可采用机械传动方式,两者都应能识别探头在管子中的位置,并保持速度均匀,且不应造成被检件表面损伤,不应影响检测信号的振动。工作状态下被检测工件和检测线圈之间的相对移动速度应与对比试样和检测线圈之间的相对移动速度相同,且应满足仪器允许的检测速度上限要求。

3. 调整磁饱和程度

在探测铁磁性材料的试件时,由于试件磁导率的不均匀性引起噪声,影响检验结果。为了减小磁导率不均匀性的影响,使被检测部位置于直流磁场中,达到磁饱和状态的80%左右。

4. 相位的调整

装有移相器的涡流检测仪,要调整其相位角,使对比试样上的人工缺陷能够被明显地探测出来,而缺陷以外的杂乱信号应尽可能地排除掉。同时,相位的选择也应考虑到使缺陷的种类和位置尽可能地区分开。

5. 滤波器频率的确定

一般来说,由试件表面缺陷产生的信号频率是高频成分,且受缺陷大小、传送速度的影响。而试件尺寸、材质变化和传送振动所产生的干扰信号是低频。外来噪声及仪器本身的频率则更高。通常滤波器的调整应从实验中求得。

6. 幅度鉴别器的调整

振幅小的干扰信号可以通过幅度鉴别器消除,其调整应在相位、滤波器调节后进行。应注意,由于幅度鉴别器调定的程度不同,对同一缺陷会有不同的指示。为此,若仪器的相位、滤波器频率、灵敏度一经变动,则应重新调节幅度鉴别器。

7. 平衡电桥的调定

桥路的平衡调整是指将没有缺陷的对比试样,通过检验线圈把桥路的输出调节到零。调节时仪器灵敏度应处在最低位置上,依次反复调节两个平衡旋钮直到电表或阴极射线管的输出等于零,然后逐步提高仪器灵敏度,再依次反复调节这两个旋钮,直至到达所规定的灵敏度为止。

8. 灵敏度的调节

灵敏度调节是指将对比试样上人工缺陷信号的大小调节到所规定的电平。按规定的验收水平调整灵敏度时,信噪比应不小于 6 dB。作为产品验收或质量等级评定的人工缺陷响应信号,对于铁磁性钢管,应在仪器荧光屏满刻度的 30% ~50%;对于非铁磁性金属管材,应在仪器荧光屏满刻度的 50% ~60%。

5.3.3　检　测

在选定规范下进行检测,应尽量保持固定的传送速度,同时保持线圈与试件的距离不变。在涡流检测的操作过程中,应经常校验灵敏度有无变化,试件与探头的间距是否稳定,自动检测试件递送速度是否稳定等,一旦发现有变化应及时修正,并对在有变化情况下检测的工件进行复检，以免影响检测结果的可靠性。

5.3.4 检测结果分析

根据仪器上指示出来的缺陷，判断检测结果。如果对所得到的探伤结果产生疑问时，则应进行重新检测或用目视、磁粉、渗透或破坏性试验等方法加以验证。

5.3.5 消 磁

在探测铁磁性材料前，被检测工件需经饱和磁化。涡流检测结束后，若被检测工件不允许存在剩磁，应去除被检测工件的剩磁。若涡流检测后经温度超过居里点的热处理，则可用该热处理进行消磁，一般在磁化装置中配备退磁装置，也可采用专用消磁仪进行消磁处理。

5.3.6 结果评定

检验结果可根据缺陷响应信号的幅值和相位进行综合评定。缺陷深度应依据响应信号的相位角进行评定。质量验收等级的规定应按供需双方合同，或按有关产品标准要求。经检验未发现尺寸（包括深度）超过验收标准缺陷的管材为涡流检测合格品，反之，则可复探或应用其他检测方法加以验证，若仍发现有超过验收标准的缺陷，则判为不合格品。不合格品需经有关部门同意后，对缺陷进行清除或修补后重新检验。

5.3.7 编写检测报告

通常检测报告中包括被检工件和检测设备等检验条件、检验结果及质量分级、人工缺陷级别和形状等内容。

第 6 章　磁粉检测

磁粉探伤是利用磁现象的原理,检测铁磁性材料表面及近表面缺陷的一种方法。本章重点介绍磁粉检验的基本原理、设备和材料及焊接结构(件)的磁粉探伤技术。

6.1　磁粉检测的基本原理

6.1.1　基本原理

铁磁性材料若有缺陷或组织状态相差较大时,会使其磁导率发生变化,缺陷内含的物质一般有远低于铁磁性材料的磁导率,当在磁场中被磁化时,会造成缺陷附近磁力线的弯曲和压缩。如果该缺陷位于工件的表面或近表面,则部分磁力线就会在缺陷处逸出工件表面进入空气,绕过缺陷后再折回工件,由此形成了缺陷的漏磁场,如图 6.1 所示。

在漏磁场处,如图 6.2 所示,由于磁力线出入材料表面而在缺陷两侧形成 S、N 极,当在此表面上喷洒磁导率很高的细小磁粉时,因为磁力线穿过磁粉比穿过空气更容易,所以磁粉会被该漏磁场吸附,在表面漏磁场处形成的磁痕,显示出缺陷形状,此即磁粉检验的基本原理。

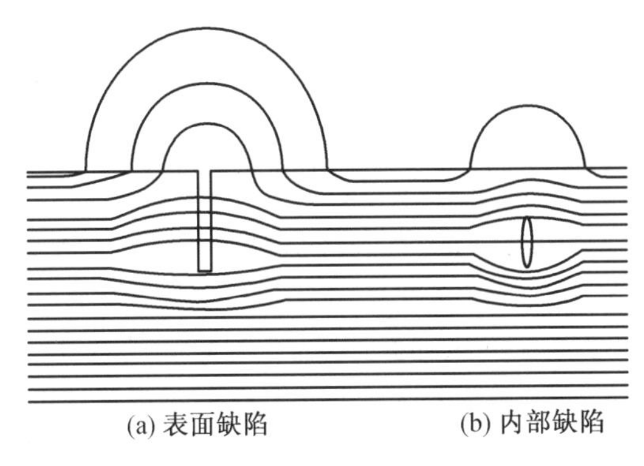

图 6.1　漏磁场的形成

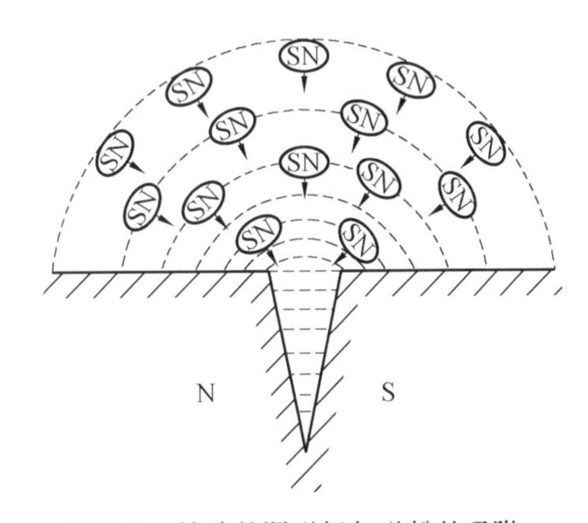

图 6.2　缺陷的漏磁场与磁粉的吸附

磁粉检测灵敏度的高低取决于漏磁场强度的大小。在实际检测过程中,真实缺陷漏磁场的强度受到多种因素的影响,其中主要有:

(1)外加磁场强度。缺陷漏磁场强度的大小与工件被磁化的程度有关。一般说来,如果外加磁场能使被检材料的磁感应强度达到其饱和值的 80% 以上,缺陷漏磁场的强度就会显著增加。这对正确选择磁化规范提供了依据。

(2)缺陷的位置与形状。就同一缺陷而言,位于表面时产生漏磁场最大,随着埋藏深度的增加,其漏磁场的强度将迅速衰减至近似于零。另一方面,缺陷的可检出性取决于缺陷延伸方向与磁场方向的夹角。当缺陷垂直于磁场方向时，漏磁场最大，也最利于缺陷的检出，灵敏度最高，随着夹角由90°减小，灵敏度下降；当缺陷与磁场方向平行或夹角小于20°时，则几乎不产生漏磁场，不能检出缺陷。此外，缺陷的深宽比也是影响漏磁场的一个重要因素，缺陷的深宽比越大，漏磁场越大，缺陷越容易检出。

(3)工件材料及状态。金属材料的室温组织主要有铁素体、珠光体、渗碳体、马氏体和奥氏体。铁素体和马氏体呈铁磁性；渗碳体呈弱磁性，珠光体是铁素体与渗碳体的混合物，具有一定的磁性；奥氏体不呈现磁性。具有一定磁性的材料能够进行磁粉检测，反之则不能进行磁粉检测。钢材的合金成分、含碳量、加工及热处理状态等均会影响材料的磁特性，进而会影响缺陷的漏磁场。一般情况下，增加合金元素、增加含碳量，漏磁场随之增加；但晶粒越粗大，漏磁场越小。

(4)被检表面的覆盖层。被检表面若有覆盖层(例如涂料)会降低缺陷漏磁场的强度。

6.1.2 磁粉检验的适用范围

(1)适用于检测铁磁性材料工件表面和近表面尺寸较小、间隙较窄和目视难以看出的缺陷。不适用于非磁性材料，如奥氏体不锈钢、铝、镁、钛等。

(2)适用于检测工件表面和近表面的裂纹、白点、发纹、折叠、疏松、冷隔、气孔和夹杂等缺陷，但不适用于检测工件表面浅而宽的划伤、针孔状缺陷、埋藏较深的内部缺陷和延伸方向与磁感应线方向夹角小于20°的缺陷。

(3)适用于检测管材、棒材、板材、型材和锻钢件、铸钢件和焊接件。

(4)适用于检测未加工的原材料、加工的半成品、成品件和使用过的工件及特种设备。

6.1.3 磁粉检测的特点

(1)由于有集肤效应存在，铁磁性材料中的磁通基本上集中在材料表面和近表面，因此磁场检验技术只适用于检查铁磁性材料的表面和近表面缺陷。就一般情况而言，用交变磁场磁化的磁通有效进入深度(既检验深度)为1～2 mm，而直流磁化时约为3～4 mm。

(2)能直观地显示出缺陷的位置、形状、大小和严重程度。

(3)具有很高的检测灵敏度，可检测微米级宽度的缺陷。但是，检测时的灵敏度与磁化方向有很大关系，若缺陷方向与磁化方向近似平行或缺陷与工件表面夹角小于20°，缺陷就难以发现。另外，表面浅而宽的划伤、锻造皱折也不易发现。

(4)单个工件检测速度快，工艺简单，成本低廉，污染少。

(5)采用合适的磁化方法，几乎可以检测到工件表面的各个部位，基本上不受工件大小和几何形状的限制，但受几何形状影响，易产生非相关显示。

(6)缺陷检测重复性好。

(7)可检测受腐蚀的表面。

(8)若工件表面有覆盖层，将对磁粉检测有不良影响，用通电法和触头法磁化时，易产生电弧，烧伤工件。因此，电接触部位的非导电覆盖层必须打磨掉。

(9)部分工件磁化后，具有较大剩磁的工件需进行退磁处理。

6.2　磁粉检测的设备和材料

6.2.1　磁粉检测设备分类

磁粉检测设备有固定式、移动式和便携式几种类型。

1. 固定式磁粉探伤机

磁化电流一般为 1 000 ~ 9 000 A，最高为 20 000 A。最常见的固定式探伤机为卧式湿法探伤机，设有放置工件的床身，可进行包括通电法、中心导体法、线圈法多种磁化，配置了退磁装置和磁悬液搅拌喷洒装置，紫外线灯，最大磁化电流可达 12 kA ，主要用于中小型工件探伤。此外，固定式探伤机还常常备有触头和电缆，以便对搬上工作台有困难的大型工件进行检测。

2. 移动式磁粉探伤机

磁化电流一般为 500 ~ 8 000 A。主体是磁化电源，可提供交流和单相半波整流电的磁化电流。配合使用的附件有触头、夹钳、开合和闭合式磁化线圈及软电缆等，能进行触头法、夹钳通电法和线圈法磁化，这类设备通常是一种分立式的组合结构。体积和重量较固定式小。一般装有滚轮，可推动或吊装在车上拉到检验现场，对大型工件进行检测。

3. 便携式磁粉探伤机

磁化电流一般为 500 ~ 2 000 A。具有体积小、重量轻和便于携带等特点，适合现场、野外和高空作业，多用于特种设备的焊缝检测以及大型工件的局部检测。常用的仪器有带电极触头的小型磁粉探伤机、电磁轭、交叉磁轭或永久磁铁等。仪器手柄上装有微型电流开关，控制通、断电和自动衰减退磁。

无论哪种磁粉探伤机，一般都包括以下几个主要部分：

①磁化装置：产生磁场，使工件磁化；

②零件夹持装置：支撑被检工件，导通磁化电流；

③磁悬液喷洒装置：将磁悬液均匀地喷洒在工件表面上；

④观察照明装置：提供观察缺陷的照明光源；

⑤控制部分：实现对磁化电流的调整、磁化方式的转换、夹头的移动、充磁控制和油泵启停控制；

⑥退磁装置：消除工件检验后的剩磁；

⑦磁轭：闭合磁力线，产生旋转磁场或某一确定方向的磁场；

⑧断电相位控制器：用于交流剩磁法检测，使剩磁数值稳定，防止工件漏检；

⑨测磁仪器：高斯计或磁场强度测定仪、磁强计、剩磁测量仪；

⑩质量控制仪器：照度计、紫外线强度计、磁性称量仪、沉淀管。

6.2.2　常用典型设备

特种设备磁粉检测最常用的有带触头的小型磁粉探伤仪、电磁轭、交叉磁轭或永久磁铁等，如图 6.3 所示。这些设备具有重量轻、体积小、携带方便、结构简单和探伤效果好等特点。

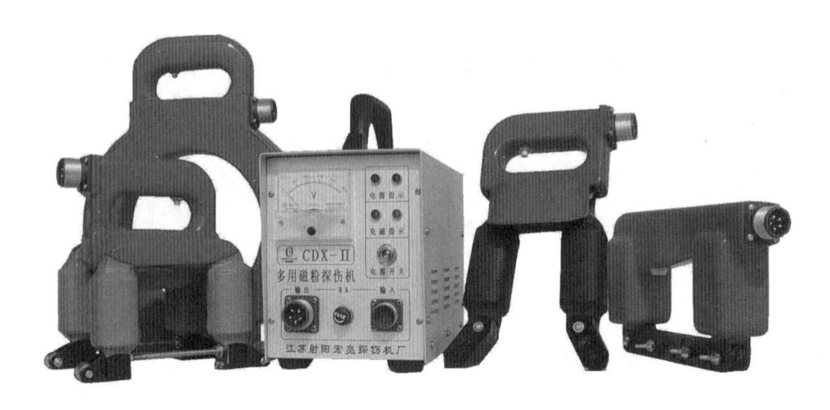

图 6.3 特种设备磁粉检测常用设备

1. CJE 交流电磁轭探伤仪、CEE 交直流电磁轭探伤仪

CJE 交流电磁轭探伤仪和 CEE 交直流电磁轭探伤仪都是通过改变磁轭方向来检查焊缝的纵向和横向缺陷。此外,电磁轭探伤仪还可以用于退磁。

锅炉压力容器的焊缝磁粉检测,最好选用交流电磁轭,但管壁厚度小于 6 mm 的压力管道的焊缝磁粉检测,最好选用直流电磁轭。

2. CXE 系列交叉磁轭旋转磁场探伤仪

交叉磁轭由两个电磁铁以一定的夹角进行空间交叉或平面交叉组合而成,并有两组不同相位的交流电激磁的磁化装置。常用的有十字交叉磁轭探伤仪和平面交叉磁轭探伤仪,如图 6.4 和图 6.5 所示。

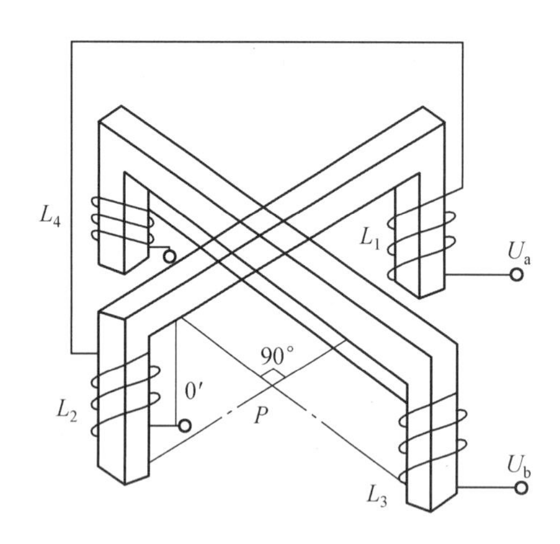

图 6.4 十字交叉磁轭探伤仪

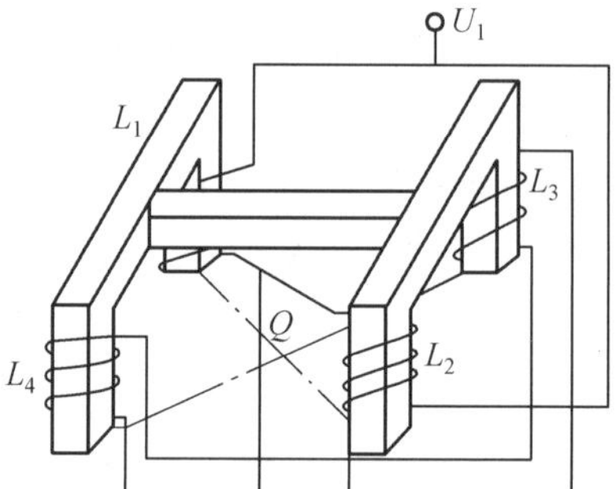

图 6.5 平面交叉磁轭探伤仪

(1)十字交叉磁轭探伤仪。

十字交叉磁轭探伤仪由两个交叉的 π 形电磁轭构成,三相交流电经常降压后由任意两项供电给电磁轭,一路 U_a 供给激磁线圈 L_1 和 L_2,另一路 U_b 供给激磁线圈 L_3 和 L_4,U_a 和 U_b 有 120°的相位差,由这两个电磁轭分别产生的正弦交变磁场叠加后,产生一个方向随时间变化的椭圆形旋转磁场。

(2)平面交叉磁轭探伤仪。

平面交叉磁轭探伤仪由两个 π 形铁芯和一个公用铁芯组合而成,常采用三相交流电中的任意两项做激磁电源供电,相位差为 120°时,可以使交叉磁轭的公用铁芯的横截面积与两相磁路相等,这样的设计简单,并且减轻了磁轭的总量。

3. CJX-500 型、CJX-1000 型、CJX-2000 型交流磁粉探伤仪

CJX-500 型、CJX-1000 型、CJX-2000 型交流磁粉探伤仪都采用两电极触头通交流电的方法,进行周向磁化,带有开合及闭合线圈或者用绕电缆法进行纵向磁化和退磁。根据检测所需的磁化电流大小,可选用 CJX-500 型(即周向磁化电流最大为 500 A)、CJX-1000 型、CJX-2000 型交流磁粉探伤仪。

6.2.3　试块及试片

磁粉检测利用试块和试片检查探伤设备、磁粉、磁悬液的综合使用性能,操作方法是否恰当以及灵敏度是否满足要求,试片还可用于考查被检工件表面各处的磁场分布规律,并可用于大致确定理想的磁化电流值。试片通常是由一侧刻有一定深度的直线和圆形细槽的薄铁片制成。A 型灵敏度试片用 100 μm 厚的软磁材料制成,如图 6.6 所示,使用时,将试片刻有人工槽的一侧与被检工件表面贴紧,然后对工件进行磁化并施加磁粉。如果磁化方法、规范选择得当,在试片表面上应能看到与人工刻槽相对应的清晰显示。

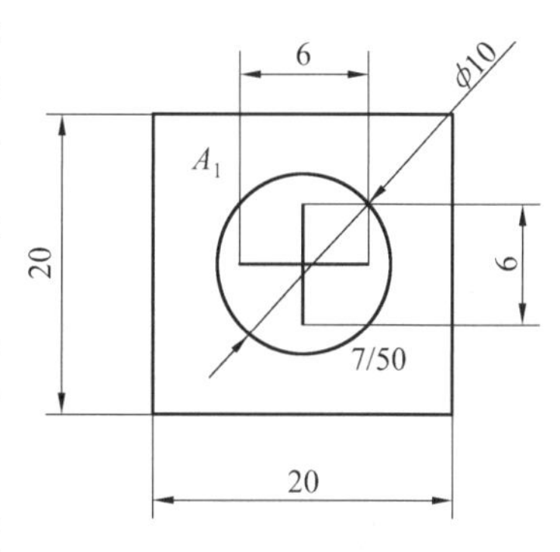

图 6.6　A 型灵敏度试片

常用的还有标准环形试块(也称 Betz 环)、磁场指示器等,如图 6.7、6.8 所示。

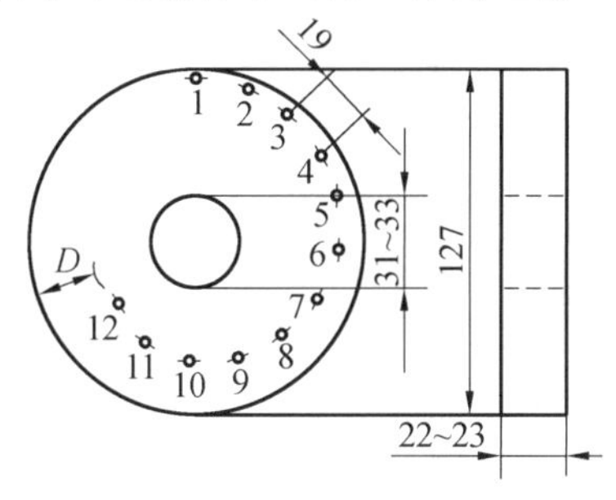

图 6.7　Betz 环试块

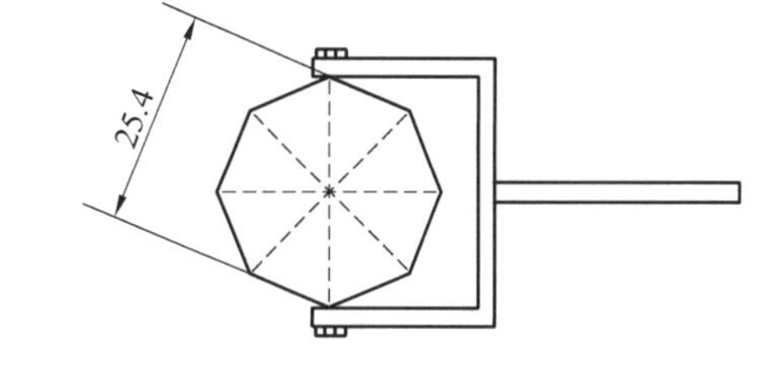

图 6.8　磁场指示器

试验环可用于评价中心导体法的磁粉材料和系统灵敏度。测试时,使用全波整流电,通过直径为 32 mm 的铜制中心导体来对试验环产生周向磁化。在试验环的外圆柱面上所显示的磁痕数量应达到表 6.1、表 6.2 中的规定值。否则,应对所使用的系统(磁粉、设备、方法等)加以检查和修正。

磁场指示器可反映试验工件表面强度和方向,但不能作为磁场强度和磁场分布的定量指示。当磁场指示器上没有形成磁痕或没有在所需的方向上形成磁痕时,应改变或校正磁化方法。只有当磁粉在磁化力的作用下,在指示器的表面形成清楚的规则磁痕时,才表明有适当的磁通或磁场强度,并可根据规则的横跨磁痕确定磁场方向。

表 6.1　湿磁粉环状试块磁痕显示

磁悬液的类型	磁化电流/A (FWDC)①	所显示出近表面孔的最小数目
荧光或非荧光磁粉	1 400	8
	2 500	5
	3 400	6

①FWDC 为全波整流直流电。

表 6.2　干磁粉法、环状试块磁痕显示

磁化电流/A (FWDC)	所显示出近表面孔的最小数目
500	4
900	4
1 400	4
2 500	6
3 400	7

6.2.4　磁粉及磁悬液

在磁粉检验时施加的磁性介质视其状态分为干粉法和湿粉法。

1. 磁粉

磁粉分为荧光磁粉和非荧光磁粉。荧光磁粉在紫外线辐射下能发出黄绿色荧光,适用于背景深暗的工件,并较其他磁粉有更高的灵敏度。非荧光磁粉有黑磁粉、红磁粉等种类。黑磁粉成分为 Fe_3O_4,适用于背景为浅色或光亮工件。红磁粉成分为 Fe_2O_3,适用于背景较暗的工件。由于磁粉质量关系到检验效果,所以对磁粉的磁性、形状、尺寸、密度等均需符合有关规定。

2. 磁悬液

磁粉可用油或水做分散介质按一定比例配制成磁悬液,用于湿法检验。推荐以无味煤油配制。通常情况下,磁悬液配制浓度:非荧光磁粉为 10 ~ 25 g/L,荧光磁粉为 0.5 ~ 2 g/L;浓度测定值:每 100 mL 磁悬液中,非荧光磁粉沉淀体积为 1.0 ~ 2.5 mL,荧光磁粉沉淀体积为 0.1 ~ 0.4 mL。磁悬液浓度值应以浓度测定值为准,配制浓度仅供参考。对于循环使用的磁悬液应定期测定浓度。

6.3　磁粉检测技术

6.3.1　操作程序

1. 被检工件的表面制备

当工件表面粗糙或不清洁时,容易对喷洒的磁粉产生机械挂附,造成伪显示,因此对进行磁粉检验的工件要求预先进行清洗,对工件表面光洁度的要求一般为小于等于 1.6 μm。

2. 被检验工件的磁化

(1)被检验工件的磁化方法有许多种,按磁场产生方式分类有:

①直接通电法:使电流直接通过工件(全部或局部)以形成磁场,所形成磁场的方向按电流方向以右手定则确定。直接通电法包括对工件整体通电(夹头法)和局部通电(支杆法或磁锥法),如图 6.9 所示。

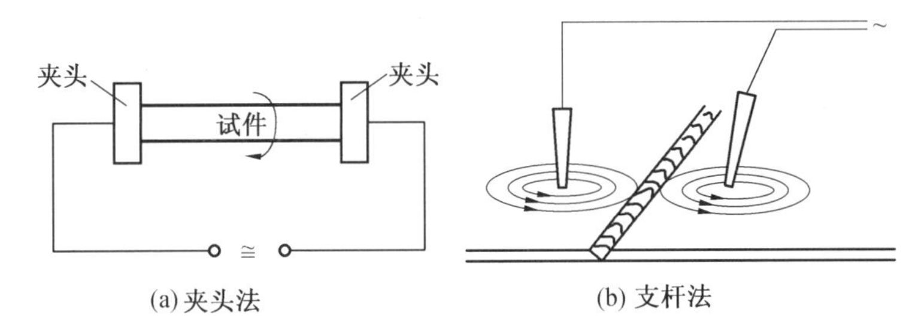

(a) 夹头法　(b) 支杆法

图 6.9　直接通电法示意图

②线圈法:将被检验工件放入通电线圈产生的磁场中磁化,工件中的磁场方向与通电线圈的磁场方向相反。线圈法包括固定线圈法和电缆缠绕法和直电缆法,如图 6.10 所示。

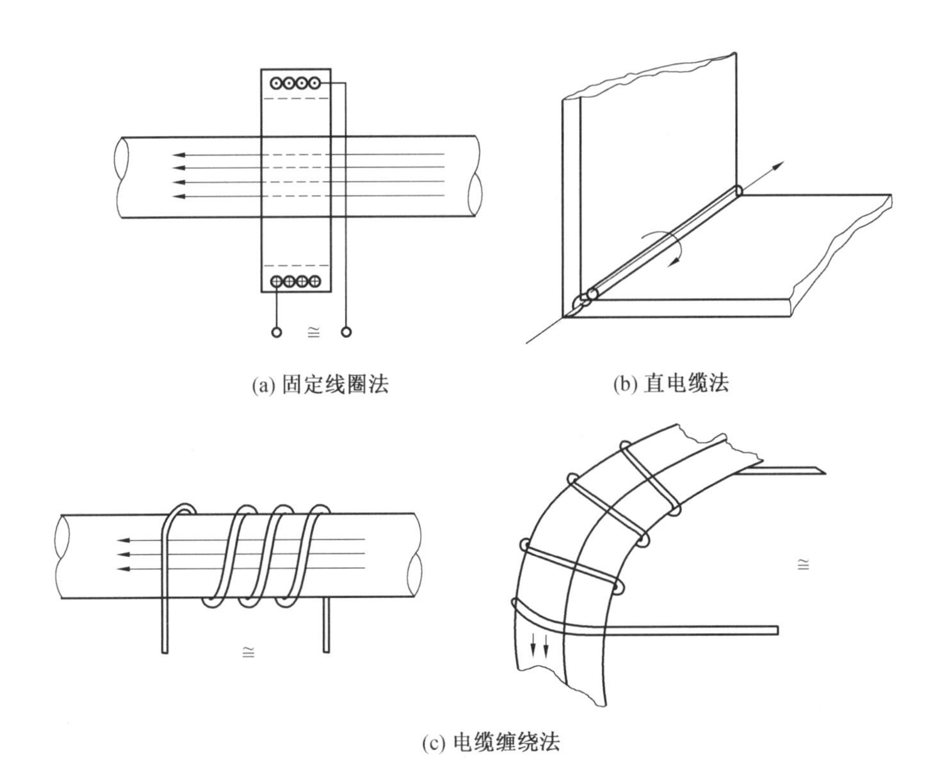

(a) 固定线圈法　(b) 直电缆法

(c) 电缆缠绕法

图 6.10　线圈法示意图

③磁轭法(磁铁法):利用电磁铁或永久磁铁的磁场对工件整体或局部磁化,如图 6.11 所示。

④感应磁化法:利用磁感应原理,在工件上产生感应磁场,或产生感应电流后由感应电流产生磁场,包括穿棒法与变压器法(实际上前面所述的线圈法也属于磁感应法),如图 6.12 所示。

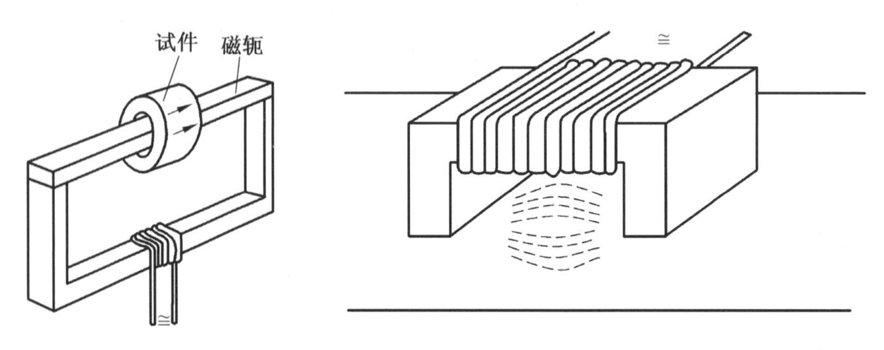

图 6.11　磁轭法示意图

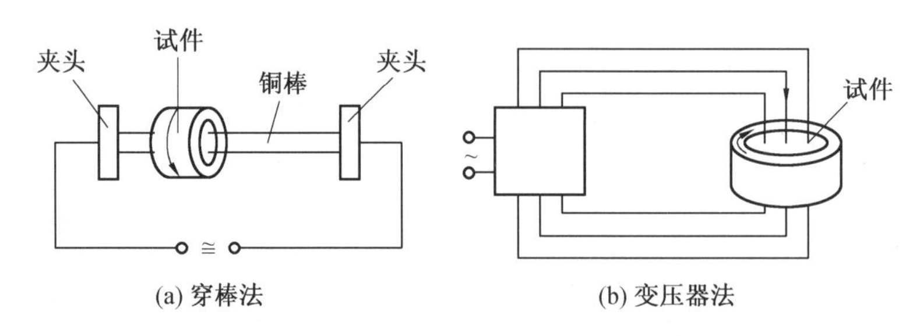

图 6.12　感应磁化法示意图

⑤复合磁化法:利用直接通电与线圈磁化同时进行的综合磁化,或用旋转磁场式磁轭进行的复合磁化(在工件上得到近似圆形的平面磁场),可以同时检查不同方向的缺陷,达到提高检查速度的效果。如图 6.13 所示。

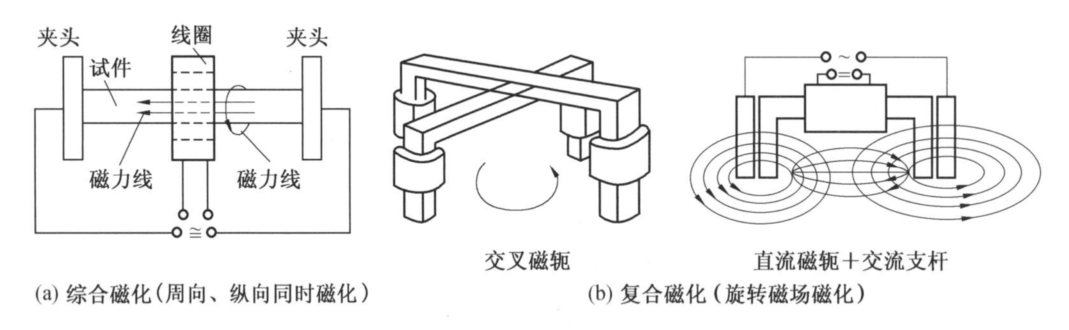

图 6.13　复合磁化法示意图

(2)根据磁化电流的类型可分类为:

①直流磁化:采用直流(恒定电流)或经全波整流的脉动直流作为磁化电流,可达到较大的检验深度(有资料介绍可以达到 6 ~ 8 mm 的检查深度),但给检验后的退磁带来一定困难,且磁化设备较复杂,价格昂贵。

②交流磁化:以工频交变电流作为磁化电流,由于有振动作用存在,促使磁粉跳动并聚集,因此磁痕形成速度较直流为快,并且退磁容易,但检验深度较小(一般的有效检验深度在 0.5 ~ 1 mm 范围)。在用交流电做剩磁法检验时,必须控制断电相位,以免在电流为零时断电而未充上磁造成漏检。

③半波整流磁化:将工频交变电流经半波整流后作为磁化电流,综合了直流和交流的优点,又避免了各自的缺点,但对磁化剩磁大的材料,且使用交变电流时,必须注意断电相

位的控制。

3. 磁化规范

工件磁粉检验的灵敏度除与工件自身条件(磁特性,几何形状,表面光洁度等)有关外,最重要的就是磁化规范的参数选定,即在直接通电法时的磁化电流,或线圈法时的磁化安匝数(磁化电流与匝数的乘积),或磁轭的吸力(提升力),这些参数影响工件磁化强度的大小及漏磁场的大小。一般情况下,根据磁化方式,其相应的磁化电流由相应的标准或技术文件中给出,如当采用触头法局部磁化大工件时,JB 4730—2005《承压设备无损检测》标准中推荐使用的磁化电流见表 6.3。

表 6.3　触头法的磁化电流值

工件厚度 T_1/mm	电流 I_1/A
$T<19$	(3.5 ~ 4.5)倍触头间距
$T\geqslant19$	(4 ~ 5)倍触头间距

当使用最大的磁极间距时,要求交流电磁轭至少应具有 44 N 的提升力;直流电磁轭至少应具有 177 N 的提升力。用交流励磁的缠绕电缆法检测时,实际需要的安匝数要使用人工缺陷试板或磁场指示器测定。

根据磁化方法的不同,磁化的通电时间也随之变化,采用连续法时,应在施加磁粉工作结束后再切断磁化电流,一般是在磁悬液停止流动后必须再通几次电,每次时间为 0.5 ~ 2 s;采用剩磁法时,通电时间一般为 0.2 ~ 1 s。

4. 施加磁性介质

工件磁化后即应施加磁性介质以检测漏磁场的存在,根据磁性介质的状态,可以分为:

①干粉法:直接将干燥的磁粉喷洒在被磁化的工件表面,多用于工程现场的磁粉检验。

②湿法:以水为载体,加入适量磁粉和适当的添加剂并搅拌均匀,成为水磁悬液,或用变压器油与煤油混合作为载体加入适量磁粉并搅拌均匀成为磁悬液。将磁悬液喷洒或浇洒在磁化工件上,或将工件浸没在磁悬液中再提出,磁悬液中的磁粉随磁悬液载体在工件上流动到漏磁场处即发生吸附并形成磁痕。

作为显示介质的磁粉有以下几种:

a. 黑磁粉:成分为 Fe_3O_4,呈黑色粉末状,适用于背景为浅色或光亮的工件。

b. 红磁粉:成分为 Fe_2O_3,呈铁红色粉末状,适用于背景较暗的工件。

c. 荧光磁粉:在磁粉外层褒有荧光物质,为紫外线辐照能发出绿色荧光,适用于背景深暗的工件并较其他的磁粉有更高的灵敏度。

d. 白磁粉:使用于背景较暗的工件。

为保证检验结果的可靠性,对磁粉(包括磁性、粒度、形)及磁悬液浓度需经校验合格后才能使用,并且在使用过程中也需要定期校验,此外对于观察评定时的白光照度,或荧光磁粉检验时使用的紫外线强度等也必须经校验合格后方能保证校验质量。

5. 观察评定

不同类型的缺陷会显示出不同形态的磁痕,结合对被检验工件的材料特性、加工工艺方面的了解,很容易根据磁痕显示判断缺陷性质。

发纹和裂纹缺陷虽然都是磁粉检测中最常见的线性缺陷,但对工件使用性能的影响却完全不同,发纹缺陷对工件使用性能影响较小、而裂纹的危害极大、一般都不允许存在。因此,对它们进行对比分析,提高识别能力十分重要,发纹和裂纹缺陷的对比分析见表6.4。

表6.4 发纹和裂纹缺陷的对比分析

	发纹	裂纹
产生原因	发纹是由于钢锭中的非金属夹杂物和气孔在轧制拉长时,随着金属变形伸长而形成的类似头发丝的细小缺陷	裂纹是由于工件淬火,锻造或焊接等原因,在工件表面产生的窄而深的V字形破裂或撕裂的缺陷
形状、大小和分布	发纹缺陷都是沿着金属纤维方向,分布在工件纵向截面的不同深度处,呈连续或断续的细直线。很浅,长短不一,长者可达数十毫米	裂纹缺陷一般都产生在工件的耳、孔边缘和截面突变等应力集中部位的工件表面上,呈窄而深的V字形破裂,长短不一,通常边缘参差不齐,弯弯曲曲或有分岔
磁痕特征	磁痕均匀清晰而不浓密,直线形,两头呈圆角	磁痕浓密清晰,弯弯曲曲或有分岔,两头呈尖角
鉴别方法	(1)擦掉磁痕,发纹缺陷目视不可见 (2)在2~10倍放大镜下观察,发纹缺陷目视仍不可见 (3)用刀刃在工件表面沿垂直磁痕方向来回刮,发纹缺陷不阻挡刀刃	(1)擦掉磁痕,裂纹缺陷目视可见、或不太清晰 (2)在2~10倍放大镜下观察裂纹缺陷呈V字形开口,清晰可见 (3)用刀刃在工件表面沿垂直磁痕方向来回刮,裂纹缺陷阻断刀刃

表面缺陷是指由热加工、冷加工和工件使用后产生的表面缺陷或经过机械加工才暴露在工件表面的缺陷,如裂纹等。表面缺陷有一定的深宽比,磁痕显示浓密清晰、瘦直、轮廓清晰,呈直线状、弯曲线状或网状。磁痕显示重复性好。

近表面缺陷是指工件表面下的气孔、夹杂物、发纹和未焊透等缺陷,因缺陷处于工件近表面,未露出表面,所以磁痕显示宽而模糊,轮廓不清晰,磁痕显示与缺陷性质和埋藏深度有关。

6.退磁

除了磁粉检验外还要经过温度超过居里点的热处理,以防止残留磁性在工件后续加工或使用中产生不利的影响。退磁程度的检测通常使用磁强计等小型便携式测磁仪器。

7.后处理与合格工件的标记

磁粉检测以后,为不影响工件的后续加工和使用,往往在检验后需要对工件进行后处理。后处理内容包括:

(1)清洗工件表面包括孔中、裂缝和通路中的磁粉。

(2)使用水磁悬液检验,为防止工件生锈,可用脱水防锈油处理。

(3)如果使用过封堵,应取出。

(4)如果涂覆了反差增强剂,应清洗掉。

(5)被拒收的工件应隔离。

合格工件标记方法:

(1)打钢印:钢印应打在产品的工件号附近。

(2)刻印:用电笔或风动笔刻上标记。

(3)电化学腐蚀:不允许打印记的工件可用电化学腐蚀的方法进行标记,标记所用的腐蚀介质应对产品无害。

(4)挂标签:对粗糙度低的产品,或不允许用上述方法标记时,可以挂标签或装纸袋用文字说明。表明该批工件合格。

6.3.2　磁粉检测工艺卡编制举例

一般每项产品或工件只编写一份"特种设备磁粉检测工艺卡"。必要时、还应再附一份"特种设备磁粉检测操作要求及主要工艺参数",作为对工艺卡有关项目的补充。

这里仅举个编制工艺卡的实例,因为有许多磁化方法、检测方法和设备及材料可供选择,可组合编制成各种形式工艺卡,所以这里提供的工艺卡实例,并不是唯一形式,也不一定是最佳的,仅供练习时参考,希望能起到举一反三的作用。

例 6.1　有一低温储罐,如图 6.14 所示。基本情况如下:

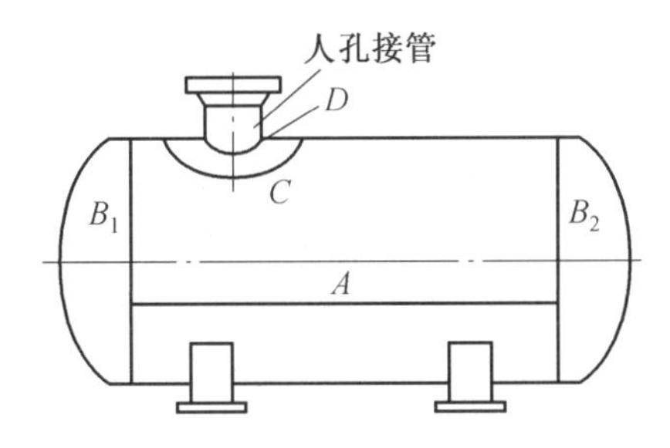

图 6.14　低温储罐

(1)设计压力:1.78 MPa;

(2)材质:09MnNiDR;

(3)工件规格:ϕ2 800 mm×8 000 mm×18 mm;

(4)介质:丙烯;

(5)设计温度:-45℃。

焊后要求整体热处理、水压试验和气密试验。

按 JB/T 4730—2005《承压设备无损检测》标准,验收级别为Ⅰ级,逐项填写特种设备磁粉检测操作要求及主要工艺参数,见表 6.5 和表 6.6。

表 6.5 特种设备磁粉检测工艺卡

产品(或工件)名称	低温储罐	材料牌号	09MnNiDR	规格尺寸	ϕ2 800 mm×8 000 mm ×18 mm
热处理状态	—	检测部位	A,B_1,B_2,C,D,焊缝及热影响区。100% 检测	被检表面要求	清除并打磨焊缝及热影响区表面
检测时机	焊接完 24 h 后	检测设备	CJE 交流电磁轭 CXE 交叉磁轭	标准试片(块)	A_1 30/100
检测方法	荧光、湿法、连续法	光线及检测环境	黑光辐照度大于或等于 1 000 μW·cm^2,环境光照度小于 20 lx	缺陷磁痕记录方式	照片、贴印或临摹草图
磁化方法	磁轭法 交叉磁场法	电流种类磁化规范	提升力大于或等于 45 N;提升力大于或等于 118 N(间隙 0.5 mm)	磁粉及磁悬液配制浓度	YC2 荧光磁粉 1. PW. 3 号煤油 0.5 ~2 g/L
磁悬液施加方法	浇法	检测方法标准	JB/T 4703—2005	检验验收等级	Ⅰ级
磁粉检测质量评级要求	1. 不允许存在任何裂纹 2. 不允许存在任何线性缺陷裂纹 3. 圆形缺陷磁痕(评定框尺寸为 35 mm×100 mm),长径 d≤1.5 mm,且在评定框内不大于 1 个				

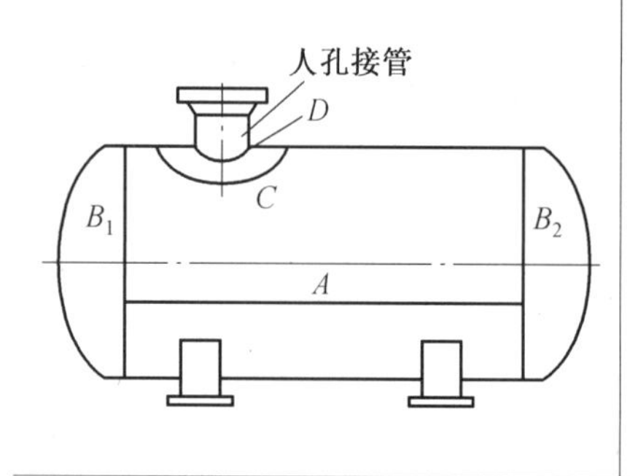

磁化方法附加说明:

(1)A 焊缝用交叉磁轭磁化

(2)B_1,B_2 焊缝用交叉磁轭磁化

(3)C,D 焊缝用可变角度交流电磁化,在垂直或平行焊缝两个方向磁化,磁极间距 L≥75 mm。保证有效磁化区重叠,在磁化时施加磁悬液

(4)磁化规范最终以 A_1-30/100 标准试片上磁痕显示确定

编制	MTⅡ级(或Ⅲ级)	审核	XDT 责任工程师	审批	单位技术负责人
	年 月 日		年 月 日		年 月 日

表 6.6　特种设备磁粉检测操作要求及主要工艺参数

工序号	工序名称		操作要求及主要工艺参数
1	预处理		清除焊缝及热影响区表面的飞溅焊渣，并采用砂轮打磨等方式，保证被检区域光滑
2	磁化	设备选择	CJE 交流电磁轭 CXE 交叉磁轭
		磁化方法	磁轭法 交叉磁轭法
		磁化规范	提升力大于或等于 45 N 提升力大于或等于 118 N(间隙 0.5 mm)
		磁化次数	两种磁化方法，均考虑有效磁化区及其重叠
		试片校核	磁化范围最终以 A_1-30/100 标准试片磁痕显示确定，放置区域在两磁极连线外侧的 1/4 磁极距离处
3	施加磁悬液方式	A 焊缝：磁悬液施加在交叉磁轭行走方向的前上方 B_1B_2 焊缝：磁悬液施加在交叉磁轭行走方向的正前方 C，D 焊缝：磁悬液喷洒时自上而下，自高而低分两个半圆进行喷洒	
4	磁痕观察并记录	光线	黑光辐照度大于或等于 1 000 μW · cm^2
		检测环境	在暗区进行，环境光照度小于 20 lx，至少 3 min 暗区适应
		辅助观察器材	必要时可采用 2 ~ 10 倍放大镜观察磁痕
		磁痕记录内容	记录缺陷性质、形状、尺寸及部位
		磁痕记录方式	采用照相、贴印或临摹草图等方法
		超标缺陷处理	发现超标缺陷后，清除至肉眼不可见，再采用磁粉检测复验，直至缺陷清除
5	缺陷评级		确认是相关显示，按 JB/T 4730—2005 进行缺陷评级
6	退磁		可不退磁
7	后处理		清除残余磁粉或磁悬液
8	复检		按 JB/T 4730—2005 第 6 条进行复检
9	检测报告		按 JB/T 4730—2005 第 10 条签发磁粉检测报告
编制	MT Ⅱ级(或Ⅲ级)		
	年　月　日		

6.3.3　磁粉检测质量分级

根据 JB/T 4730—2005《承压设备无损检测》标准对磁粉检测。质量分为 4 级。其中Ⅰ为最高级，Ⅳ为最低级。焊接接头的磁粉检测质量分级见表 6.7。

表 6.7　焊接接头的磁粉检测质量分级

等级	线性缺陷磁痕	圆形缺陷磁痕(评定框尺寸为 35 mm×100 mm)
Ⅰ	不允许	$d \leqslant 1.5$,且在评定框内不大于 1 个
Ⅱ	不允许	$d \leqslant 3.0$,且在评定框内不大于 2 个
Ⅲ	$l \leqslant 3.0$	$d \leqslant 4.5$,且在评定框内不大于 4 个
Ⅳ	大于Ⅲ级	

注:l 表示线性缺陷磁痕长度,mm;d 表示圆形缺陷磁痕长径,mm。

说明:

(1)长度与宽度之比大于 3 的磁痕,按条状磁痕处理;长度与宽度之比不大于 3 的磁痕,按圆形磁痕处理。

(2)长度小于 0.5 mm 的磁痕不计。

(3)两条或两条以上缺陷磁痕在同一直线上且间距不大于 2 mm 时,按一条磁痕处理,其长度为两条磁痕之和加间距。

(4)缺陷磁痕长轴方向与工件(轴类或管类)轴线或母线的夹角大于或等于 30°时,按横向缺陷处理,其他按纵向缺陷处理。

(5)在圆形缺陷评定区内同时存在多种缺陷时,应进行综合评级。对各类缺陷分别评定级别,取质量级别最低的级别作为综合评级的级别;当各类缺陷的级别相同时,则降低一级作为综合评级的级别。

6.3.4　超标缺陷磁痕显示的处理和复验

1. 超标缺陷磁痕显示的处理

当发现超标缺陷磁痕显示时,如果允许打磨清除,应打磨清除至肉眼不可见。打磨圆滑过渡后,再采用磁粉检测进行复查,直至确认缺陷完全清除为止。若打磨深度超过规定的要求应用其他方法进行处理。包括补焊方法修补、力学方法计算等方式。

2. 复验

出现以下情况时,应对工件进行复验:

(1)检测结束后,用标准试片验证检测灵敏度不符合要求时;

(2)发现检测过程中操作方法有误或技术条件改变时;

(3)合同各方有争议或认为有必要时。

6.3.5　检测记录和检测报告

由于磁粉检测所用的方法、设备和材料不同,因此得出的检测结果也不完全相同。检测记录是全部检测工作的原始资料和见证。因此具有重要的作用,检测结束后一定要及时、认真、准确地填写记录。记录和报告应能追踪到被检测的具体工件和部位,至少应包括以下内容:

(1)委托单位、被检工件名称和编号;

(2)被检工件材质、坡口形式、焊接方法热处理状态及表面状态;

(3)检测装置的名称和型号;

(4)磁粉种类及磁悬液浓度和施加磁粉的方法；
(5)磁化方法及磁化规范；
(6)检测灵敏度检验及标准试片、标准试块；
(7)磁痕记录及工件草图(或示意图)；
(8)检测结果及质量等级评定、检测标准名称和验收等级；
(9)检测人员和责任人签字及其技术资格；
(10)检测日期。

第7章　渗透检测

渗透检测是利用带有荧光染料(荧光法)或红色染料(着色法)渗透剂的渗透作用,显示缺陷痕迹的无损检测方法。可用于各种金属材料和非金属材料构件表面开口型缺陷的质量检验。

7.1　渗透检测的物理基础

7.1.1　液体的一些物理化学现象

1. 液体的表面张力

作用在液体表面而使液体表面收缩并趋于最小表面积的力,称为液体的表面张力。渗透液的表面张力是判定其是否具有高的渗透能力的两个最重要的性能之一。表面张力产生的原因是因液体分子之间客观存在着强烈的吸引力,由于这个力的作用,液体分子才进行结合,成为液态整体。在液体内部对于每个分子来讲,它所受的力是平衡的,即合力为零;而处于表面层上的分子,上部受气体分子的吸引,下部受液体分子的吸引,由于气体分子的浓度远小于液体分子的浓度,因此表面层上的分子所受下边液体的引力大于上边气体的引力,合力不为零,方向指向液体内部。这个合力,就是所说的表面张力。它总是力图使液体表面积收缩到可能达到的最低限度。表面张力的大小可表示为

$$F=\sigma l \tag{7.1}$$

式中　σ——液体单位长度的表面张力;

L——液面的长度。

2. 液体的润湿作用

润湿是固体表面上的气体被液体取代的过程。渗透液润湿金属表面或其他固体材料表面的能力,是判定其是否具有高的渗透能力的另一个重要的性能。

液体对固体的润湿程度,可以用它们的接触角的大小来表示。把两种互不相溶的物质间的交界面称为界面,则接触角 θ 就是指液固界面与液气界面处液体表面的切线所夹的角度,如图7.1所示。由图可知,θ 越大,液体对固体工件的润湿能力越小。

3. 液体的毛细现象

把一根内径很细的玻璃管插入液体内,根据液体对管子的润湿能力的不同,管内的液面高度就会发生不同的变化。如果液体能够润湿管子,则液面在管内上升,且形成凹形,如图7.2(a)所示;如果液体对管子没有润湿能力,那么管内的液面下降,且成为凸形弯曲,如图7.2(b)所示。这种弯曲的液面,称为弯月面。液体的润湿能力越强,管内液面上升越高。以上这种细管内液面高度的变化现象,称为液体的毛细现象。毛细现象的动力为:固体管壁分子吸引液体分子,引起液体密度增加,产生侧向斥压力推动附面层上升,形

成弯月面,由弯月面表面张力收缩提拉液柱上升。平衡时,管壁侧向斥压力通过表面张力传递,与液柱重力平衡。

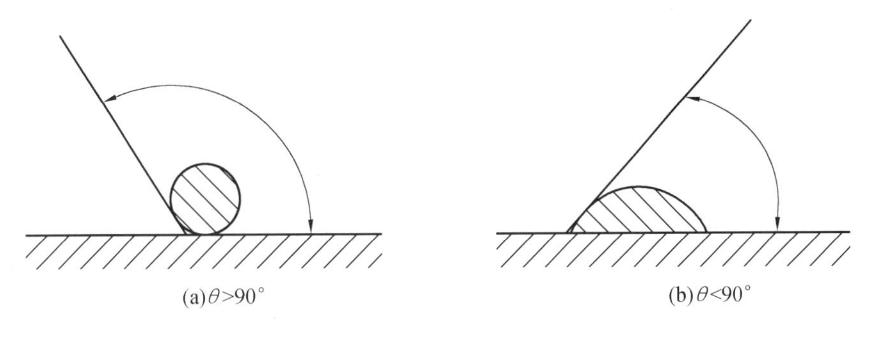

图7.1　接触角 θ

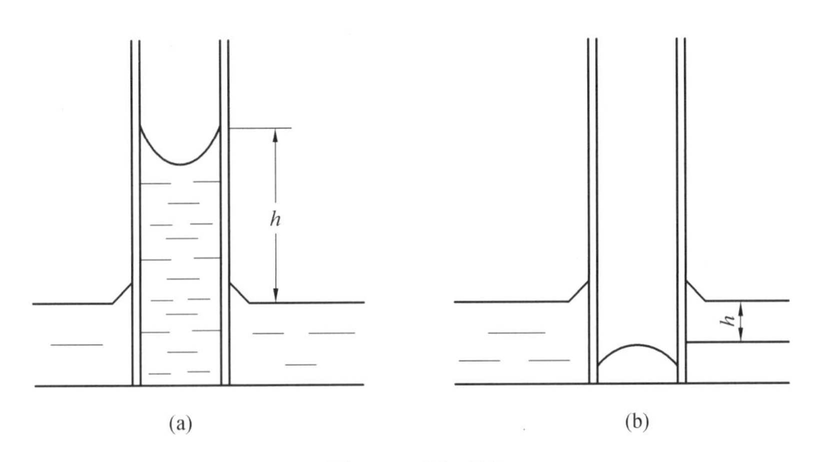

图7.2　毛细现象

毛细现象使液体在管内上升的高度 h 可表示为

$$h=\frac{2\sigma\cos\theta}{R\rho g} \tag{7.2}$$

式中　θ——液面与管壁接触角;

ρ——液体的密度;

σ——表面张力系数;

R——细管半径;

g——重力加速度。

4.乳化作用

在某物质的作用下,把原来不相溶的物质变为可溶性的,这种作用称为乳化作用。所用物质称为乳化剂。例如,把水和油一起倒进容器中,静置后就会出现分层现象,形成明显的界面。如果加以搅拌,使油分散在水中,形成乳浊液,但稍静置,又会分成明显的两层。如果在容器中加入合适的乳化剂,经搅拌混合后,可形成稳定的乳浊液。这一类乳化剂是由具有亲水基和亲油基的两亲分子构成的,它能吸附在水和油的界面上,起一种搭桥的作用,不仅防止了水和油的互相排斥,而且把两者紧紧地连接在自己的两端,使油和水不相分离。这样就把渗透液变成可溶性的了,经这样处理后的渗透液在检测清洗时,很容易被水洗掉,保证了检测工作的顺利进行。

5. 荧光现象及机理

许多原来在白光下不发光的物质在紫外光的照射下能够发光,这种现象称为光致发光。光致发光的物质在外界光源移开后,立即停止发光的物质称为荧光物质。荧光渗透液中的荧光染料就是其中一种。

当紫外光照射到荧光液时,荧光物质便吸收紫外线的光能量产生荧光,不同荧光物质产生的荧光波长不完全一样,因此光的颜色也有差异。荧光颜色最好为黄绿色,因为这种颜色在暗处的衬度较高,人眼的感觉很敏锐。渗透探伤用的荧光液中的荧光染料吸收紫外线能量后,发出的光子波长为510~550 nm,其颜色为黄绿色。

7.1.2 基本原理

在被检材料或工件表面上浸涂某些渗透力比较强的液体,在毛细作用下,渗透液被渗入到工件表面开口的缺陷中,然后去除工件表面上多余的渗透液(保留渗透到表面缺陷中的渗透液),再在工件表面上涂上一层显像剂,缺陷中的渗透液在毛细作用下重新被吸到工件的表面,从而形成缺陷的痕迹。根据在黑光(荧光渗透液)或白光(着色渗透液)下观察到的缺陷显示痕迹,作出缺陷的评定。

7.1.3 渗透检测的特点及其应用

1. 渗透检测的优点

(1)工作原理简单易懂,对操作者的技术要求不高;

(2)应用面广,可用于多种材料的表面检测,而且基本上不受工件几何形状和尺寸大小的限制;

(3)显示缺陷直观,且不受缺陷方向的限制,既一次检测可同时探测不同方向的表面缺陷;

(4)检测用设备简单,成本低廉,使用方便;

(5)渗透检测对各种材料的开口式缺陷(如裂纹、气孔、分层、夹杂物、折叠、熔合不良、泄漏等)都能进行检查,特别是某些表面无损检测方法难于进行检查的非铁磁性金属材料和非金属材料工件。

2. 渗透检测的局限性

(1)只能检测开口式表面缺陷,另外工序比较多,探伤灵敏度受人为因素的影响比较多;

(2)对工件和材料的表面粗糙度有一定要求,因为表面过于粗糙及多孔的材料,工件上的剩余渗透液很难完全清除,致使真假缺陷难以判断。

3. 渗透检测的应用

渗透检测适用于具有非吸收的光洁表面的金属、非金属,特别是无法采用磁性检测的材料,例如铝合金、镁合金、钛合金、铜合金、奥氏体钢等的制品,可检验锻件、铸件、焊缝、陶瓷、玻璃、塑料以及机械零件等的表面开口型缺陷。已被广泛应用于机械、航空、宇航、造船、仪表、压力容器和化工工业等各个领域。

7.2　渗透检测的设备和材料

7.2.1　渗透检测的设备

1. 便携式装置

图 7.3　装有渗透检测剂的便携式压力喷灌

便携式装置由盛装渗透检测剂的便携式压力喷罐和辅助工具组成，如图 7.3 所示。压力喷灌分别盛装渗透液、去除剂和显像剂，在喷灌内封装渗透检测剂的同时，按一定的比例装入气雾剂，常用的气雾剂是乙烷、氟利昂等，因此喷灌不宜放在近火源、热源处，以免引起爆炸和火灾。辅助工具由擦布（纸巾）、灯、毛刷、金属刷等组成，通常将它们装在一个小箱子里，即便携式渗透检测箱。荧光法中所用灯为黑光灯，着色法中所用灯为照明灯。对现场检测和大工件的局部检测，采用便携式设备非常方便。

2. 固定式渗透检测装置

工作场所的流动性不大，工件数量较多，要求布置流水作业线时，一般采用固定式检测装置，而且基本上是采用水洗型或后乳化型渗透检测方法，故主要的装置有：预清洗装置、渗透装置、乳化装置、水洗装置、显像装置、干燥装置和后处理装置。图 7.4 是水洗型荧光渗透检测系统所用的七个工位的典型成套设备。若是用于后乳化型检测系统，则可在渗透液滴落之后、水洗之前，增加一个工位，给工件涂上一层乳化剂。

图 7.4　水洗型荧光渗透系统检查工件所用的包括七个工位的典型成套设备

7.2.2　渗透检测用渗透剂

渗透检测用渗透剂通常由渗透剂、乳化剂、清洗剂和显像剂组成。其基本组成、特点及质量要求见表 7.1 ~ 表 7.5。

表 7.1 着色渗透剂的基本性能及质量要求

<table>
<tr><th colspan="2">分类</th><th>基本组成</th><th>特点及应用</th></tr>
<tr><td rowspan="2">水洗型</td><td>水基型</td><td>水、红色染料</td><td>不可燃,使用安全,不污染环境,价格低廉,但灵敏度欠佳</td></tr>
<tr><td>乳化型</td><td>油液、红色染料、乳化剂、溶剂</td><td>渗透性较好,容易吸收水分产生浑浊、沉淀等污染现象</td></tr>
<tr><td colspan="2">后乳化型</td><td>油料、溶剂、红色染料</td><td>渗透力强,检测灵敏度高。适合于检查浅而细致的表面缺陷。但不适合于表面粗糙及不利于乳化的工件</td></tr>
<tr><td colspan="2">溶剂去除型</td><td>油液、低黏度易挥发的溶剂、红色染料</td><td>具有很快的渗透速度,与快干式显像剂配合使用,可得到与荧光渗透检测相类似的灵敏度</td></tr>
</table>

渗透液的黏度大小对渗透能力的影响不大,但对渗透速度有直接影响,黏度越大,渗透速度越慢,渗透时间越长。同时,黏度大的渗透液也将使工件或材料表面上剩余渗透液的清洗增加困难,所以非常黏的液体不宜用做渗透液。但黏度过小,则在清洗时容易把缺陷中的渗透液洗掉。因此,一般渗透液常用的黏度范围是$(4\sim10)\times10^{-6}\ m^2/s$(38 ℃时)。

(1)渗透力强,容易渗入工件的表面缺陷。

(2)荧光渗透剂应具有鲜明的荧光,着色渗透剂应具有鲜艳的色泽。

(3)清洗性好,容易从工件表面清洗掉。

(4)润湿显像剂的性能好,容易从缺陷中被显像剂吸附到工件表面,而将缺陷显示出来。

(5)无腐蚀,对工件和设备无腐蚀性。

(6)稳定性好,在日光(或黑光)与热作用下,材料成分和荧光亮度或色泽能维持较长时间。

(7)毒性小。

此外,检测钛合金与奥氏体钢材料时,要求渗透剂低氯低氟;检测镍合金材料时,要求渗透剂低硫;检测与氧、液氧接触的工件时,要求渗透剂与氧不发生反应,呈现化学惰性。

表 7.2 荧光渗透剂的基本性能

分类	基本组成	特点及应用
水洗型	油基渗透剂,互溶剂,荧光染料,乳化剂	乳化剂含量越高,则越易清洗。但灵敏度越低荧光染料浓度越高,则亮度越大。但价格越贵,有高、中、低三种不同的灵敏度
后乳化型 溶剂去除型	油基渗透剂,互溶剂,荧光染料,润湿剂	缺陷中的荧光液不易被洗去(比水洗型荧光液强),抗水污染能力强,不易受酸或铬盐的影响 荧光液灵敏度按其在紫外光下发光的强弱可分类

质量要求:

(1)荧光性能应符合规定;

(2)渗透液的密度、浓度及外观检验应符合规定;

(3)渗透能力强,渗透速度快;

(4)荧光液应有鲜明的荧光;

(5)清洗性能好;

(6)润湿显像剂的性能好;

(7)无腐蚀性;

(8)稳定性好;

(9)毒性好。

表 7.3　乳化剂的基本性能及质量要求

分类	基本组成	特点及应用
亲水性乳化剂	烷基苯酚聚氧乙烯醚、脂肪醇聚氧乙烯醚	乳化剂浓度决定了它的乳化能力、乳化速度和乳化时间,推荐使用浓度为 5% ~20%
亲油性乳化剂	脂肪醇聚氧乙烯醚	不加水使用,其黏度大时扩散速度慢,则乳化过程容易控制,但乳化剂损耗大,反之亦然

质量要求:

(1)乳化剂应容易清除渗透剂,同时应具有良好的洗涤作用;

(2)具有高闪点和低蒸发率;

(3)耐水和渗透剂污染的能力强;

(4)对工件和容器无腐蚀;

(5)无毒、无刺激性臭味;

(6)性能稳定,不受温度影响。

渗透检测中,用来去除工件表面多余渗透剂的溶剂称为清洗剂。

表 7.4　清洗剂的基本性能及质量要求

分类	基本组成	特点及应用
水	水	清除水洗型渗透剂
有机溶剂去除剂	煤油或酒精、丙酮、三氯乙烯	清除溶剂去除型渗透剂
乳化剂和水	乳化剂和水	清除乳化型渗透液

质量要求:

有机溶剂去除剂应与渗透剂有良好的互溶性,不与荧光渗透剂起化学反应。

显像剂一般都是由白色粉末和一些容易挥发的溶剂组成,白色粉末的颗粒度在几个微米或更小数量级范围,例如 0.25 ~0.7 μm,它比缺陷缝隙的开口宽度要小得多。这样,当这些粉末微粒覆盖在缺陷缝隙上时,会形成非常细的无规则的毛细通道。这时,已被显像剂破胶的渗透液就会向粉末微粒缝隙中渗透,这是因为由毛细现象可知,毛细管的半径越小,则附加压强越大。因此,缺陷中的渗透液势必会被显像剂微粒充分吸附上来并加以扩展,这样,被检工件表面上的微细缺陷得到放大显示,人眼可以看到。

表 7.5　显像剂的基本性能

分类		基本组成	特点及应用
干粉显像剂		氧化镁或碳酸镁、氧化钛、氧化锌等粉末	适应于粗糙表面工件的荧光渗透检测；显像粉末使用后很容易清除
湿式显像剂	水悬浮型湿式显像剂	干粉显像剂加水按比例配制而成	要求零件表面有较高的光洁度，不适应于水洗型渗透液，呈弱碱性
	水溶性湿式显像剂	将显像剂结晶粉溶解于水中制成，结晶粉多为无机盐类	不可燃，使用安全，清洗方便，不易沉淀和结块；要求工件有较好的表面粗糙度；不适于水洗型渗透液
快干显像剂		将显像剂粉末加入挥发性的有机溶剂中配制而成。有机溶剂多为丙酮、苯、二甲苯等	显像灵敏度高，挥发快，形成的显示扩散小，显示轮廓清晰；常与着色渗透液配合使用
不使用显像剂			无显像剂，简化了工艺；只适用于灵敏度要求不高的荧光渗透液

显像剂的综合性能：

(1)吸湿能力要强，吸湿速度要快，能很容易被缺陷处的渗透剂所湿润并吸出足量渗透剂。

(2)显像剂粉末颗粒细微，对工件表面有一定的粘附力，能在工件表面形成均匀的薄覆盖层，将缺陷显示的宽度扩展到足以用肉眼看到。

(3)用于荧光法的显像剂应不发荧光，也不应有任何减弱荧光的成分。而且不应吸收黑光。

(4)用于着色法的显像剂应与缺陷显示形成较大的色差，以保证最佳对比度。对着色染料无消色作用。

(5)对被检工件和存放容器不腐蚀，对人体无害。使用方便，易于清除，价格便宜。

7.2.3　对比试块

1. 铝合金试块(A 型对比试块)

铝合金试块可用厚度为 8 ~ 10 mm 厚的 2024 铝合金材料制作，尺寸如图 7.5 所示，制作方法为在该试样中央约 25 mm 直径的面积内用 510 ℃温度指示笔标示之，标示区域加热至 510 ~ 530 ℃后浸入冷水中淬火，淬火后两面产生网状细裂纹，试块再加热至 149 ℃干燥，然后在中央两面开一个 1.5 mm×1.5 mm 的沟槽，从而形成具有相同大小的两部分，打上相同序号，分别标以 A、B 记号，A、B 试块上均应具有细密相对称的裂纹图形。铝合金试块主要用于以下两种情况：

①在正常使用情况下，检验渗透检测剂能否满足要求，以及比较两种渗透检测剂性能的优劣。

②对用于非标准温度下的渗透检测方法作出鉴定。

2. 镀铬试块(B 型试块)

镀铬试块是用一块尺寸为 130 mm×40 mm×4 mm 的 0Cr18Ni9Ti 不锈钢或其他适当的

不锈钢材料制成的,单面镀铬后,用布氏硬度法在其背面施加不同负荷形成三个辐射状裂纹区,按大小顺序排列区位号分别为1、2、3,如图7.6所示。镀铬试块主要用于检验渗透检测剂系统灵敏度及操作工艺正确性。

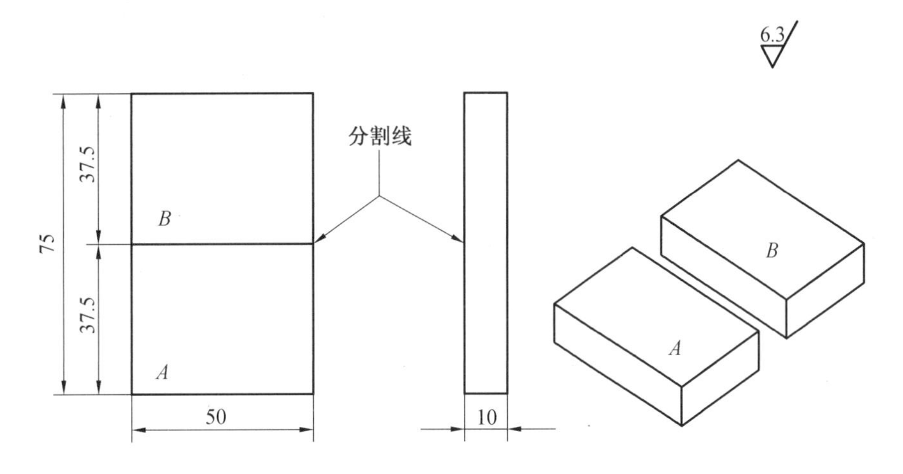

图7.5　铝合金试块

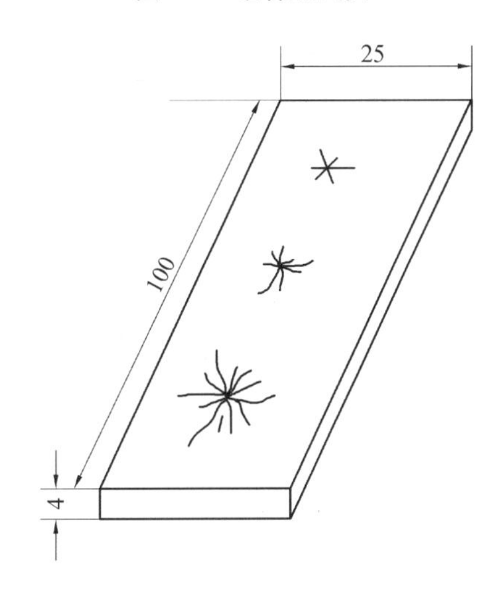

图7.6　不锈钢镀铬辐射状试块

在渗透检测中,为了保证检测质量,相关的辅助设备器材还包括荧光强度计、白光照度计、紫外线强度计等。

7.3　渗透检测技术

7.3.1　渗透检测方法

液体渗透检测方法很多,可按不同的标准对其进行分类。按缺陷的显示方法不同,可分为着色法和荧光法;按渗透液的清洗方法不同,可分为水乳化型、后乳化型和溶剂清洗型;表7.6给出了上述各种方法的优缺点和其适用范围。按缺陷的性质不同,可分为检查表面缺陷的表面检测法和检查穿透型缺陷的检漏法；按施加检测剂的方式不同，可分为浸泡法、刷涂法、喷涂法、流涂法和静电喷涂法等。

表 7.6 渗透检测的种类、应用范围和优缺点

形式		着色探伤法		荧光探伤法	
		适用范围和优点	缺点	适用范围和优点	缺点
水洗型	自乳化型	适用于检查表面较粗糙的工件，不需暗室和紫外线光源，操作简便、成本低	灵敏度较低	最常用于检查表面较粗糙的工件，清洗简便，适用于中小件批量探伤	灵敏度较低，使用条件受限制，洗液中不能混入
水洗型	水基型	适于检查不能接触酒类的工件	灵敏度很低	适于检查不能接触油类的工件	灵敏度很低
后乳化型		应用较广，具有高灵敏度，不需暗室和紫外线光源，适于检查较精密工件	多一道乳化工序	灵敏度最高，适用于检查精密工件，渗透液中若混入少量水分，对渗透性能影响不大，且挥发性小，能探测极细微缺陷和宽面浅的缺陷	多一道乳化工序，不适用于检查表面较粗糙或受设备等条件的限制的工件
溶剂清洗型		应用较广，特别是制式喷罐，可同化操作，适用于大型工件的局部探测	若无喷罐清洗时，手工操作不易掌握，不适用于大批量生产，成本较高	灵敏度较高，使用喷罐时，可对大型工件进行局部检查，适于探测疲劳裂纹等细小裂纹	若无喷罐清洗时，手工操作不易掌握，不适用于表面较粗糙的工件的检查，成本较高

7.3.2 渗透检测基本步骤

渗透检测的原理是通过喷洒、刷涂或浸渍等方法，把渗透力很强（表面张力小，或者说与固体的接触角很小）的渗透液（着色渗透液：在白光下一般呈现为鲜艳的红色，或者荧光渗透液：能在紫外线辐照下发出黄绿色荧光）施加到已清洗干净的试件表面，经过一定的渗透时间，待渗透液基于毛细管作用的机理渗入试件表面上的开口缺陷后，将试件表面上多余的渗透液用擦拭、冲洗等方法清除干净，然后在试件表面上用喷洒或涂抹等方法施加显像剂（干粉状或液态），显像剂能将已渗入缺陷的渗透液吸附引导到试件表面，而显像剂本身提供了与渗透液的颜色形成强烈对比的背景衬托，因此反渗出来的渗透液将在试件表面开口缺陷的位置形成可供观察的迹痕，反映出缺陷的状况（形状、取向以及二维平面上的大小）。这种痕迹视所应用渗透液的种类，可以是着色渗透液因颜色对比而在白光下观察（这时称为着色渗透检验），也可以是荧光渗透液因其荧光作用而需要在紫外光辐照下观察（这时称为荧光渗透检验）。渗透检测的基本过程如图 7.7 所示。

根据采用的渗透液和显示方式的不同，渗透检测主要分为着色渗透检验和荧光渗透检验，它们的基本检验程序如下：

（1）前处理。为得到良好的检测效果，首要条件是使渗透液充分浸入缺陷内。预先

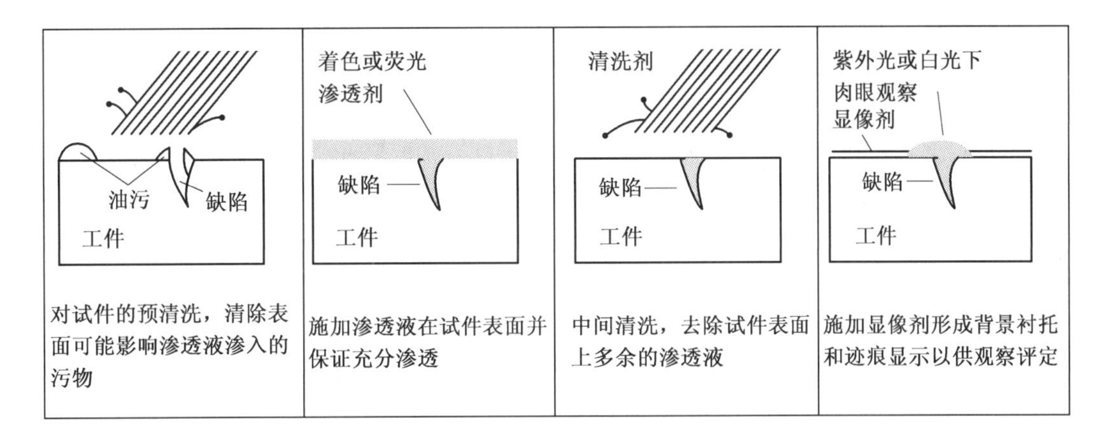

图 7.7　渗透检测的基本过程

消除可能阻碍渗透、影响缺陷显示的各种原因的操作称为前处理。它是影响缺陷检出灵敏度的重要基本操作。轻度的污物及油脂附着等可用溶剂洗净液清除。如果涂料、氧化皮等全部覆盖了检测部位的表面,则渗透液将不能渗入缺陷。

材料或工件表面洗净后必须进行干燥,除去缺陷内残存的洗净液和水等,否则将阻碍渗透或者使渗透液劣化。

(2)渗透。渗透就是使渗透液吸入缺陷内部的操作。为达到充分渗透,必须在渗透过程中一直使渗透液充分覆盖受检表面。实际工作中,应根据零件的数量、大小、形状以及渗透液的种类来选择具体的覆盖方法。一般情况下,渗透剂的使用温度为 15 ~40 ℃。根据零件的不同要求发现的缺陷种类不同、表面状态的不同和渗透剂的种类不同选择不同的渗透时间,一般渗透时间为 5 ~20 min。渗透时间包括浸涂时间和滴落时间。

对于有些零件在渗透的同时可以加载荷,使细小的裂缝张开,有利于渗透剂的渗入,以便检测到细微的裂纹。

(3)清洗。在涂敷渗透剂并保持适当的时间之后,应从零件表面去除多余的渗透剂,但又不能将已渗入缺陷中的渗透剂清洗出来,以保证取得最高的检验灵敏度。

水洗型渗透剂可用水直接去除,水洗的方法有搅拌水浸洗、喷枪水冲洗和多喷头集中喷洗几种,应注意控制水洗的温度、时间和压力大小。后乳化型渗透剂在乳化后,用水去除,要注意乳化的时间要适当,时间太长,细小缺陷内部的渗透剂易被乳化而清洗掉;时间太短,零件表面的渗透剂乳化不良,表面清洗不干净。溶剂去除型渗透剂使用溶剂擦除即可。

(4)干燥。干燥的目的是去除零件表面的水分。溶剂型渗透剂的去除不必进行专门的干燥过程。用水洗的零件,若采用干粉显示或非水湿型显像工艺,在显像前必须进行干燥;若采用含水湿型显像剂,水洗后可直接显像,然后进行干燥处理。干燥的方法有:用干净的布擦干、用压缩空气吹干、用热风吹干、热空气循环烘干等。

干燥的温度不能太高,以防止将缺陷中的渗透剂也同时烘干,致使在显像时渗透剂不能被吸附到零件表面上,并且应尽量缩短干燥时间。在干燥过程中,如果操作者手上有油污,或零件筐和吊具上有残存的渗透剂等,会对零件表面造成污染而产生虚假的缺陷显示。凡此种种情况实际操作过程中都应予以避免。

(5)显像。显像就是用显像剂将零件表面缺陷内的渗透剂吸附至零件表面,形成清晰可见的缺陷图像。根据显像剂的不同,显像方式可分为干式、水型和非水型。零件表面涂敷的显像剂要施加均匀,且一次涂敷完毕,一个部位不允许反复涂敷。

(6)观察。在着色检验时,显像后的零件可在自然光或白光下观察,不需要特别的观察装置。在荧光检验时,则应将显像后的零件放在暗室内,在紫外线的照射下进行观察。对于某些虚假显示,可用干净的布或棉球蘸少许酒精擦拭显示部位;擦拭后显示部位仍能显示的为真实缺陷显示,不能再现的为虚假显示。检验时可根据缺陷中渗出渗透剂的多少来粗略估计缺陷的深度。

(7)后处理。渗透检测后应及时将零件表面的残留渗透剂和显像剂清洗干净。对于多数显像剂和渗透液残留物,采用压缩空气吹拂或水洗的方法即可去除;对于那些需要重复进行渗透检测的零件、使用环境特殊的零件,应当用溶剂进行彻底清洗。

7.3.3 影响渗透检验质量的因素

1. 试件的表面光洁度

试件表面粗糙时,多余的渗透液不容易清除干净,因而在显像时容易造成背景衬托不清楚而可能产生伪显示(假迹痕)或者遮蔽、干扰对缺陷迹痕的判断与评定。

2. 试件的预清洗与渗透后清洗

试件预清洗不良时,表面污染将会妨碍渗透的进行,特别是表面缺陷内的充填物太多时,将缺陷堵塞,妨碍渗透液的渗入,因而使得缺陷可能无法检出。在渗透后或乳化后的清洗中,清洗过度(例如清洗时间过长、清洗用水的水压过大或者水温过高等)会使一部分已经渗入缺陷的渗透液被洗掉,从而不能检出缺陷,而清洗不足则导致试件表面残留较多的渗透液以至在施加显像剂时形成杂乱的背景,干扰对检测痕迹的辨别甚至出现伪显示。

3. 渗透液的性能

包括渗透能力、着色渗透液的颜色与显像剂的对比度、荧光渗透液的荧光强度等。

4. 显像剂性能

包括吸附渗透液的能力、与渗透液的对比度(背景衬度)、污染情况(特别是荧光渗透检验使用干粉法的氧化镁粉的荧光污染)等。

5. 观察评定的环境条件

包括着色渗透检验时的白光强度、荧光渗透检验时的紫外线辐射强度及环境黑暗度等。

6. 操作人员的经验与技术水平、身体状况。

综上,荧光和着色渗透检测程序如图 7.8 所示。

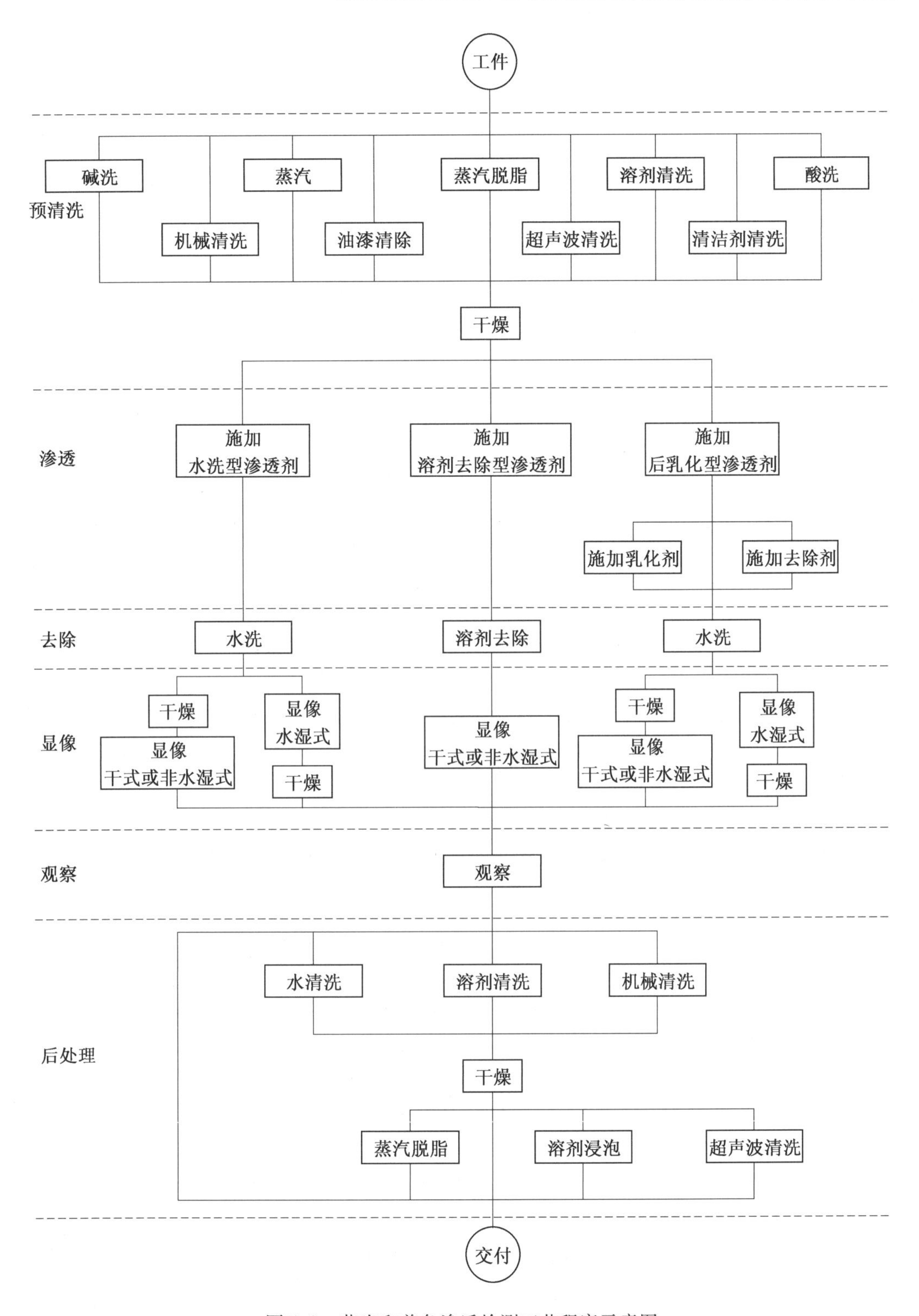

图7.8　荧光和着色渗透检测工艺程序示意图

第8章　其他无损检测方法

随着近代物理学的发展，声发射探伤、红外线探伤、激光全息探伤和微波检测法等一些新方法取得令人瞩目的成就，且由于具有其他常规探伤方法所不能取代的某些优势，日益为人们所重视。

8.1　声发射技术

8.1.1　基本原理

材料或工件受内力和外力作用时产生变形或断裂而以弹性波形式释放出应变能的现象，称为声发射。它与各种常规NDT方法的主要区别在于它是一种动态NDT方法，它的信号来自缺陷本身，裂纹等缺陷在检测中主动参与了检测过程，而当裂纹等缺陷处于静止状态，没有变化和扩展时则不能实现声发射检测。因此，声发射技术可以用来长期连续地或间歇地监视缺陷对材料或构件的安全性影响。

声发射检测过程可以归纳为：从声发射源发出的信号经介质传播后到换能器，由换能器接收后输出电信号，根据这些电信号对声发射源作出正确的解释。因此，对声发射源作出正确解释是应用声发射技术的关键。

固体介质中传播的声发射信号含有声发射源的特征信息，在实际声发射检测中，检测到的信号是经过多次反射和波型变换的复杂信号。目前所采用的表示参数都是通过对仪器波形的处理而得到的，这些参数主要有声发射事件，振铃计数率和总数、幅度和幅度分布，能量和能量分布，有效电压值，频谱等。其中以声发射事件和振铃计数法应用最广，振幅和振幅分布可以和事件计数、振铃计数相结合，以便可以更多地反映出声发射源的信息。

计数法是处理脉冲信号的一种常用方法，如图8.1(a)所示，对一个实发型信号波型，经包络检波后信号电平超过预置阈值电压时形成一个矩形脉冲，若把一个矩形脉冲称为一个事件，则这些事件脉冲数就是事件计数。单位时间内的事件计数称为事件计数率，其计数的累积称为事件总数。若把一个实发型信号直接设置某一阈值电压，如图8.1(b)所示，超过这个阈值电压的部分形成矩形脉冲，这些振铃脉冲数就称为振铃计数，单位时间的振铃计数称为声发射率，累加起来称为振铃总数。这种计数方法比较简单，既适用于实发型信号，也适用于连续型信号，因此，在声发射检测中获得了广泛应用。

8.1.2　定　位

声发射源的定位是声发射技术中最主要的检测内容之一，一般可将几个压电换能器按一定的几何关系放置在固定点上，组成换能器阵列，测定从声源发射的声波传播到各换

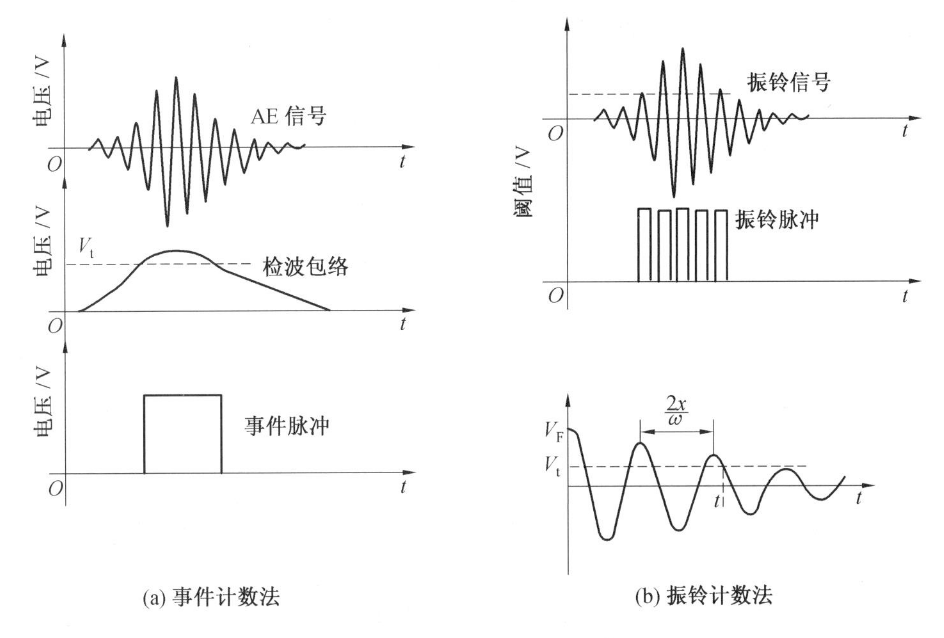

图 8.1　声发射事件和振铃计数法

能器的相对时差,将这些相对时差代入满足该阵列几何关系的一组方程中求解,便可得到缺陷的位置坐标。在实践中为了推导求解声源位置的计算方程式并简化计算,换能器通常是按特定的规则的几何图形布置的。

8.1.3　应用举例

声发射技术的重要应用之一是监视疲劳裂纹,疲劳裂纹是工程材料在交变载荷作用下最常见的破坏形式。由于交变载荷的作用,裂纹不断扩展,加上常规疲劳裂纹在起始时很细。用一般方法难以检出。因此,最适用于用声发射检测疲劳裂纹。

其他应用举例:

(1)评价金属表面渗透层的脆性。

方法是对渗层试样进行三点弯曲试验的同时作声发射监视,从而计算出它的开裂应力和变形量,由此来衡量渗层的承载能力和脆性。

(2)在多层熔化焊时采用声发射实时检测或采用声发射监视焊后裂纹。

(3)压力容器出厂前水压试验和维修时水压试验时采用声发射检测。

(4)声发射在核反应堆中的应用。

①核压力容器及回路交流水压试验时的监测;

②定期检修进行水压试验时的监测;

③放射性物质泄漏的监测;

④开机、停机及失水事故紧急停堆时对热冲击的检测;

⑤材料受辐照后脆化程度的监测;

⑥对某些重点部位(如发现裂纹)的监测;

⑦运转中的监视。

(5)评价某些复合材料结构的完整性。

(6)监视飞机构件和整机的结构完整性。

(螺栓孔、搭接等部位易产生裂纹,用常规 NDT 方法难以得到可靠结果,因为这些部位开始时均隐蔽在结构内部。)

8.2 红外检测

8.2.1 基本原理

红外检测是利用红外辐射原理对工件表面进行检测,其实质是扫描记录或观察被检测工件表面上的由于缺陷与材料不同的热性能所引起的温度变化。

当一个工件的几何尺寸、热物理特性参数、测量条件(如加热、环境温度、边界条件等)、内部缺陷的位置和形态以及热特性等确定后,可借助数学模型计算出工件表面某点的温度变化。将一固定热量加在工件表面时,热流均匀地流入工件表面并扩散进入工件内部,其程度由内部性质决定。如果工件内部有缺陷(如脱粘)存在,则均匀热流就被缺陷阻挡(热阻),经过时间延迟在缺陷部位发生热量堆积,在工件表面产生过热点,表现为温度异常。用红外仪器扫描工件表面,测量工件表面的温度分布情况,当探测到过热点时,即可判断在其下方存在缺陷;当用辐射计探测时,在记录纸上会出现一个 E 值尖峰曲线;当用热像仪观察时,在荧光屏上出现一个亮斑。使用这种方法可以检测胶接和焊接件中脱粘或未焊透部位,固体材料中的裂纹、空洞和夹杂物等缺陷。

热注入后出现最大温度所需的时间是一个很重要的量,根据加热时间和加热结束后到测量温度之间的延迟时间,可以控制热注入工件的深度。对于不同材料,不同深度的缺陷,延迟时间不同,一般由实验确定。对于非金属材料或缺陷在深度方面的情况,较长时间的延迟可以在温度测量之前,使得注入热量穿入较深的部位;而对于金属或近表面缺陷,只需短时间延迟就可进行温度测量。

红外检测缺陷的分辨力根据材料的热特性及结构而定,分辨缺陷的能力随着缺陷在材料内部深度的增加而减少,这是由于缺陷上方的材料把形成热点的热量扩散,从而使温度梯度减少的缘故。对于一般胶接结构,当缺陷的直径为其所处深度的 2 ~3 倍时,比较容易探测到。热流的阻挡只要很薄的一层就会起作用。缺陷垂直方向的尺寸一般在 0.05 ~0.5 mm即可起作用。

重要的是根据材料性质和具体情况选择适当的热输入方式,一般是采用非接触方法输入热量和检测表面温度。如将工件加热至恒温后,把它放入一个低于(或高于)工件恒温温度值的环境中检验,若工件中存在脱粘、裂纹、空洞等缺陷,则内部的热流在向外流动时因受到缺陷的阻挡,在工件表面就会出现一个温度较低的点。

8.2.2 检测方法和特点

红外检测按其检测方式可分为两大类:主动式和被动式。主动式检测是在人工回热工件的同时或在回热后,经过一段时间延迟后扫描记录或观察表面的温度分布。被动式检测则是利用工件自身的温度不同于周围环境的温度,在被测工件和周围环境的热交换过程中,可显示出工件内部的缺陷,这两种方式都用于运行中设备的质量控制。

红外检测技术的广泛应用是与它的许多优点分不开的，主要表现为：

(1)非接触测量，不会破坏温度场；

(2)精度高，在一定条件下能分辨0.01 ℃的温度差；

(3)空间分辨率高，可检测小目标；

(4)反应快，可在几皮秒内测出目标温度；

(5)检测时操作简便，安全可靠，易于实现自动化和“实时”观察；

(6)检测距离可近可远；

(7)测量范围广；

(8)显示记录方式多种多样，形象直观，判断比较容易；

(9)能显示缺陷大小，形状和缺陷深度；

(10)受工件表面粗糙度的影响小；

(11)检测仪器除热像仪价格较贵外，一般比较廉价。

在对非金属材料，多层胶接结构以及复合材料进行检测时，更能显示出它的特点，采用主动式检查，可实现非接触、大面积、快速有效的扫描检查，以很高的分辨率查出工件内部的脱粘、分层、夹杂物等缺陷，形象地显示出缺陷大小和形状并可获得永久性记录。

红外检测的不足之处是：

(1)当检测时受发射率不均匀和背景辐射影响时，对一些发射率很低的金属表面在检查前要进行表面处理。

(2)检测灵敏度随缺陷所受深度的增加而迅速下降；

(3)不能非常精确地测定缺陷的形状，大小和位置；

(4)由于热传导会使缺陷边缘的热图显示扩大和模糊，清晰度变差；

(5)对厚、大、笨重的工件用主动式方法检测时，加热热源有时难以解决。若用恒温法加热，则延长了检查时间，以及温度记录曲线的解释困难，并且必须有专业操作人员。

8.2.3 应用举例

红外检测技术在军事和民用方面都有广泛的应用，在工业生产中，许多设备处在高温、高压、高速运转状态，应用红外热像仪对这些设备进行监视或检测，既能保证设备的安全运行，又能发现异常现象以便及时排除隐患。例如高温熔化炉所用耐火材料的烧蚀磨损情况；石油化工厂设备和管道的沉淀形成，流动阻塞，漏热和隔热材料变质等情况；发电机机组与高压输配电线路的绝缘子被击穿和变压器烧毁等都可用热像仪进行监测。

图8.2是红外线检查点焊焊接接头质量的原理图。焊接工艺保证点焊焊接接头的缺陷只可能是部分未焊透。利用红外灯泡1非接触加热点焊接头，采用双面法探伤。把接头处加热至80～100 ℃，从放置热像仪的一侧冷却接头十几秒后，在显示装置荧光屏上就能很清楚地显示出接头的等温线直径。将它与标准点焊焊接接头的等温线直径相比，凡等温线直径大于标准点焊焊接接头等温线直径的接头质量合格，否则，则存在未焊透。

利用红外热像仪还可对工业产品进行质量控制和管理，如轧钢工业中坯料的凝固冷却速度和热炉的内部温度，热处理后的冷却速度控制等。在电子工业中还可检查半导体器件，集成电路，印刷电路板等。

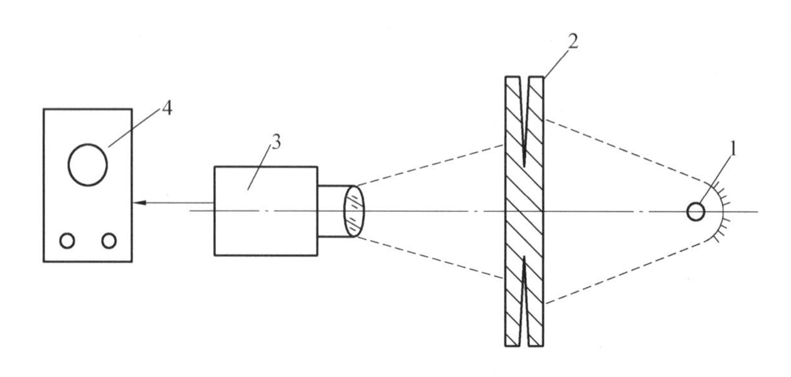

图8.2 红外线检查点焊焊接接头质量示意图
1—红外灯泡;2—点焊接头;3—红外探测器;4—显示装置

8.3 激光全息检测

8.3.1 激光全息检测的原理与特点

1. 激光全息检测的原理

激光全息检测利用激光全息照相来检测物体表面和内部缺陷。因为物体在受到外界载荷作用下会产生变形,这种变形与物体是否含有缺陷直接相关。在不同的外界载荷作用下,物体表面变形的程度不相同。激光全息照相是将物体表面和内部的缺陷通过外界加载的方法,使其在相应的物体表面造成局部的变形,用全息照相来观察和比较这种变形,并记录下不同外界载荷作用下的物体表面的变形情况,进行观察和分析,然后判断物体内部是否存在缺陷。

为了了解这种检测方法的原理,首先简单介绍光的干涉现象。根据电磁波理论,表示光波中电场的波动方程为

$$E=A_0\cos\omega t \tag{8.1}$$

式中,A_0为光波的振幅;ω 为角频率;t 为时间。

根据波的叠加原理,假设有两个波长相同、相位也相同的光波相叠加,叠加后所合成的光波振幅将会增强,如图8.3(a)所示;如果两个光波相位相反,则合成的光波的振幅就会相互抵消而减弱,如图8.3(b)所示。把光波在空间叠加而形成明暗相间的稳定分布的现象称为光的干涉。

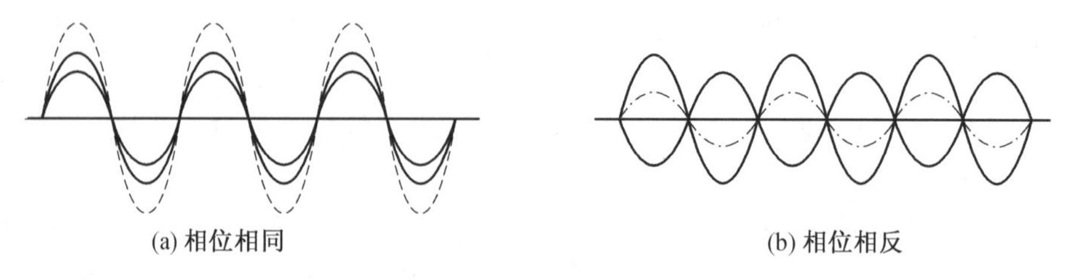

图8.3 光波的叠加

能产生干涉的光波须满足下列条件:

(1)两束光频率相同,且有相同的振动方向和固定的相位差。

(2)两束光波在相遇处所产生的振幅差不应太大,否则与单一光波在该处的振幅没有多大的差别,因此也没有明显的干涉现象。

(3)两束光波在相遇处的光程差,即两束光波传播到该处的距离差值不能太大。

满足上述条件的两束光波称为相干波,图 8.4 是激光全息照相检测的光路示意图,从激光器 1 发出的激光束经过反射镜 4,由分光器 2 分成两束光。一束透过分光镜后,被扩束镜 9 扩大,经反射镜 10 反射照射到被检物体表面,再由物体表面漫反射到胶片上,这束光称为物光束;另一束由分光器 2 表面反射,经过反射镜 3 到达扩束镜 6,被其扩大后再由反射镜 7 反射照射到胶片上,这束光称为参考光束。当这两束光在胶片上叠加后,形成了干涉图案,胶片经过显影,定影处理后,干涉图案以条纹的明暗和间距变化的形式被显示出来,它们记录了物体光波的振幅和相位信息,被记录的全息图是一些非常细密的、很不规律的干涉条纹,它是一种光栅,与被照的物体在形状上毫无相似之处,为了看到物体的全息像,通常采用再现技术来实现。

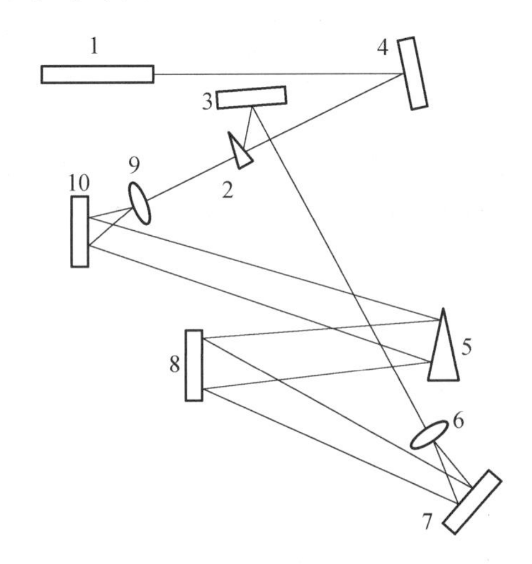

图 8.4　激光全息照相检测的光路图

1—激光器;2—分光器;3、4、7、10—激光器;5—试件;6、9—扩束镜;8—胶片

2. 激光全息检测的特点

(1)由于激光全息检测是一种干涉计量技术,其干涉计量的精度与波长同数量级,因此,极微小的变形都能检验出来,检测的灵敏度高。

(2)由于激光的相干长度很大,因此,可以检验大尺寸物体,只要是激光能够充分照射到的物体表面,都能一次检验完毕。

(3)激光全息检测对被检对象没有特殊要求,可以对任何材料、任意粗糙的表面进行检测。

(4)可借助于干涉条纹的数量和分布状态来确定缺陷的大小、部位和深度,便于对缺陷进行定量分析。

这种检测方法还具有非接触检测、直观、检测结果便于保存等特点。但是,物体内部缺陷的检测灵敏度取决于物体内部的缺陷在外力作用下能否造成物体表面的相应变形。

8.3.2 激光全息检测方法

1. 物体表面微差位移的观察方法

(1)实时法。

先拍摄物体在不受力时的全息图,冲洗处理后,把全息图精确地放回到原来拍摄的位置上,并用与拍摄全息图时同样的参考光照射,则全息图就会再现出物体三维立体像(物体的虚像),再现的虚像完全重合在物体上。这时对物体加载,物体的表面会产生变形,受载后的物体表面光波和再现的物体虚像之间就形成了微量的光程差。由于两个光波都是相干光波(来自同一个激光源),并几乎存在于空间的同一位置,因此,这两个光波叠加就会产生干涉条纹。

由于物体的初始状态(再现的虚像)和物体加载状态之间的干涉度量比较是在观察时完成的,因此称这种方法为实时法。这种方法的优点是只需要用两张全息图就能观察到各种不同加载情况下的物体表面状态,从而判断出物体内部是否含有缺陷。因此,这种方法既经济,又能迅速而确切地确定出物体所需加载量的大小。其缺点是:

①为了将全息图精确地放回到原来的位置,就需要有一套附加机构,以便使全息图位置的移动不超过几个光波的波长。

②由于全息干版在冲洗过程中乳胶层不可避免地要产生一些收缩,当全息图放回原位时,虽然物体没有变形,但仍有少量的位移干涉条纹出现。

③显示的干涉条纹图样不能长久保留。

(2)两次曝光法。

将物体在两种不同受载情况下物体表面光波摄制在同一张全息图上,然后再现这两个光波,而这两个再现光波叠加时仍然能够产生干涉现象。这时所看到的再现图像,除了显示出原来物体的全息像外,还产生较为粗大的干涉条纹图样。这种条纹表现在观察方向上的等位移线,两条相邻条纹之间的位移差相当于再现光波的半个波长,若用氦-氖激光器做光源,则每条条纹代表大约 0.316 μm 的表面位移。可以从这种干涉条纹图样的形状和分布来判断物体内部是否有缺陷。

(3)时间平均法。

时间平均法是在物体振动时摄制全息图。在摄制时所需的曝光时间要比物体振动循环的一个周期长得多,即在整个曝光时间内,物体要能够进行多个周期的振动。但由于物体是做正弦式周期性振动,因此将把大部分时间消耗在振动的两个端点上。所以,全息图上所记录的状态实际上是物体在振动的两个端点状态的叠加,当再现全息图时,这两个端点状态的像就相干涉而产生干涉条纹,从干涉条纹图样的形状和分布来判断物体内部是否有缺陷。

这种方法显示的缺陷图案比较清晰,但为了使物体产生振动就需要有一套激励装置。而且,由于物体内部的缺陷大小和深度不一,其激励频率应各不相同,所以要求激励源的频带要宽,频率要连续可调,其输出功率大小也有一定的要求。同时,还要根据不同产品对象选择合适的换能器来激励物体。

2. 激光全息检测的加载方法

(1)内部充气法。

对于蜂窝结构(有孔蜂窝)、轮胎、压力容器、管道等产品,可以用内部充气法加载。蜂窝结构内部充气后,蒙皮在气体的作用下向外鼓起。脱胶处的蒙皮在气压作用下向外鼓起的量比周围大,形成脱胶处相对于周围蒙皮有一个微小变形。

(2)表面真空法。

对于无法采用内部充气的结构,如不连通蜂窝、叠层结构、钣金胶结结构等,可以在外表面抽真空加载,造成缺陷处表皮的内外压力差,从而引起缺陷处表皮变形。

(3)热加载法。

这种方法是对物体施加一个适当温度的热脉冲,物体因受热而变形,内部有缺陷时,由于传热较慢,该局部区域比缺陷周围的温度要高。因此,造成该处的变形量相应也较大,从而形成缺陷处相对于周围的表面变形有了一个微差位移。

8.3.3 激光全息检测的应用

1. 蜂窝结构检测

蜂窝夹层结构的检测可以采用内部充气、加热以及表面真空的加载方法。例如飞机机翼,采用两次曝光和实时检测方法都能检测出脱粘、失稳等缺陷。当蒙皮厚度为0.3 mm时,可检测出直径为5 mm的缺陷。采用激光全息照相方法检测蜂窝夹层结构,具有良好的重复性、再现性和灵敏度。

2. 复合材料检测

以硼或碳高强度纤维本身粘接以及粘接到其他金属基片上的复合材料,是近年来极受人们重视的一种新材料。它比目前采用的均一材料更具有强度高等优点,是宇航工业中很有应用前途的一种结构材料。但这种材料在制造和使用过程中会出现纤维内部、纤维层之间以及纤维层与基片之间脱粘或开裂现象,使得材料的刚度下降。当脱粘或裂缝增加到一定量时,结构的刚度将大大降低甚至导致损坏。全息照相可以检测出材料的这种缺陷。

3. 胶结结构检测

在固体火箭发动机的外壳、绝热层、包覆层及推进剂药柱各界面之间要求无脱粘缺陷。目前多采用X射线检测产品的气泡、夹杂物等缺陷,而对于脱粘检测却难于检查。超声波检测因其探头需要采用耦合剂,而且在曲率较大的部位或棱角处无法接触而形成“死区”,限制了它的应用。利用全息照相检测能有效地克服上述两种检测方法的缺点。

4. 药柱质量检测

激光全息照相也可以用来检测药柱内部的气孔和裂纹。通过加载使药柱在对应气孔或裂纹的表面产生变形,当变形量达到激光器光波波长的1/4时,就可使干涉条纹图样发生畸变。利用全息照相检测药柱不但简便、快速、经济,而且在检测界面没有粘接力的缺陷方面,有其独特的优越性。

5. 印制电路板焊点检测

由于印制电路板焊点的特点,一般采用热加载方法。有缺陷的焊点,其干涉条纹与正常焊点有明显的区别。为了适应快速自动检测的要求,可采用计算机图像处理技术对全息干涉图像进行处理和识别,通过分析条纹的形成等判断焊点的质量,由计算机控制程序完成整个检测过程。

6. 压力容器检测

小型压力容器大多数采用高强度合金钢制造，生产制造中，焊缝和母材往往容易形成裂纹缺陷，加之容器本身大都需要开孔接管和支撑，存在着应力集中的部位，容器工作条件又较苛刻，如高温高压、低温高压、介质腐蚀等都促使容器易于产生疲劳裂纹。疲劳裂纹在交变载荷的作用下不断扩展，最终会使容器泄漏或破损，给安全生产带来威胁。传统的检验方法是采用磁粉检验、射线检验和超声波检验，或者采用高压破损检验，但检测速度较慢，难以取得圆满的效果。

采用激光全息照相打水压加载法，能够检测出 3 mm 厚的不锈钢容器的环状裂纹，裂纹的宽度为 5 mm、深度为 1.5 mm 左右。图 8.5 为一压力容器的激光全息检测的照片。用激光全息方法还可以评价焊接结构中的缺陷和结构设计中的不合理现象等。

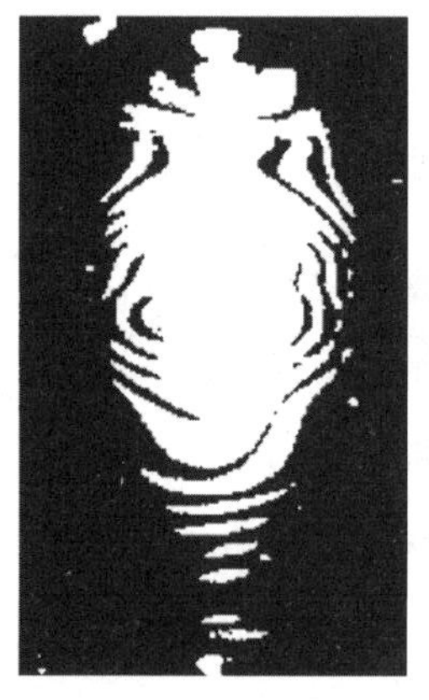

(a) 合格产品

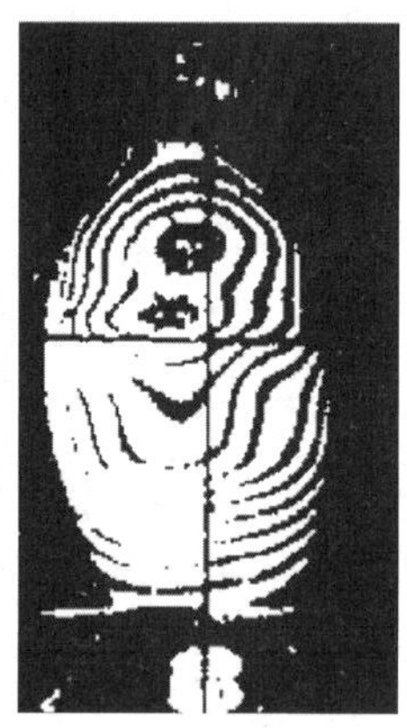

(b) 不合格产品

图 8.5　压力容器激光全息检测照片

8.4　微波检测法

8.4.1　微波检测的基本原理与特点

1. 微波检测的基本原理

微波检测是通过研究微波反射、透射、衍射、干涉、腔体微扰等物理特性的改变，以及微波作用于被检测材料时的电磁特性——介电常数及损耗正切角的相对变化，通过测量微波基本参数如微波幅度、频率、相位的变化，来判断被测材料或物体内部是否存在缺陷以及测定其他物理参数。

2. 微波检测的基本特点

微波是一种电磁波，它的波长很短且频率很高，其频率范围大约为 300 MHz ~ 300 GHz，相应的波长为 1 m ~ 1 mm，主要分成 7 个波段。在微波无损检测中，常用 X 波段(8.2 ~ 12.5 GHz)和 K 波段(26.5 ~ 40 GHz)，个别的(如对于陶瓷材料)已发展到 W 波段(56 ~ 100 GHz)。

当波长远小于工件尺寸时，微波的特点与几何光学相似；当波长和工件尺寸有相同的数量级时，微波又有与声学相近的特性。与无线电波相比，微波具有波长短、频带宽、方向性好和贯穿介电材料能力强等特点。

8.4.2　微波检测方法

1. 穿透法

按入射波类型不同，穿透法可分为三种形式，即固定频率连续波、可变频率连续波和脉冲调制波。它是将发射和接收天线分别放在试件的两边，从接收探头得到的微波信号可以直接和微波源的微波信号比较幅值和相位。图 8.6 为穿透法检测系统框图。穿透法用于检测材料的厚度、密度和固化程度。用穿透法检测玻璃钢或非金属胶接件缺陷，主要是检测接收到的微波波束相位或幅度的变化。这种检测方法的灵敏度较低。

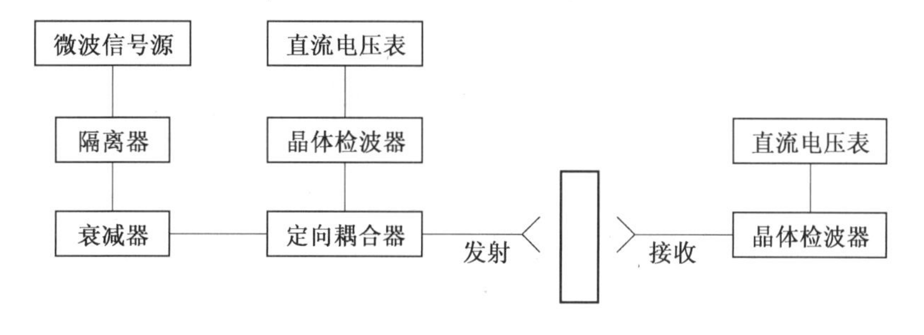

图 8.6　微波穿透法检测系统框图

2. 反射法

由材料内部或表面反射的微波，随材料内部或表面状态的变化而变化。反射法主要有连续波反射法、脉冲反射法和调频波反射法等。图 8.7 为连续波反射计的框图。反射法检测要求收发传感器轴线与工件表面法线一致，它是利用不同介质的分界面上会有反射和折射现象，来研究材料的介电性能。定向耦合器对传输线一个方向上传播的行波进行分离或取样，输出信号幅度与反射信号幅度成比例。试样内部的分层和脱粘等缺陷将增加总的反射信号。在扫描试件过程中，如微波碰到缺陷，所记录的信号将有幅度和相位的改变。

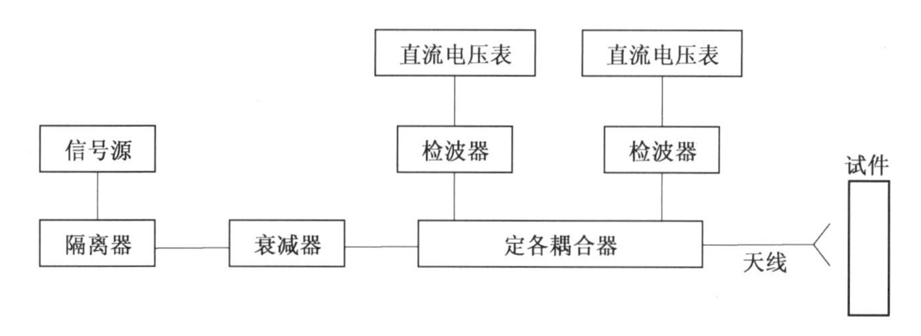

图 8.7　连续波反射计框图

3. 散射法

散射法是通过测试回波强度变化来确定散射特性。检测时微波经过有缺陷的部位时被散射，因而使接收到的微波信号比无缺陷部位要小，根据这些特性来判断工件内部是否存在缺陷。

其他微波检测方法还有干涉法、微波全息技术和断层成像法等。

8.4.3　微波检测技术的应用

以评价材料结构完整性为主要用途的新型微波检测仪，可用于检测玻璃钢的分层、脱粘、气孔、夹杂物和裂纹等。它是由发射、接收和信号处理三部分组成的，收发传感器共用一个喇叭天线。使用时根据参考标准调整探头，使检波器输出趋于零；当探头扫描到有分层部位时，反射波的幅度和相位随之改变，检波器则有输出。

第9章　破坏性检验

破坏性检验的目的是测定焊接接头、焊缝及熔敷金属的强度、塑性和冲击吸收功等力学性能，以确定它们是否能满足产品设计或使用要求，并验证所选用的焊接工艺、焊接材料正确与否。

9.1　金属的力学性能试验

9.1.1　拉伸试验

1. 焊接接头的拉伸试验

熔焊和压焊对接接头横向拉伸试验可按 GB 2651—2008《焊接接头拉伸试验方法》进行，以测定接头的抗拉强度(σ_b)。拉伸试样分有板状、整管和圆柱形试样三种，如图 9.1 所示。

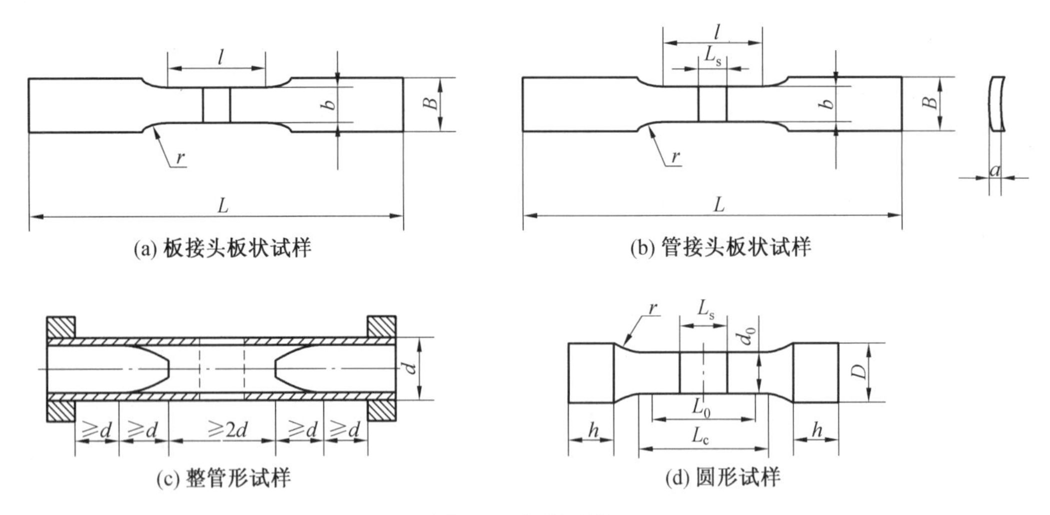

图 9.1　拉伸试样

相关标准或协议未做特殊规定时，外径小于等于 18 mm 的管接头，应截取整个管接头作为拉伸试样，如图 9.1(c)所示，为了使试验顺利进行，可制作塞头，以利夹持。点焊接头抗剪试样形状如图 9.2 所示。

2. 焊缝及熔敷金属的拉伸试验

焊缝及熔敷金属的拉伸试验可按 GB 2652—2008《焊缝及熔敷金属拉伸试验方法》进行，以测定其拉伸强度以及塑性。

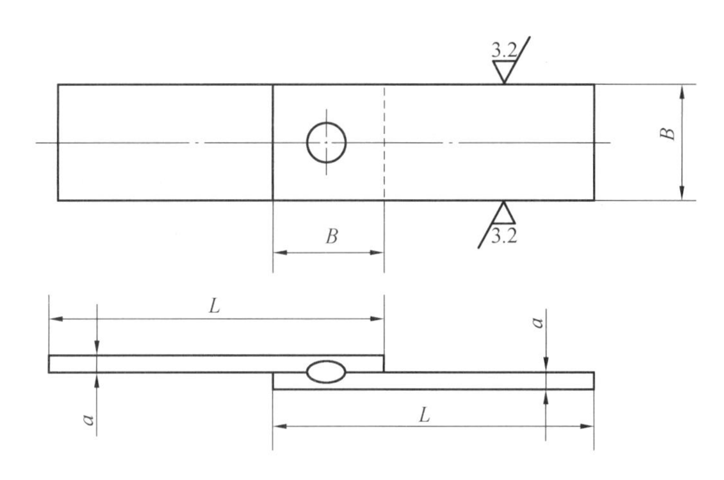

图 9.2　点焊接头抗剪试样

焊缝及熔敷金属的塑性指标包括伸长率和断面收缩率，它们的数值大小为

$$\delta=\frac{L_k-L_0}{L_0}=\frac{\Delta L}{L_0}\times 100\% \tag{9.1}$$

式中　L_k——试样拉断后对接起来所测得的标距长度，mm；

L_0——试样原始标距长度，mm；

ΔL——试样的绝对伸长，mm。

$$\varphi=\frac{A_0-A_k}{A_0}=\frac{\Delta A}{A_0}\times 100\% \tag{9.2}$$

式中　A_k——试样拉断后对接起来测得所颈处最小面积，mm^2；

A_0——试样原始横截面积，mm^2；

ΔA——试样的绝对缩小面积，mm^2。

焊缝及熔敷金属拉伸试样的受试部分必须是焊缝或熔敷金属，试样的夹持部分允许有未经加工的焊缝表面或母材。

9.1.2　焊接接头的弯曲及压扁试验

熔焊和压焊对接接头的弯曲和压扁试验可按 GB 2653—2008《焊接接头弯曲及压扁试验方法》进行，以检验接头拉伸面上的塑性（冷弯角 α）及显示缺陷。

熔焊和压焊对接接头的弯曲试验分有横弯、纵弯和横向侧弯三种。

①横弯试验：焊缝轴线与试样纵轴垂直时的弯曲试验，如图 9.3(a)所示；

②纵弯试验：焊缝轴线与试样纵轴平行时的弯曲试验，如图 9.3(b)所示；

③横向侧弯试验：试样受拉面为焊缝纵剖面时的弯曲试验，如图 9.3(c)所示。

接头的横弯和纵弯还分正弯和背弯。所谓正弯是试样受拉面为焊缝正面的弯曲。对于双面不对称焊缝，正弯试样的受拉面为焊缝最大宽度面；双面对称焊焊缝，先焊面为正面。所谓背弯则是试样受拉面为焊缝背面的弯曲。弯曲试样形状如图 9.4 所示。

弯曲试验方法分圆形压头弯曲（三点弯曲）试验法和辊筒弯曲（缠绕式导向弯曲）试

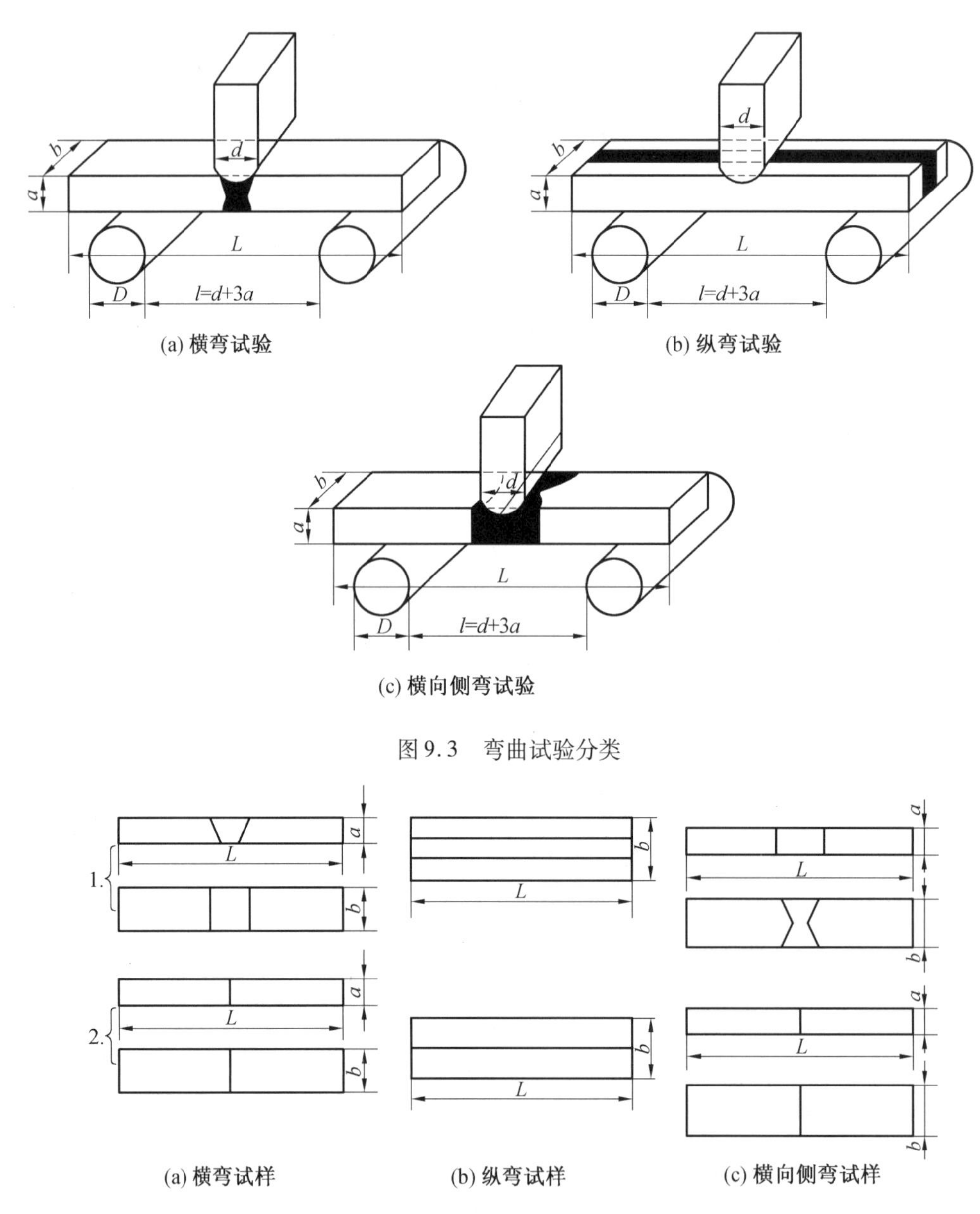

图 9.3　弯曲试验分类

图 9.4　弯曲试样

1—熔焊试样;2—压焊试样

验法两种。试验时,试样弯到规定角度后,沿试样拉伸部位出现裂纹及焊接缺陷尺寸,应按相应标准或产品技术条件进行评定。

(1)圆形压头弯曲试验法。

如图 9.5(a)所示,试验时,将试样放在两个平行的辊子支承上,在跨距中间,垂直于试样表面施加载荷(三点弯曲),使试样缓慢连续地弯曲。

(2)辊筒弯曲试验法。

如图 9.5(b)所示,试验时,将试样一端牢固地夹紧在具有两个平行辊筒的试验装置中，通过半径为 R 的外辊沿内辊轴线为中心做圆弧转动，向试样施加集中载荷，使试样缓慢连续地弯曲。

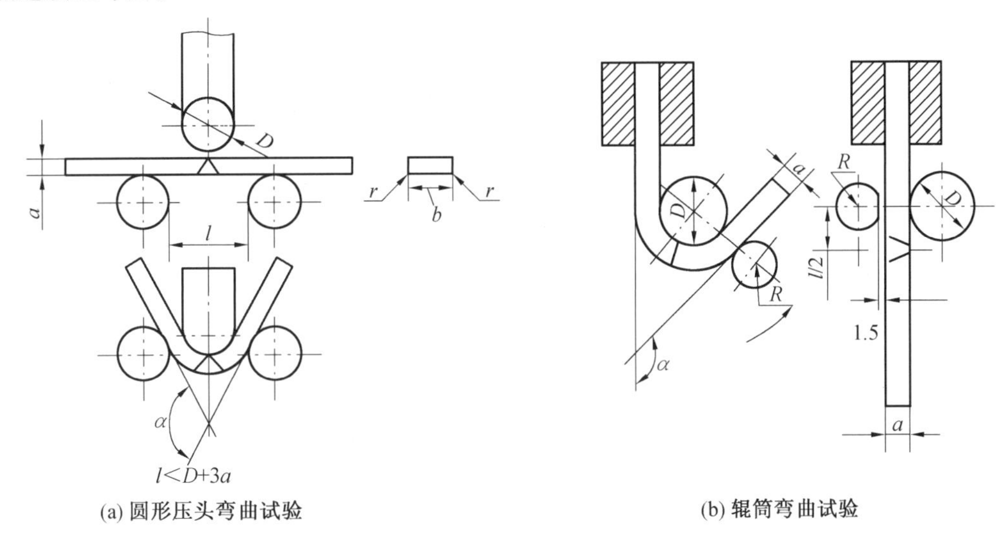

(a) 圆形压头弯曲试验　　(b) 辊筒弯曲试验

图 9.5　弯曲试验方法

9.1.3　焊接接头及堆焊金属的硬度试验

熔焊和压焊接头及堆焊金属的硬度试验，可按 GB 2654—2008《焊接接头及堆焊金属硬度试验方法》进行，用于测定布氏、洛氏和维氏硬度。

焊接接头硬度测定位置应选择在焊接接头横截面上，堆焊金属的测定位置应在相应标准或技术条件规定的平面上。为了准确地选择测定位置，可用腐蚀剂轻蚀其接头，使接头各区域显示清晰，再按图 9.6 中的标线位置测定硬度。

所有类型接头的硬度测定，可在金相试样上进行，也可单独制备硬度试样，试样受试表面应与支承面相互平行。试样的受试面应用金相预磨机和抛光机加工成光滑平面。厚度小于 3 mm 的焊接接头，允许在表面测定硬度。

9.1.4　焊接接头的冲击试验

熔焊和压焊对接接头的夏比冲击试验分为常温和低温冲击试验两种。

1. 焊接接头的常温冲击试验

焊接接头的常温冲击试验可按 GB 2650—2008《焊接接头冲击试验方法》进行，以测定接头焊缝、熔合线和热影响区的冲击吸收功（A_k）。试验结果用冲击吸收功 A_{kv} 或 A_{ku} 表示，单位为 J，也可以用冲击韧度 α_{kv} 和 α_{ku} 表示，单位为 J/cm^2。

焊接接头冲击试样有标准 V 形缺口和辅助 U 形缺口试样，如图 9.7 所示。试样加工时，除端部外，其表面粗糙度应优于 Ra 5 μm。

焊接接头冲击试样在焊接试板中的方位和缺口位置如图 9.8 所示，所开缺口的轴线应垂直于焊缝表面。试样的焊缝、熔合线和热影响区的缺口位置如图 9.9 所示。为了准

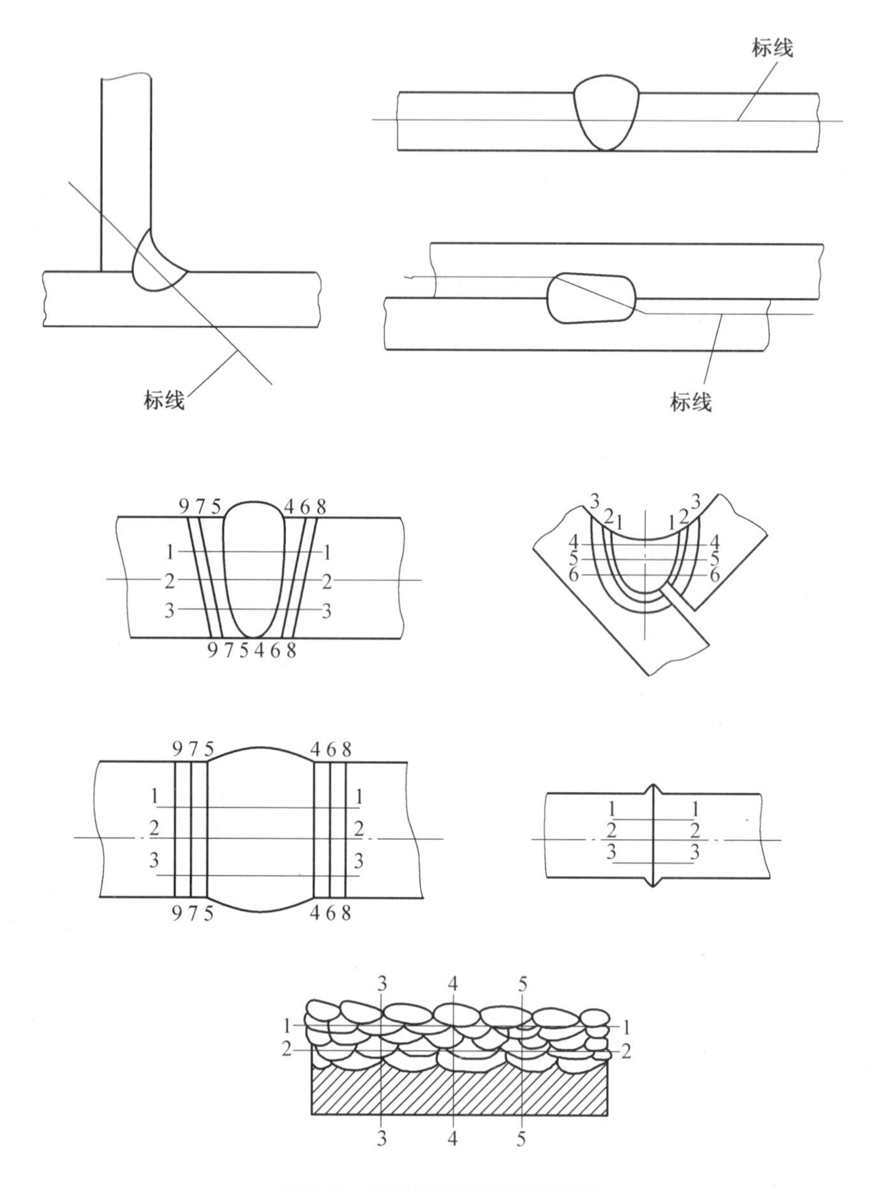

图 9.6　各种接头硬度测定位置

确地将缺口开在应开位置，在开缺口前，应用腐蚀剂腐蚀试样，在清楚显示接头各区域后按要求划线。

2. 焊接接头的低温冲击试验

熔焊和压焊对接接头的低温冲击试验可按 GB 229—2007《金属材料夏比摆锤冲击试验方法》进行，以测定接头焊缝、熔合线和热影响区冲击吸收功 A_k。试样形状、尺寸与常温冲击试样相同。

试验时，将试样置于低温槽的均温区冷却至试验温度（15 ~ −192 ℃）后，保温足够长的一段时间，然后用手钳将试样取出进行冲击试验。使用液体冷却介质，保温试件不得少于 5 min；使用气体冷却介质，保温时间不得少于 15 min。试样移出冷却介质至打断的时间不应超过 5 s，如超过 5 s，则应将试样放回冷却介质重新冷却、保温，再进行试验。

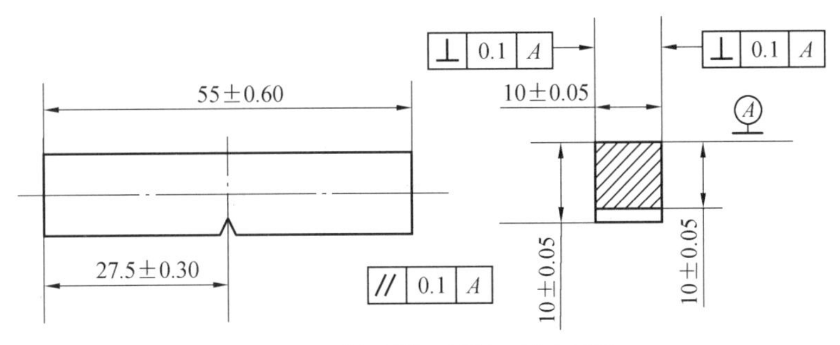

(a) 标准V形缺口冲击试样

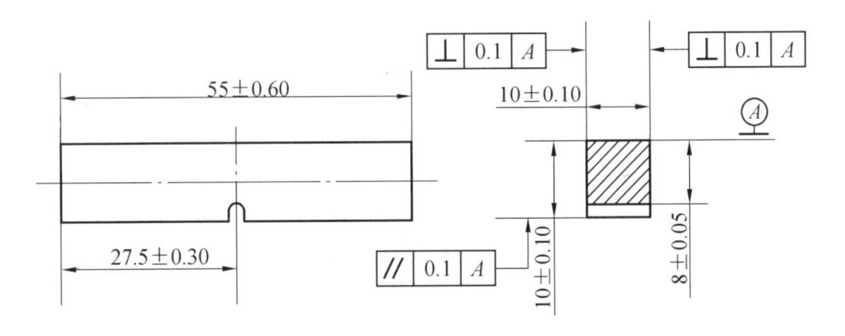

(b) 辅助U形缺口冲击试样

图9.7　焊接接头冲击试样

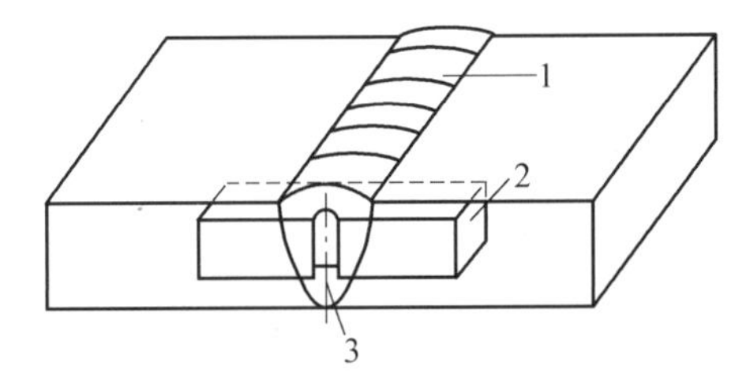

图9.8　冲击试样在试板中的方位

1—焊缝表面;2—冲击试样;3—试样缺口

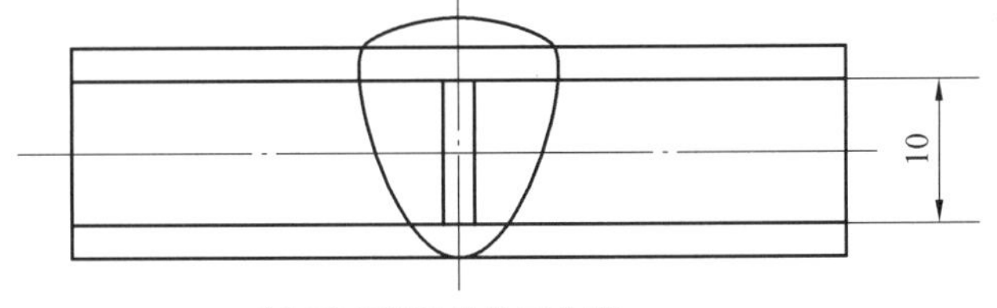

(a) 开在焊缝的缺口位置

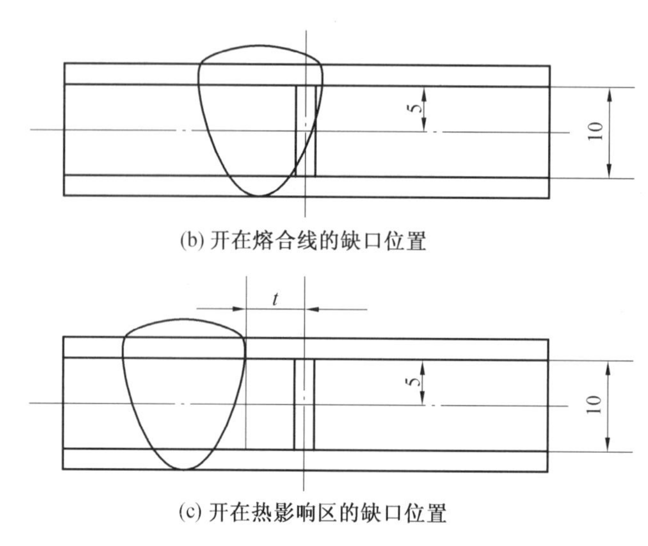

(b) 开在熔合线的缺口位置

(c) 开在热影响区的缺口位置

图 9.9　试样缺口与接头各区域相对位置

t—试样缺口轴线至试样纵轴与熔合线交点的距离

9.2　焊接接头金相组织分析

9.2.1　焊接接头的宏观分析

(1)低倍分析(粗晶分析)。

了解焊缝柱状晶生长变化形态、宏观偏析、焊接缺陷、焊道横截面形状、热影响区宽度和多层焊道层次情况。

(2)断口分析。

了解焊接缺陷的形态、产生的部位和扩展的情况。

9.2.2　焊接接头的显微金相分析

焊接接头的显微组织分析包括焊缝和热影响区组织分析,组织的形态、粗细程度以及宏观偏析情况,对焊缝的力学性能、裂纹倾向影响很大。一般情况下,柱状晶越粗大,杂质偏析越严重,焊缝的力学性能越差,裂纹倾向越大。焊接接头中,焊缝的熔合区和过热区常存在一些粗大组织,降低了接头的塑韧性,常是产生脆性破坏裂纹的发源地。

试样的形状和大小没有统一的规定,它们的选取仅从便于金相分析和保持试样上储存尽可能多的信息两方面考虑。金相试样不论是在试板上还是直接在焊接结构件上取样,都要保证取样过程不能有任何变形、受热和使接头内部缺陷扩展和失真的情况,这是接头金相试样取样的主要原则,是确保金相分析结果准确、可靠的重要条件。

对于很小、很薄或形状特殊等取样后难于磨制的试样,可采用机械夹持的办法;对于易变形、不利于加工处理或本身不易夹持的试样,可采用镶嵌的办法。试样经磨制和抛光后,对接头需进行浸蚀,以便显示出接头的金相组织,常用的显示方法有化学试剂显示法和电解浸蚀剂显示法两种。

①化学试剂显示法。该法是通过化学浸蚀剂的氧化作用,使磨面的不同相受到不同程度的氧化溶解,因而造成磨面凹凸不平,这就导致对入射光形成不同的反差,达到显示显微组织的目的。

②电解浸蚀剂显示法。由于金属各相之间,晶粒与晶界之间的析出电位不同,在微弱电流作用下浸蚀的深浅不一样,从而显示出组织形貌。这种方法主要用于不锈钢、耐热钢、镍基合金等化学稳定性较好的一些合金。

③彩色金相法。彩色金相法属于干涉膜金相学,是通过化学或物理的方法,在焊接试样的表面形成一层干涉膜,通过薄膜干涉将合金的显微组织显示出来。由于薄膜干涉效应,不同的相将呈现不同的干涉色,通过彩色衬度对组织进行显示,则形成彩色金相。

9.2.3　金相定量分析

金相定量分析是利用金相显微镜对金相组织进行定量分析的方法,为了保证测量的精确度,必须预先确定测量方法,最常用的测量方法有比较法、计点法、截线法、截面法及联合截取法等。

(1)比较法。

比较法是把被测相与标准图进行比较,和标准图中哪一级接近就定为哪一级。如晶粒度、夹杂物、碳化物及偏析等都可以用比较法定出其级别。这种方法简单易行,但误差大。

(2)计点法。

计点法首先要制备一套有不同网格间距的网格,一般常选用 3 mm×3 mm, 4 mm×4 mm,5 mm×5 mm 的网格进行测量。在试样或照片上选一定的区域,求落在某个相的测试点数 P 和测量总点数 P_T之比,即点分数 $P_P=P/P_T$,根据被测相的体积百分比乘以其密度即可得到被测相的质量百分比。

(3)截线法。

截线法用有一定长度的刻度尺来测量单位长度测试线上的点数 P_L,单位长度测试线上的物体个数 N_L及单位测试线上第二相所占的线长 L_L,如图 9.10 所示。也可以选用不同半径的圆组、平行线或一定角度间隔的径向线,如图 9.11(a)所示。把网格放在要测试的显微组织上,测定测试线与被测相的交点数,求出单位测试线上被测相的点数。如图 9.11(b)中有 15°角间隔的径向网格是用来测定有一定方向性的组织的,用其确定测量线与方向轴的夹角。

(4)截面法。

截面法是用带刻度的网格测量单位面积上的交点数 P_A,或单位测量面积上的物体个数 N_A,也可以用来测量单位测试面积上被测相所占的面积百分比 A_A。

(5)联合测量法。

联合测量法是将计点法和截线法联合起来进行测量,通常用来测定 P_L和 P_P,由定量分析的基本方程得到表面积和体积比值。公式如下:

$$S_V/V_V=2P_L/P_P \tag{9.3}$$

式中　S_V——单位测试体积中被测相的曲面积;

　　　V_V——单位测试体积中某个相的体积。

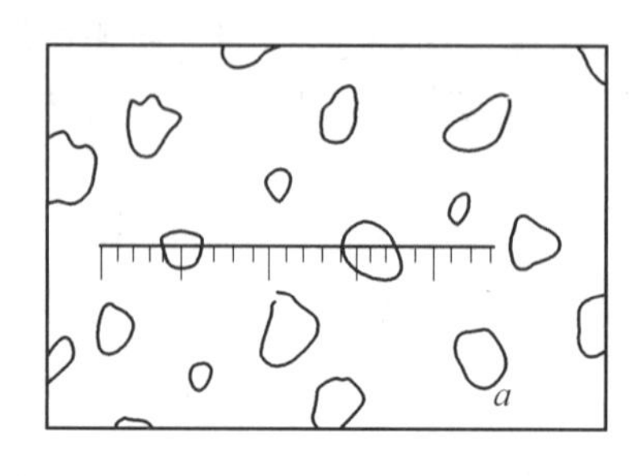

图 9.10　各种截线法应用说明

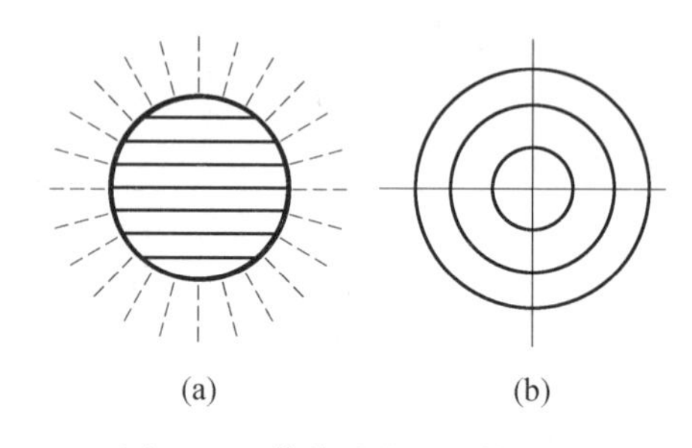

图 9.11　截线法所用的模板

9.2.4　微区分析

微区分析是利用电子显微镜分析研究基体组织结构、第二相结构、相成分及其与母材的结晶学关系，同时研究夹杂物成分与结构、微区成分、晶间成分及结晶构造、表面的成分与结构、各相之间结晶学位相关系等。当利用光学显微镜难以分辨细小的组织、析出相、缺欠、夹杂物等时，需要采用适当的电子显微方法作进一步的分析。常用的电子显微分析方法有扫描电镜、透射电镜、X 射线衍射、微区电子衍射、电子探针等。

9.3　焊缝金属化学试验分析

焊接工程质量检测中的化学分析试验，包括焊接材料及焊缝金属化学成分分析，焊缝金属中 H、O、N 含量的测定及焊缝和焊接接头的腐蚀试验等。

9.3.1　焊接接头化学成分分析

焊接生产中化学成分分析包括对焊接材料、焊缝金属和熔敷金属的化学成分分析。化学成分是决定金属材料性能和质量的主要因素，因此标准中对绝大多数金属材料规定了必须保证的化学成分，有的甚至作为主要的质量、品种指标。化学成分可以通过化学的、物理的多种方法来分析鉴定，目前应用最广的是化学分析法和光谱分析法，此外，设备简单、鉴定速度快的火花鉴定法也是对钢铁成分鉴定的一种实用的简易方法。

1. 化学分析法

根据化学反应来确定金属的组成成分，这种方法统称为化学分析法。化学分析法分为定性分析和定量分析两种。通过定性分析，可以鉴定出材料含有哪些元素，但不能确定它们的含量；定量分析，是用来准确测定各种元素的含量。实际生产中主要采用定量分析。定量分析的方法为重量分析法和容量分析法。

（1）重量分析法。

采用适当的分离手段，使金属中被测定元素与其他成分分离，然后用称重法来测元素含量。

（2）容量分析法。

用标准溶液（已知浓度的溶液）与金属中被测元素完全反应，然后根据所消耗标准溶液的体积计算出被测定元素的含量。

2. 光谱分析法

各种元素在高温、高能量的激发下都能产生自己特有的光谱，根据元素被激发后所产生的特征光谱来确定金属的化学成分及大致含量的方法,称光谱分析法。通常借助于电弧、电火花、激光等外界能源激发试样,使被测元素发出特征光谱,经分光后与化学元素光谱表对照,做出分析。

3. 火花鉴别法

主要用于钢铁,在砂轮磨削下由于摩擦高温作用,根据各种元素、微粒氧化时产生的火花数量、形状、分叉、颜色等不同,来鉴别材料化学成分(组成元素)及大致含量。所谓火花鉴别就是将钢铁材料轻轻压在旋转的砂轮上打磨,观察所迸射出的火花形状和颜色,以判断钢铁成分范围的方法。材料不同,其火花也不同。如20钢的流线多、带红色,火束长,芒线稍粗,发光适中,花量稍多,多根分岔爆裂,呈星形,花角狭小。45钢的流线多而稍细,火束短,发光大,爆裂为多根分岔,大多三次花呈火星形,火花盛开花数约占全体3/5以上,有很多的小花及花粉发生。T7钢的流线多而细,火束由于碳的质量分数高,其长度渐次缩短而粗,发光渐次减弱,火花稍带红色,爆裂为多根分岔,多为三次花,花形由基本的星形发展为三层迭开,花数增多,研磨时手的感觉稍硬。W18Cr4V钢的火束细长,呈赤橙色,发光极暗,由于钨的影响,几乎无火花爆裂,膨胀性小,中部和根部为断续流线,尾部呈点形狐尾花,研磨时材质较硬。

4. 试样的取样与制备

试样的取样和制备是化学分析工作的重要环节。测定焊缝的化学成分用的试样取样和制样,应按相应的现行国家标准、行业标准规定的方法进行,一般可参照GB/T 222—2006《钢的成品化学成分允许偏差》标准规定取样。

9.3.2 扩散氢含量的测定

氢对焊接接头的影响极大。氢不仅能在焊缝中生成气孔,而且是裂纹产生的主要原因之一。所致裂纹常有延迟性,往往使焊件在工作一段时间后开裂,因此其危险性更大。氢也引起金属的微裂等,虽然这些微观缺陷不至于导致焊件的破坏,但却能明显地降低金属的强度、屈服极限、冲击韧性、延伸率等,尤其对疲劳强度有较大的影响。因此控制焊缝中的氢含量对于提高焊缝质量有着重要的意义。虽然焊缝的氢对焊缝的质量影响较大,但扩散氢的含量却很少(每100 g金属中最多含几十毫升),通常把扩散氢收集到一个密闭的集气管内测量,由金属表面扩散逸出的微小氢气必须通过收集介质浮升到集气管顶部,为使氢气泡通过介质时不至于对测量的氢有影响,必须要求收集的介质具有一定的物理和化学性能,要求是:对氢气的溶解度较小,具有低的蒸汽压力,化学稳定性好,对人体无害和液体的低黏度。目前试验用的介质有甘油、石蜡油、酒精、水银以及硅油等。采用这种方法测得的扩散氢体积(mL)首先要换成温度为0 ℃、标准大气压(760 mm汞柱)下的氢的体积,再算出100 g熔敷金属中析出的扩散氢含量,其计算公式如下:

$$[H]_{扩}=100\left(\frac{V}{G_1-G_0}\right)\frac{PT_0}{P_0T}\ (\mathrm{mL}/100\ \mathrm{g}) \tag{9.4}$$

式中 $[H]_{扩}$——标准大气压小于100 g熔敷金属中析出的扩散氢含量;

V——集气管中收集的扩散氢气体量,mL;

P_0——标准大气压(760 mm汞柱);

P——试验环境大气压(汞柱高);

T_0——标准大气的温度(273 K);

T——集气管内的温度,273 K;

G_0——试件原始质量,g;

G_1——试件焊后质量,g。

GB/T 3965—1995《熔敷金属中扩散氢测定方法》中规定了甘油置换法、水银置换法、和气相色谱法的具体试验步骤、适用的焊接方法等。当用甘油置换法测定的熔敷金属中的扩散氢含量小于2 mL/100 g时,必须使用气相色谱法测定。甘油置换法、气相色谱法适用于焊条电弧焊、埋弧焊及气体保护焊。水银置换法只用于焊条电弧焊。

9.3.3 奥氏体不锈钢焊接接头晶间腐蚀试验

奥氏体不锈钢焊接接头晶间腐蚀试验可按 GB 4334—2000《不锈钢 10% 草酸浸蚀试验方法》、《不锈钢硫酸-硫酸铁腐蚀试验方法》、《65% 硝酸腐蚀试验》、《硝酸-氢氟酸腐蚀试验》和《硫酸-硫酸铜腐蚀试验》进行,以评定焊接接头的晶间腐蚀倾向。焊接接头晶间腐蚀试样应从与产品钢材相同而且焊接工艺也相同的试板上选取。所检验的面应为使用表面(与腐蚀介质相接触的面)。试样应包括母材、热影响区和焊缝金属表面。

晶间腐蚀试验方法的选择根据经验及需要来定,一般介质采用硫酸-硫酸铜法,不轻易使用 65% 硝酸法,含 Mo 不锈钢一般用硝酸-氢氟酸。

参考文献

[1] 张文钺. 焊接冶金学[M]. 北京:机械工业出版社,2004.

[2] 王仲生,万小朋. 无损检测诊断现场 [M]. 北京:机械工业出版社,2003.

[3] 李国华,吴淼. 现代无损检测与评价[M]. 北京:化学工业出版社,2009.

[4] 邵泽波. 无损检测技术[M] . 北京:化学工业出版社,2003.

[5] 刘胜新. 焊接工程质量评定方法及检测技术[M]. 北京:机械工业出版社,2009.

[6]《国防科技工业无损检测人员资格鉴定与认证培训教材》编审委员会. 无损检测综合知识[M]. 北京:机械工业出版社,2005.

[7]《国防科技工业无损检测人员资格鉴定与认证培训教材》编审委员会. 超声检测[M]. 北京:机械工业出版社,2005.

[8]《国防科技工业无损检测人员资格鉴定与认证培训教材》编审委员会. 射线检测[M]. 北京:机械工业出版社,2004.

[9]《国防科技工业无损检测人员资格鉴定与认证培训教材》编审委员会. 涡流检测[M]. 北京:机械工业出版社,2004.

[10]《国防科技工业无损检测人员资格鉴定与认证培训教材》编审委员会. 目视检测[M]. 北京:机械工业出版社,2006.

[11]《国防科技工业无损检测人员资格鉴定与认证培训教材》编审委员会. 磁粉检测[M]. 北京:机械工业出版社,2004.

[12]《国防科技工业无损检测人员资格鉴定与认证培训教材》编审委员会. 渗透检测[M]. 北京:机械工业出版社,2004.

[13] 强天鹏. 射线检测[M]. 北京:机械工业出版社,2007.

[14] 宋志哲. 射线检测[M]. 北京:机械工业出版社,2007.

[15] 李喜孟. 无损检测[M]. 北京:机械工业出版社,2001.

[16] 张麦秋. 焊接检验[M]. 北京:化学工业出版社,2008.

[17] 夏纪真. 无损检测导论[M]. 广州:中山大学出版社,2010.

[18] 赵熹华. 焊接检验[M]. 北京:机械工业出版社,2010.

[19] 中国机械工程学会无损检测学会. 无损检测概论[M]. 北京:机械工业出版社,1993.

[20] 中国机械工程学会无损检测学会. 超声波检测[M]. 北京:机械工业出版社,2005.

[21] 中国机械工程学会无损检测学会. 磁粉检测[M]. 北京:机械工业出版社,2005.

[22] 中国机械工程学会无损检测学会. 射线检测[M]. 北京:机械工业出版社,2004.

[23] 郑光海. 焊接工程实践教程[M]. 哈尔滨:哈尔滨工业大学出版社,2011.

[24] 徐家文.材料基础实验教程[M].哈尔滨:哈尔滨工业大学出版社,2011.
[25] 李家伟.无损检测手册[M].北京:机械工业出版社,2002.
[26] 陈伯蠡.焊接工程缺欠分析与对策[M].北京:机械工业出版社,1998.
[27] 刘福顺,汤明.无损检测[M].北京:北京航空航天大学出版社,2002.
[28] 刘会杰.焊接冶金与焊接性[M].北京:机械工业出版社,2007.